개념으로 읽는 국제 이주와 다문화사회

Key Concepts in Migration

개념으로 읽는 국제 이주와 다문화사회
Key Concepts in **Migration**

초판 1쇄 발행 2017년 1월 12일
초판 2쇄 발행 2020년 3월 28일

지은이 데이비드 바트럼·마리차 포로스·피에르 몽포르테
옮긴이 이영민·이현욱 외

펴낸이 김선기
펴낸곳 (주)푸른길
출판등록 1996년 4월 12일 제16-1292호
주소 (08377) 서울시 구로구 디지털로 33길 48 대륭포스트타워 7차 1008호
전화 02-523-2907, 6942-9570~2
팩스 02-523-2951
이메일 purungilbook@naver.com
홈페이지 www.purungil.co.kr

ISBN 978-89-6291-360-6 93980

* 이 도서의 국립중앙도서관 출판시도서목록(CIP)은 서지정보유통지원시스템 홈페이지(http://seoji.nl.go.kr)와 국가자료공동목록시스템(http://www.nl.go.kr/kolisnet)에서 이용하실 수 있습니다.(CIP제어번호: CIP2016028175)

* 이 번역서는 2014년 정부(교육부)의 재원으로 한국연구재단의 지원을 받아 수행된 연구임(NRF-2014S1A3A2043652).

개념으로 읽는
국제 이주와
다문화사회

Key Concepts in **Migration**

데이비드 바트럼·마리차 포로스·피에르 몽포르테 지음

이영민·이현욱 외 옮김

전 세계 인구의 약 3퍼센트의 사람들은 국경 넘어 낯선 곳에서 살아가고 있다. 한국의 경우에도 이미 100여 년 전부터 많은 한국인들이 한반도 바깥으로 진출하여 각자의 삶을 위해 분투하고 있으며, 재외동포재단의 집계에 따르면 그 숫자는 2015년 현재 718만여 명에 이른다. 또한 1990년대부터는 많은 외국인들이 결혼 이주, 노동 이주, 교육 이주 등의 형태로 본격적으로 국내에 진출하여 새로운 사회를 구성해 가고 있으며, 2016년 8월 현재 체류외국인의 숫자는 200만 명을 넘어섰다. 이 수치는 총인구의 약 4퍼센트에 달하는 것으로서 세계 평균보다 더 높은 수치이다. 국경을 넘나드는 이러한 이주자들의 활발한 이동성은 가히 '이주의 시대'라고 해도 과언이 아닐 만큼 점차 낯익은 일이 되어 가고 있다. 활발한 국제 이주는 한국은 물론이고 세계 각처에서 다른 문화를 지닌 사람들이 더불어 살아가는 이른바 다문화사회를 만들어 가고 있다. 그 과정에서 기존의 자민족중심주의를 기반으로 하던 국민국가의 기틀에 균열이 생기면서 다양한 갈등이 수면 위로 부상하고 있으며, 또한 이를 해결하고 조화로운 공생을 모색하는 정책들이 입안, 시행되고 있다.

이러한 역사적, 사회적 변화에 맞물려 한국의 학계에서도 국제 이주와 다문화사회에 대한 연구들이, 특히 21세기를 전후로 한 시기부터 쏟아져 나오고 있다. 이는 분명 1990년대부터 본격적으로 시작된 한국계중국인(조선족)과 외국인 이주자들의 국내 유입과 그에 따른 다문화사회로의 급속한 변화와 맥을 같이한다. 그동안 이러한 연구들은 대략 3가지의 큰 주제틀 속에서 다루어져 왔다.

첫 번째는 초국가주의와 연결된 국제 이주의 문제이다. 자본주의 경제의 글로벌화는 지구적 스케일의 부의 불평등을 심화하면서 전례 없는 국제 이주의 확대를 불러일으켰다. 이러한 관점에서 이주의 원인과 과정, 이주의 흐름, 이주자 네트워크, 이주자 기원지와 정착지의 사회경제적 변화 등 다양한 세부 주제들에 대한 연구가 진행되어 왔다. 두 번째는 한국의 다문화주의와 다문화사회에 주목하고 그 변화 과정과 미래의 변화 추이를 진단하고 예측하는 연구들이다. 한국 다문화사회의 갈등과 조화를 진단하고, 한국인의 의식과 태도를 평가하는 연구와 아울러 인권, 계급, 건강 등 이주자들의 삶의 문제를 다루는 연구들이 가족 및 사회복지, 상담심리, 행정 정책 등의 분야에서 다양하게 이루어지고 있다. 세 번째는 다문화교육과 관련된 연구들이다. 이주의 글로벌화에 따른 다문화사회로의 역동적 변화는 학교 현장에서 가장 분명하게 이루어지고 있으며, 이에 따른 교육 과정과 교수-학습활동의 재구성 문제를 둘러싼 다양한 주제들이 광범위하게 연구되고 있다. 이처럼 한국사회의 변모에 발맞추어 교육의 방향과 틀을 새롭게 제시하고자 하는 교육학 분야는 다른 어떤 분야보다도 더 풍성한 논저들을 분출해 내고 있다.

이처럼 1990년대 이후 국제 이주와 다문화 현상에 관한 한국 학계의 관심과 열정은 점점 증폭되어 왔으며, 이에 따라 각 학문 분야에서 훌륭한 연구물들이 양산되고 있다. 하지만 각 학문 분과의 경계를 뛰어넘는 교류와 공동 작업이 매우 제한적으로 이루어져 온 것도 부인할 수 없는 사실이다. 특히 학문 분과 내의 연구들이 경계를 뛰어넘어 학제 간의 연구로 승화되기 위해서는 무엇보다도 국제 이주와 다문화사회 연구와 관련된 개념과 전문용어에 대한 정확한 이해와 통일이 선행되어야 하지만, 유감스럽게도 한국의 관련 학계에서 국제 이주와 다문화현상과 관련된 핵심 개념과 전문용어를 추려 내어 심도 있는 논의를 전개한 안내서는 거의 없는 실정이다.* 이런 가운데 본 역자들은 2014년에 출간된 이 원서가 체계적인 사전 형식의, 하지만 깊이 있는 통찰적 내용을 담고 있는 학술서임을 발견하고 반가운 마음으로 번역하게 되었다. 마침 번역진은 한국연구재단의 SSK(Social Science Korea) 연구지원을 받아 '한인디아스포라와 트랜스이주' 연구를 계속 진행 중이며, 이 책은 그러한 연구 진행에 큰 도움을 주었다.

3인의 사회학자가 공동 저술한 이 책은 국제 이주와 다문화사회와 관련된 가장 핵심적인 개념 38개를 선정하여 설명하고 있다. 우선 국제 이주와 다문화 연구의 뼈대를 이루고 있는 가장 중요한 개념을 나름대로의 기준에 따라 38개로 추렸다는 점은 그 자체만으로도 의미가 있다. 38개의

---

* 용어사전 형식의 서적은 한국다문화교육연구학회에서 펴낸 『다문화교육 용어사전』(교육과학사)이 있다. 이는 교육 분야에 한정된 용어사전으로서 다문화교육 관련 국내외 저서에서 800여 개의 표제어를 선정하여 그 의미를 간단히 설명하고 있다. 또한 한국 IOM이민정책연구원에서 2011년에 번역한 『이주 용어 사전(Glossary on Migration)』이 있는데, 이 역시 국제 이주 관련 용어들을 언어사전 형식으로 그 의미를 간략하게 서술하고 있다.

핵심 개념이 무엇인지를 확인하는 것만으로도, 그리고 그 명칭 자체의 면면만 보더라도 국제 이주와 다문화현상이 어떻게 연계되어 한 사회의 특징과 변화 동력으로 작용하고 있는지를 파악할 수 있다는 점에서 이 책의 가치를 높게 평가할 수 있다.

38개의 핵심 개념은 각각 하나의 장으로 구성되어 맨 앞에 글상자의 형태로 사전적 정의를 우선 제시하고 있으며, 학술적 차원의 개념 사용의 기원과 발달 과정, 그 내포적 의미 특성과 외연적 의미 확장, 그리고 더 나아가 정책적 시사점과 실천적 함의 등을 간략하면서도 적확하게 제시하여 심도 있는 논의를 전개하고 있다. 아울러 현재 지구촌 곳곳에서 벌어지고 있는 관련 사례를 적절하게 곁들이며 현장의 생생한 이야기를 소개하고 있다는 점도 이 책의 큰 장점이라고 할 수 있다. 논의의 말미에는 '참고(See also)'라는 제목으로 이 책에서 다루고 있는 다른 개념들과의 연관성을 보여 주고 있고, 아울러 더욱 심화된 내용을 살펴보고자 하는 독자들을 위해 '주요 읽을 거리(Key Readings)'도 제시하고 있다. 이처럼 핵심 개념에 대한 충분한 이해가 가능하도록 용어사전의 형식과 백과사전의 형식을 동시에 취하되 분석적이면서도 통찰적인 내용을 담고 있다는 점, 더 나아가 다른 개념들과의 연관성과 보충 참고문헌까지 제시하고 있다는 점은 이 책이 지니고 있는 분명한 장점이라고 할 수 있다.

종이책으로서의 백과사전이 그야말로 권위를 지니며 지식의 요람으로서 진가를 발휘하던 시절이 있었다. 그러나 지식, 정보가 온라인을 통해 범람하는 현 시대에 백과사전이 가진 그 같은 권위는 더 이상 유효하지 않은 듯하다. 현실 세계의 특성을 이론적 학문 세계의 틀로서 완벽하게 설명한다는 것은 애당초 불가능한 일이다. 더군다나 사회 현상의 변인이 다양하게 분화되고 재구성되고 있는 현대 글로벌 사회에서 이는 더더욱 요원한 일이기 때문이다. 이런 의미에서 이 책이 백과사전으로서의 권위를 지닌다고 이야기할 수는 없는 노릇이다. 하지만 과거 오프라인 백과사전이 지니고 있던 용이한 접근성은 이 시대에도 여전히 유효할 수 있다. 이 책은 바로 그런 용이한 접근성의 측면에서 가치 있는 책이라고 할 수 있다.

또 하나 이 책의 장점이자 한계를 지적하고 싶다. 온라인에 범람하고 있는 지식, 정보와는 달리

이 책에서는 각각의 개념을 이주 연구 전문가 1인이 종합적으로 자료를 모으고 내용을 서술하고 있다. 1인 조사 서술이기 때문에 설명 논리의 체계성, 즉 자기완결성이 높다고 할 수 있으며, 이는 독자들로 하여금 명쾌하게 내용을 파악할 수 있도록 해 줄 것이다. 하지만 1인 조사 서술이기 때문에 분과적 학문의 경계를 완전히 뛰어넘어 다양한 자료를 수합하고 폭넓은 연구 지평을 모두 담아 내는 데는 아무래도 한계가 있을 수밖에 없다. 따라서 이 책의 저자들이 사회학자라는 점을 감안하여 핵심 개념의 외연적 의미와 활용을 독자들 스스로가 재평가하고 확장시켜 나가는 작업이 함께 이루어져야 할 것이다.

백과사전의 형식으로 구성된 이 책은, 위에서 제시한 장점과 한계점을 바탕으로 폭넓은 독자층에게 유용하게 활용될 수 있으리라 기대된다. 학제적 연구 분야인 국제 이주와 다문화사회 연구를 처음 접하는 학부생이나 대학원생은 물론이고, 분과적 학문의 경계를 넘어 타 학문 분야의 관련 주제와 용어를 접하고자 하는 이주 및 다문화 연구 전문가들에게도 많은 도움을 줄 수 있을 것이다. 아울러 우리 사회의 가장 커다란 당면 과제 중 하나가 되고 있는 국제 이주와 다문화사회의 여러 문제들을 직접 접하면서 실천과 정책을 만들어 가는 정책 입안자와 행정공무원, 그리고 시민단체 활동가 등에게도 유용한 기본서가 될 수 있을 것이다. 부디 이 번역서가 한국의 국제 이주와 다문화사회 연구에 도움이 되는 하나의 주춧돌로서 역할을 해 줄 수 있기를 기대한다.

2016년 12월
역자를 대표하여 이영민 씀

• 차례

1.
도입 • Introduction

사회과학 제 분야에서 국제 이주는 가장 기초적인 주제가 되고 있다. 한 '사회'의 구성원과 그 경계에 관한 것들을 제대로 알지 못한 채 그 '사회'를 효과적으로 논하는 것은 불가능하다. 이는 대부분의 사회가 국가와의 관계를 토대로 규정되고 있는 현대사회에서 특히 그러하다. 예컨대 사람들은 **영국(British)**사회, 혹은 **미국(American)**사회라는 용어를 사용하면서 국가와 사회를 아무 거리낌 없이 있는 그대로 연결짓는다. 만약 사회의 구성이 고정적이고 정적이며, 따라서 단일화되어 있고 내부적인 경합이 없다면, 문제는 더 간단할 것이다. 누가 '영국인'인지, 누가 '미국인'인지를 우리가 쉽게 분간할 수 있다면 말이다. 그러나 만약 어떤 사회에 적지 않은 수의 이민자가 유입된다면, 그 사회는 어쩔 수 없이 유동성이 높아지며 지속적으로 불확실성이 높은 상태를 유지하게 된다. 이러한 사실은 사회과학 연구를 통해서는 물론이고 일상생활의 경험을 통해서도 드러난다. 사회적 결속과 협력의 기반은 생각만큼 그리 탄탄하지 못한 경우가 많은데, 그것은 이민자의 유입과도 분명 관련이 있지만 아울러 선주민(natives)의 호감도(또는 선입견)와도 관련이 있다.

그러므로 사회과학 제 분야의 연구와 교육에서 이민과 이민자 문제는 소홀히 다루어질 수 없으며, 이것은 얼핏 보기에는 이민과 상관없어 보이는 (하지만 교묘하게 얽혀 있는) 주제를 다룰 때에도 마찬가지이다. 가령, 이민자들은 자신의 비즈니스를 적극적으로 창출해 내는 경향이 있는데, 이는 기업가 정신에 관한 연구에 있어서 간과할 수 없는 중요한 주제이다. 또한 선거나 투표 행태에 관한 연구에서도 그 맥락을 잘 짚어 내려면 특정 이민자 집단의 독특한 형태적 유형에 주목해야만 한다. 미국의 플로리다나 캘리포니아가 아주 좋은 사례이며, 프랑스에서도 마찬가지이다. 일부 정당에서는 선거 캠페인 전략으로서 이민의 문제를 강조하기도 한다. 사회학자가 미국의 아미시(Amish)* 집단에 대해 연구한다면 아마도 이민과 관련된 문제에는 그다지 관심을 두지 않을 수

---

* 역자주: 19세기 초 유럽의 기독교 종파이며 종교적 탄압을 받게 되면서 미국으로 대거 이주하여 자신들의 공동체를 형성하고 현재까지 고유한 생활문화를 이어 오고 있는 종교 공동체이다.

도 있다. 왜냐하면 굳이 그것에 초점을 두지 않더라도 다른 집단과의 분명한 차이를 통해서 종교 사회학에 관한 광범위한 특징이 밝혀질 수 있기 때문이다. 어떤 경우에서건 이민자 집단은 단순히 독특한 집단으로만 치부될 수 없으며, 전체 사회의 중요한 부분으로 자리 잡고 있음을 유념해야 한다. 이민자 집단은 우리가 '우리' 자신의 중요한 측면들을 이해하고자 할 때 여러 가지 중요한 의미를 던져 준다.

이주 문제는 사회과학 연구에서 중심적 위치를 점하고 있으며, 또한 정치적으로도 시급히 해결해야 할 문제로 부상하고 있다. 이주 관련 문제는 부유한 국가들에서(일부 빈곤한 국가들에서도 마찬가지로) 매우 도전적인 정책 과제가 되고 있다. 최근 이민자의 숫자가 상당한 수준에 도달한 많은 국가에서는 이민에 대한 대중적인 반대(아니면 적어도 불편한 분위기)가 넓게 형성되고 있다. 그곳의 사람들은 이민자들이 '우리의 일거리를 빼앗고' 있다고 우려한다. 또한 이주자는 '우리의 일부'가 아니라고 규정하면서 그들에게 공공서비스 공급을 제한해야 한다는 주장이 호응을 얻기도 한다. 많은 선주민은 이민자의 숫자가 늘어나면 그들의 경제적 기여에 걸맞게 공공서비스 공급이 확대되어야 하나고 생각하기보다는, 그들 때문에 보건의료, 교육, 공공주택 등을 이용하는 것이 점점 더 어려워진다고 보는 경향이 있다. 따라서 민주주의 국가의 정치 지도자들이 어려운 선택의 기로에 서게 되는 경우가 점점 많아지고 있다. 즉, 당장 표출되고 있는 대중의 의견을 따를 것인가, 아니면 위와 같이 매우 복잡하고 감정적인 문제에 대해 유권자들을 적극적으로 계도하는 노력을 기울일 것인가를 선택해야 하는 것이다. 정치인들은 여러 정책 분야에서와 마찬가지로 이민 문제에 대해서도 유권자들의 우려를 반영하여 그에 걸맞게 움직이는 척하면서 대중들의 기대에 부응하곤 한다. 하지만 한편으로는 로비스트나 선거 기금 기부자 등 강력한 이익집단의 요구를 수용하면서 자신들의 위세를 유지하고 있다. 따라서 이러한 결과로 도출된 정책적 접근들이 항상 합리적이며 일관적인 특성을 지닌다고 볼 수는 없다.

이주 문제에 관한 정책을 만들고자 하는 노력에 있어서 무척 중요한 것은 정책 입안자와 대중 모두가 이주 현상의 실체를 제대로 이해해야 한다는 것이다. 이 점을 잘 보여 주는 유명한 사례를 살펴보자. 2006년에 미국 정부는 멕시코의 국경을 따라 전자감지장치, 감시카메라 등으로 강화된 대규모의 장벽(어떤 곳에서는 약 6.4m나 되는 높이의 철제 장벽)을 확장하기 시작했다. 예전에는 국경의 일부 구역에 기껏해야 철조망 정도만 설치되어 있었다. 국경을 강화한 이유는 간단하다. '불법 이민'을 줄이기 위해서는 유입을 막아야만 한다는 단순한 생각이었다. 즉, 지정된 출입국 통로 이외의 국경으로 이민자들이 넘어오는 것을 훨씬 더 어렵게 만들어 버리면 될 것이라는 생각이었다. 그러나 정치인들이 몰랐던 것이 있다. 다시 말해, 이주 문제를 연구하는 학자들이 그들에게 알려 주려고 애를 썼음에도 불구하고 그들이 알지 못했던 것이 있다. 그것은 월경을 억제하는 장벽이, 그동안 아무 문제 없이 '순환 이주(circular migration)'를 해 왔던 많은 이주자들(특히 법적 허가를 얻지 못한 이주자)에게 새로운 문제를 안겨 주었다는 점이다. 이들은 계절 노동에 고용되어 왔고, 노동이 끝나면 자발적으로 어려움 없이 고향으로 돌아갔다. 그리고는 다음번 계절 노동을 위해 미국으로 다시 입국하곤 했다. 그런데 장벽이 설치되고 나서부터 많은 이주자들은 이제 고향으로 돌아가면 미국으로의 재입국이 불가능할지도 모른다는 우려를 하게 되었고, 따라서 고향으로 돌아가는 것을 아예 포기하게 되었다. 이들이 미국 땅에 머물게 됨으로써 이제는 계절적인 임시 체류자가 아니라 오히려 영구적인 이주자가 되어 버린 것이다. 이보다 더 심각한 것은 이제 많은 '불법 이주자들'이 몰래 국경 넘기에 성공했다 하더라도 그 이후에 합법적인 신분을 얻지 못한다는 것을 알게 되었고, 따라서 관광객의 신분으로 입국하거나 혹은 임시 노동허가를 받아 입국한 후 그 기한이 만료된 후에도 돌아가지 않고 그대로 남아 있는 방법을 택하기 시작했다는 점이다. 따라서 미국이 설치한 국경 장벽이 불법 이민을 억제하는 데 큰 효과를 발휘했다고 보기 어렵다. 그러한 단순한 논리는 기껏해야 정부가 유권자들의 관심에 적극 반응해서 실천에 옮겼다는 인상을 주는 정도밖에는 효과가 없었다. 우리는 미국의 정책 입안자들이 그동안 학자들이 축적해 온 이주 연구의 성과가 가져다주는 시사점을 잘 수용하기를 기대해 본다.

투표권을 가진 시민으로서 우리가 정책 입안자들에게 요구하고 싶은 것은 이주 문제에 대해 우리가 이해하고 있는 바를 잘 살펴봐 달라는 것이다. 사회과학적 이주 연구들은 정책적 측면에서 많은 시사점을 던져 줄 수 있다. 이주 문제 연구 과정은 오늘날 대부분의 사회과학 분야의 여러 학과들에서 주요 학위 프로그램으로 자리 잡았고, 그곳에서 깊이 있는 연구가 이루어지고 있다. 또한 학생들이 이주 연구에 입문하는 데 도움을 줄 수 있는 훌륭한 교재도 많이 나와 있다. 그런데 대부분의 교재는 그 내용이 역사적이면서(이거나) 동시에(혹은) 분석적으로 기술되어 있다(가령, 독특한 역사적 발전이나 사회학적인 발전에 관해 다루는 경우가 많다). 반면 핵심 개념(예를 들어, 통합, 민족성 등)을 나열하여 정리, 설명한 교재는 별로 없다. 물론 일반적으로 보았을 때, 이주 연구와 관련된 개념은 역사적이거나 분석적인 논의 속에 자연스럽게 다루어지곤 한다. 하지만 역사적이고 분석적인 논의를 통해 그 개념 자체를 정확하게 이해하는 것은 결코 쉽지 않다. 때로는 그러한 논의들이 다양한 개념을 정확하게 이해하지 못한 채 전개되는 경우도 있고, 이로 인해 부정확한 개념이 그대로 사용되어 그 뜻을 곡해함으로써 이주 관련 역사적/분석적 기술 자체가 설익은 모습으로 나타나기도 한다. 따라서 '핵심 개념'을 다룬 책이 필요하다는 논리는 상당히 매력적이다. 이러한 책이 있다면 이주와 관련된 광범위한 개념들을 집중적으로(그리고 요점적으로) 다루고자 하는 사람들에게 도움을 주고, 궁극적으로는 관련 주제에 대한 글쓰기 작업의 기초를 제공해 줄 수 있을 것이다. 우리가 '모든 것을 망라한(complete set)'이라는 말을 쓰지 않고 '광범위한

(wide range)'이라는 말을 쓰는 이유는 연구 분야로서 이주 연구가 다공질적(porous) 경계를 지니고 있기 때문이다. 따라서 이것이 의미하는 바는 우리가 보기에는 모든 개념을 망라하고 있다고 주장할 수 있지만, 다른 사람들의 눈에는 중요한 무언가가 빠져 있다고 볼 수도 있다는 것이다.

이 책을 준비하는 과정은 우리가 처음 생각했던 것만큼 그렇게 힘든 작업은 아니었다. 아주 많은 작업을 해야 했지만 상당히 보람 있는 일이었다. 우리가 평소에 익숙해 있던 명확한 학문적 경계 내의 연구 분야 틀에서 벗어나 훨씬 더 폭넓은 내용을 자유롭게 섭렵할 수 있었기 때문이다. 때로는 우리 스스로에게 '그래 맞아, 그런데 통합(integration)이라는 개념이 의미하는 바가 대체 뭐지?'라는 식의 질문을 던지곤 했다. 이런 식의 질문은 너무나 상식적이라 불필요하다고 치부될 수도 있다. 이주 문제를 연구하는 학자들은 물론 아주 구체적인 주제에 대해 심도 있는 연구를 진행하는 데 익숙하다. 그런데 이와 아울러 연관되는 다양한 개념을 폭넓게 다루기도 한다. 이런 점을 고려할 때 우리는 이 책이 학생들뿐만 아니라 다른 연구자들에게도 유용하게 활용될 수 있으리라 기대하고 있다. 연구를 업으로 삼고 있는 사람들은 다른 연구자들이 생산해 낸 업적으로부터 많은 것들을 배우기 때문이다.

이 책은 저자들이 그동안 진행해 온 연구와 교육으로부터 도움을 얻었으며, 또한 저자들 자신의 개인적인 이주 역사에서도 적지 않은 도움을 얻을 수 있었다. 즉, 개인적인 이주 역사는 각 개념이 실생활의 경험과 어떻게 연결되어 있는지를 기술하는 데 많은 도움을 주었다. 결국 모든 개념과 이론은 그 자체만으로 존재하는 것이 아니며, 우리가 살고 있는 세상과 그 속의 장소를 이해하는 데 도움을 줄 수 있어야만 가치가 있는 것이다. 저자들은 학자이면서 이주자로서 독특한 이주 경험을 가지고 있다. 물론, 대부분의 일반 이주자들은 세계의 부유한 국가들을 별 어려움 없이 이동하며 살아가는 학자들과는 사실상 매우 다른 경험을 지니고 있다. 3인의 저자는 이 책에서 다루고 있는 개념들 중에 일부 개념만이라도 '현장에 뿌리를 둔(grounded)' 인식을 바탕으로 그 의미를 파악하고자 노력했다. 저자들의 경험은 현장에서의 생생한 경험이라는 점에서 가치가 있다. 바트럼(Bartram)은 미국 출신이지만, 12년 동안 영국에서 살아왔다. 그는 '영국의 생활(Life in the UK)'이라는 시민권 시험을 통과한 후 현재 영국 시민으로 살고 있다. 그 시험을 통과하려면 시민권 의례(citizenship ceremony)에 참여해야 하고 영국 정부에 적지 않은 비용을 지불해야만 한다. 그는 이스라엘에서도 꽤 오랫동안 거주한 적이 있는데, 그 시기에 얼마 동안 다른 누군가의 원고를 교정해 주는 임금 노동을 했다. 이는 당시 그가 지니고 있던 학생 비자 신분에 위배되는 일이었고, 따라서 '불법 이주자'였던 것이다(이를 전형적인 불법 이주자라고 보기는 어렵지만 말이다). 포로스(Poros)는 그리스 출신 부모에게서 태어난 2세대 미국인이다. 그녀의 파트너는 런던에 살고 있으면서, 그리스 시민권을 가지고 있다. 따라서 그녀도 EEA(European Economic Area, 유럽 경제 지역) 노동 허가증과 유럽연합 이동성 규정(European Union mobility provisions)에 기초한 영국 거주증을 받을 수 있었다. 그녀는 그리스 시민권을 취득하려 하고 있지만 그것이 매우 복잡한 일이라는 것을 깨달았다. 몽포르테(Monforte)는 원래 프랑스 출신이지만 역시 유럽연합 이동성 규정에 따라 지금은 영국에 살고 있다. 또한 한때는 캐나다에서도 상당 기간 거주한 적이 있다.

우리는 다양한 국가에서 살아가고 있는 동료들의 피드백과 제안으로 큰 도움을 받았다. 특히 루트비카 안드레야세비크(Rutvica Andrejasevic), 로레타 발다사르(Loretta Baldassar), 파올로 보카니(Paolo Boccagni), 리처드 코트니(Richard Courtney), 안톄 엘러만(Antje Ellermann), 러셀 킹(Russell King), 피터 키비스토(Peter Kivisto), 마르코 마르티니엘로(Marco Martiniello), 로라 모랄레스(Laura Morales), 오브리 뉴먼(Aubrey Newman), 매리 사비가르(Mary Savigar), 켈리 스테이플스(Kelly Staples), 카를로스 바르가스-실바(Carlos Vargas-Silva), 구스타보 베르두즈코(Gustavo Verduzco), 캐서린 비톨 드벤든(Catherine Wihtol de Wenden) 등에게 감사드리고 싶다. 또한 포로스를 도와 몇 개 장을 성실하게 보조해 준 타레사 달찬드(Taressa Dalchand)에게도 고마움을 전한다. 마지막으로 SAGE 출판사의 담당 편집자, 특히 마르틴 욘스루드(Martine Jonsrud)와 크리스 로예크(Chris Rojek)의 도움과 인내에도 감사의 마음을 전한다.

2.
이주 · Migration

정의 국제 이주는 사람들이 다른 국가로 이동하여 임시적으로 혹은 영구적으로 정착하는 것을 의미한다. 이 것은 국민 정체성이나 사회적 소속감과 관련된 여러 문제를 불러일으킨다.

이주는 멀리 떨어져 있는 장소에, 다시 말해 최소한 원래 살던 도시나 마을로부터 벗어나 먼 곳에 있는 장소에 개인이 재입지하는 것을 의미한다. 이러한 측면에서, 이주는 근본적으로 지리적인 현상이며, 우리가 흔히 경험할 수 있는 현상이다(주지하다시피 이주는 인류 역사에서 수천 년 동안 이어져 온 아주 보편적인 현상이며, 흔한 경험이다).

이 책에서는 주로 국제 이주에 초점을 두고 있는데, 따라서 위에서 제시한 정의는 지나치게 넓은 의미를 포괄하고 있어 좀 더 정교하게 다듬어 볼 필요가 있다. 실제로 국제 이주에서 좀 더 방점을 찍어야 할 중요한 부분은 국제라는 부분이다. 국제 이주가 많은 사람들의 관심을 끄는(그리고 여러 문제를 불러일으키는) 이유는 바로 이 '국제'라는 부분 때문이다. 그런데 특히 미국과 같은 곳에서는 국내 이주가 훨씬 더 일반적으로 이루어지고 있다. 매년 수많은 미국인이 국내의 주(州) 혹은 도시 간을 이동하여 정착하고 있으며, 그 비율은 대단히 높다. 그런데 다른 국가로의 이주는 여러 가지 점에서 이와는 다른 독특한 문제이다. 국가 간의 이주를 단행하는 사람들은 국내 이주에 비해 훨씬 적은 규모이지만, 이러한 (국제) 이주는 더 어렵고, 많은 문제점과 복잡한 결과들을 야기하고 있다. 본질적으로 공간을 뛰어넘는 이동이라는 점에서 이주 현상이 지닌 지리적 특성은 매우 중요하다. 동시에 이는 인간 삶의 다양하고 복잡한 영역(정치, 경제, 문화, 정체성 등)과 연관된 **사회적(social)** 현상이라는 점을 직시해야 한다.

국제 이주를 개념적 수준으로 이해하기 위해서는 '국제[international, 국가 간(間)]'라는 단어 속에 포함되어 있는 '국가(nation)'의 의미에 주목해야 한다. 한 국가에서 다른 국가로의 이주는 항상 많은 결과를 수반하는데, 그 이유는 국가성(nationality)의 차이, 즉 국가성에 부합한다고 간주되는 사람들이 누구인가에 대한 관념의 차이 때문이다. 어떤 정착국에서 그 모습이 쉽게 분간되는 이주자는 특이한 존재, 즉 '외래적인' 존재로 주목받는다. 이는 매우 특이한 것으로 인식되는 전형적인 차별화라고 할 수 있다. 요컨대 그들은 국가 내 다른 지역에서 이주해 온 사람들과는 달리 독특한 특성을 지닌 '이주자'로 낙인찍힌다. 어떤 경우에는 그러한 인식이 더욱 확장되어 이주자들이 '제자리를 벗어나 있는' 존재로, 즉 사실상 다른 곳(가령, '여기'가 아닌 곳)에 속해 있는 존재로 간주된다.

위의 문장에서 중요한 것은 바로 '인식(perceived)'이라는 단어이다. 본질적으로 이주자는 선주민과 다를 바가 없다. 그들은 여러 가지 측면에서 선주민과 많은 것을 공유하고 있다.* 그러나 국민국가(nation-states)가 근본 제도로 자리 잡고 있는 근대사회에서 국민성과 '외래성(foreign-ness)'은 차이를 규정짓는 핵심적 특성으로 **구성된다(constructed)** (Waldinger and Lichter 2003). 사람들은 이처럼 구성된 특성을 차이로 받아들여 거기에 의미와 중요성을 부여하고, 때로는 그러한 과정에서 그 차이가 더욱 강조되기도 한다(Gilroy 1993을 참고할 것). 마틴 외(Martin et al. 2006)가 주장한 것처럼, 국제 이주는 국가 간의 차이로 인해 **발생(response)**한다(예를 들어, 경제 불평등, 정치적 자유 혹은 억압의 차이 등). 개인은 자신의 고국에서 얻을 수 없는 것을 얻기 위해 이주한다. 그러나 현실이 그리 단순하지는 않다. 국제 이주의 개념은 차이 혹은 차이에 대한 인식으로 인하여 생생한 현실로 **승화된다(animated)**. 차이는 그 자체로서 정체성이 되어 버리고 국가성과 관련된다. 그리고 다른 형태의 사회적, 경제적, 문화적 차이와도 연결되는 것으로 이해되곤 한다. 직관적으로 보았을 때, 엘살바도르에서 뉴욕으로 이동해 온 사람은 오하이오 주의 클리블랜드에서 이동해 온 사람과는 다른 방식으로 정의되는 것이다.

여기에서 제시하고 있는 개념들은 기존의 전형적인 설명과는 다른 흥미로운 방식으로 국제 이주의 여러 사례를 다루고 있기 때문에 그 효용성이 높다고 할 수 있다. 가령 이스라엘의 인구 중 이주자들이 차지하는 비율은 매우 높다. 1990년대에만 거의 100만 명 정도가 이스라엘로 이주해 들어왔는데, 이로 인해 전체 인구는 약 20퍼센트 이상 증가하였다. 이스라엘은 유대인 이주자들의 유입을 매우 적극적으로 환영하고 있는데, 그들은 공항에 도착해서 공항 밖으로 나가기도 전에 아무 조건 없이 시민권을 부여받고 있다. 따라서 유대인 이주자들은 이스라엘에서의 수용과 정착에 있어서 실질적인 혜택과 지원을 바로 받게 된다. 이는 이주자들을 매우 신중하게 대하고 관련 정책을 엄격히 적용하는 다른 국가의 사례들과 비교해 봤을 때 무척이나 대조적인 모습이다. 캐나다에서조차도 이주자들을 받아들일 때 선호하는 몇 가지 조건이 있는데, 예를 들어 상대적으로 젊고, 교육 수준이 높으면 이민이 허용될 가능성이 높아진다. 이스라엘에서는 이주자의 연령이나 교육 수준의 높고 낮음은 별 문제가 되지 않으며 정책적으로도 아무런 중요성을 지니지 않는다. 경

---

* 캐슬스와 밀러(Castles and Miller 2009)가 지적한 대로, 민족국가 그 자체는 상당 수준의 내부적 동질성을 특징으로 한다. 베네딕트 앤더슨(Benedict Anderson 1983)은 민족국가를 '상상된 공동체(imagined communities)'라고 분석하고 있는데, 이는 민족국가를 '본질적인 것(essentialist)'으로 이해하는 전통의 입장으로부터 크게 선회하고 있다.

제적인 성취에 영향을 미칠 수 있는 다른 특성들도 마찬가지이다(Cohen 2009).

이스라엘의 이민 정책에서 중요한 것은 다른 무엇보다도 유대인 그 자체일 뿐이다. 이스라엘이 유대인 이주자를 환영하고, 또한 적극적으로 찾아 나서는 이유는 유대인이 다른 국가에 살고 있다고 해서 그들을 외국인으로 간주하지 않기 때문이다. 이스라엘이 사실상 '유대인 국가(Jewish state)'를 표방하고 있는 한 유대인이라면 세계 어느 곳에 살고 있든지 간에 이스라엘/유대인 민족 (nation)으로 간주된다. 여기서 중요한 것은 종교적인 관습으로서의 유대인성(Jewishness)이 아니라 민족 정체성/소속감으로서의 유대인성이다. 이는 유대인 이민을 표현하는 용어를 통해 분명하게 드러난다. 이스라엘 사람들은 유대인 이주자에 대해 논의할 때 (사전적으로) 이민을 뜻하는 히브리어인 'hagirah'라는 용어를 사용하지 않는다(Shuval and Leshem 1998). 그 대신 일상적인 대화나 공식적인 담론에서 공히 사용되는 용어는 'aliyah'인데, 이는 승천(ascent)을 의미한다. 유대인이 이스라엘로 이동하는 것을 '위로 상승하는 것(going up)'으로 표현하는 것이다. 이는 매우 적극적인 의미를 함의하고 있는데, 여호와의 신전(the Temple)이 건립되어 종교적 축제를 위해 예루살렘으로 올라가는 과거의 관습을 표현하는 것일 뿐만 아니라, 유대교 예배 중 토라 (Torah) 강독이 시작되기 전과 끝난 후에 축복을 낭송하는 것을 의미하기도 한다.

유대인들의 유입 이주를 환영하고 있는 이스라엘은 다른 국가들과는 달리 이주자들에 대한 예외 규정을 두지 않는다. 대부분의 국가에서는 이주자를 '외국인'으로 간주하고 있으며, 이러한 외국인이 많아지면 부조화의 변이가 생겨날 것을 우려하면서 이를 해결하기 위해 추방이나 출국, 혹은 통합/귀화 등과 같은 정책적 해결책을 모색하고 있다. 이스라엘의 입장에서는 유대인들이 다른 곳에서 부조화의 변이를 구성하며 어렵게 살고 있다고 보기 때문에, 이스라엘로의 이주야말로 그러한 변이를 해결할 수 있는 방법인 것이다.* 이스라엘 정부는 '귀환법(Law of Return)'을 통해 유대인들의 이스라엘 이민을 규정하고 있다. 이 법에 의하면, 유대인들이 이스라엘로 이동하는 것은 조상의 땅으로 '회귀하는' 것으로 이해된다. 영어 디아스포라(diaspora)의 히브리어 동의어인 'galut(추방이라는 의미)'는 유대인들이 이스라엘 바깥에 현재 처해 있는 곳은 그들의 존재 기반이 아니라는 의미를 강하게 내포하고 있다. 이스라엘의 주류를 구성하고 있는 시온주의자(Zionist)의 입장에서 유대인은 비록 현재 다른 국가에 속해 있는 구성원이기는 하지만, 동시에 이스라엘에 속해 있는 존재이기도 하다. 따라서 이스라엘을 향한 유대인들의 이동은 그들에게는 국제 이주라고 할 수가 없는 것이다.

---

* 이와는 대조적으로 이스라엘의 팔레스타인/아랍계 시민들은 그곳에서 태어났음에도 불구하고 낮은 수준의 사회적 소속감을 경험하고 있다. 그들은 공식적으로 평등성을 지닌 시민이지만, 이스라엘 국민국가의 토대가 되고 있는 '민족성'을 공유하고 있지는 않다.

이러한 관점은 보기에 따라서는 매우 독특하다고 할 수 있으나, 이스라엘과 다른 국가의 차이가 극명하게 표출되고 있어 일반적인 국제 이주를 이해하는 데 그다지 도움을 주지는 못한다. (비슷한 특징들을 독일어의 'Aussiedler'/'returnees'에서 찾아볼 수 있는데, 이는 단지 '귀환'의 의미를 지니며, 정부의 정책과 사람들의 태도도 그 의미에 국한되어 있다. 즉, 이 용어는 우리로 하여금 이민 말고 다른 무언가를 연상시키지는 않는다.) 시온주의 주류사회의 관점이 아닌 일반적 관점에서 본다면, 이스라엘의 유대인 이주자들도 사실상 이주자일 뿐이며, 그래서 다른 국가의 이주자들과 유사한 어떤 특징과 경험들을 공유하고 있다. 그런데 이 문제를 바라보는 이스라엘/시온주의적 방식은 이 책의 논의를 전개해 가는 데 유용하다. 왜냐하면 국가적 소속감(national belonging)과 외래적 특성(foreignness) 간의 대조적인 인식은 국제 이주의 개념에서 무척이나 중요하기 때문이다. 만약 어떤 사람이 이미 한 국가에 소속되어 있다면, 아마도 그 사람은 '이주자', 즉 '외국인'으로 취급받지 않을 것이다. 이와 마찬가지로 외래적 특성은 국제 이주를 정의하는 핵심적 요소이다. 따라서 국제 이주는 국민국가의 지배를 특징으로 하는 근대 시기에만 국한된 특수한 현상은 아닌 것이다(Joppke 1999a).

이런 점을 이해하는 데 도움을 주는 사례는 이스라엘 이외에서도 찾아볼 수 있다. 캐나다 사람들의 심기를 불편하게 할 수도 있지만, 미국의 디트로이트에서 국경을 맞댄 캐나다 윈저(Windsor)로의 이주가 과연 국제 이주인지를 생각해 보자. 중국에서 캐나다로 이주하는 것은 국제 이주라는 용어를 적용하기에 적절한지를 생각해 보자. 법적인 측면에서 이 두 가지의 흐름은 비슷하다. 미국과 캐나다는 분명한 국민국가이고, 어느 한쪽의 시민이 다른 쪽의 허가를 받지 못한다면 그쪽으로 이주하는 것은 법적으로 불가능하다. 그러나 어떤 측면에서 보면, 미국과 캐나다의 국가 정체성의 차이는 그리 크지 않으며, 따라서 미국의 디트로이트에서 강을 건너 캐나다의 온타리오 주로 넘어간 사람은 홍콩에서 캐나다로 넘어간 사람과 비교해 보았을 때, 왠지 '이주자'라고 칭하는 것이 어색하다.* (세계시민주의적 견해를 지닌 일부 캐나다인은 틀림없이 이 견해에 동의하지 않을 것이다.) 법적 지위(가령 시민권 같은)는 사실 문화나 국가성에 대한 인식만큼 중요하지는 않다. 이 점은 수십 년 전에 과거 '신영연방(New Commonwealth)'에 속한 영국 시민으로서 영국에 도착한, 하지만 그럼에도 불구하고 확실하게 '이주자'로 대접받았던 수많은 이주자들의 경험을 통해서 분명하게 드러난다(Entzinger 1990; Hansen 2000). 국제 이주는 국경을 가로지르는 것과 관련이 있지만, 일부 국경은 훨씬 더 많은 의미를 내포하고 있다(또한 다양한 사람들에게 차별적

---

* 마찬가지로 중국으로 이동한 미국인은, 중국으로 이동한 대만인보다 더 분명하게 이주자로서의 위치성을 갖는다. 이 점을 통해 우리는 이주자 개념이 중국 민족의 본질적인 특질이 아니라 독특한 맥락 속에서의 뚜렷한 국적의 차이에 기대고 있음을 알 수 있다.

인 의미를 던져 주고 있다).

어쨌든 이와 같은 상황이 펼쳐지면서 이민은 사람들의 경험 속에 독특하게 형상화된다. 더 나아가 그러한 경험은 사회적, 정치적, 경제적 맥락의 일부로 구성되고 그런 가운데 이민은 무척 중요한 이슈로 자리 잡게 된다. 근대사회에서 인구와 사회-정치적 과정은 대체로 국민국가와의 관련 속에서 정의된다. 정체성의 핵심적 요소가 바로 국적(nationality)인 것이다. 국적에 따라, 예를 들어 영국인인지, 프랑스인이 아닌지, 한국인인지, 일본인이 아닌지 등에 따라 개인의 특성은 (자기-규정 혹은 인식에 따라) 달라진다. 더군다나 국적은 '점성이 강한(sticky)' 특성을 보이기도 한다. 가령, 어떤 사람이 프랑스에서 영국으로 이주했다고 해서 그 사람이 당장 영국인이 되는 것은 아니다. 실제로 어떤 이주자들은 다른 국가로 이주해 간 이후에 그들의 기원국 관련 정체성이 오히려 더 굳건해지는 것을 발견하기도 한다(Ryan 2010: 'Becoming Polish in London'을 참고할 것).

그러므로 국제 이주는 기본적으로 국적의 차이, 즉 주권을 지닌 국민국가와 관련하여 정의된다. 그런데 이러한 차이와 제도가 불변의 지속성을 가지고 있는 것은 아니다. 오히려 이주는 국민국가의 형성에 심각한 도전을 가하기도 하고(Joppke 1998; 1999a), 기원국이나 정착국의 다양한 제도들에 영향을 주기도 한다(Koslowski 2000). 특히 부유한 국가로의 대규모 이주는 법적 지위(예를 들어, 시민권)와 정체성의 다양화를 초래한다. 캐슬스(Castles 2010)는 대체로 이주가 '사회 변형(social transformation)'의 핵심적 요소가 되고 있음을 설득력 있게 설명한다. 일부 이주 연구가들은 '포스트-국가(post-national)' 시기가 도래하고 있음을 주장하기도 한다(Soysal 1994). 하지만 좀 더 온건한 입장을 취하는 연구자들은 국민국가가 이주에 의해 변해 가고 있지만, 그럼에도 불구하고 국민국가는 이주에 대한 반발로 오히려 더 강화되는 경향을 보이고 있음을 지적하기도 한다(Joppke 1999a).

어떤 사람들에게는 국가적 정체성이 확연히 드러나는 것이 무척이나 유감스러운 일이다. 왜냐하면 그에 따라 선주민들이 이주자들을 어떻게 대하는지가 결정되기 때문이다. 이에 더하여 근대 민족주의(nationalism)는 끔찍한 전쟁과 수많은 잔인한 행위를 불러일으켜 왔는데, 예를 들어 독일, 아르메니아, 르완다 등에서 작게는 개인적인 수준의 폭력적 학대로부터 크게는 집단적 인종청소에 이르기까지 다양한 차별적 행위들이 자행되어 왔다. 편견 없는 세계보편주의를 지향하는 관점에서 보자면 국가적 정체성은 그리 문제될 게 없다. 우리 모두는 개인으로서, 즉 '글로벌 시민'으로서 동등한 지위를 갖고 있다. 민족주의는, 특히 보스니아 같은 곳에서 그것이 불러일으킨 결과를 생각해 보았을 때, 저항하고 물리쳐야 할 구시대의 유물인 것이다. 규범적인 면에서 볼 때 이러한 지향점은 상당한 설득력을 지니고 있는 듯하다. 물론 '진보적 민족주의(liberal nationalism)'

를 옹호하는 사람들조차도 민족주의를 완전히 극복하는 것이 유토피아일 뿐이고 바람직한 것도 아니라고 생각한다. 규범적인 의미에서 그러한 방향으로의 흐름이 존재하는 것은 맞지만, 그렇다고 그것이 지금 이 세계의 현실 그대로의 모습을 기술하고 있는 것은 아니다. 다시 말하건대, 그러한 아이디어는 반대의 입장에 놓여 있는 실제의 사실들에 대한 대조의 방식으로 쓰일 때 유용성을 갖는다. 만약 우리가 국가 정체성과 국경이 중요하지 않은 세계에 살고 있다면, '국제 이주'는 지금 이 세계에서 벌어지고 있는 특성들과는 전혀 다른 모습으로 진행될 것이다.

국제 이주라는 일반적 개념은 개별적인 사례에 적용될 때 다양한 이름의 개념들로 변형된다. 가령 '초국가적(tansnational)' 이주가 그 예이다[이민이라는 현상은 '완료된(complete)' 과정이 아니며, 이주자는 기원국과의 연결을 지속한다는 의미를 내포한다]. 이러한 변형된 개념들을 여기서는 모두 개개의 장으로 다루어 구체적인 특성을 밝히고 있다. 그런데 좀 더 세심하게 주의를 기울여 흔히 통용되는 오개념들을 바로잡을 필요가 있다. 예를 들어, 많은 미국인들은 멕시코로부터의 '불법(illegal)' 이민이 횡행하고 있다고 믿고 있다. 하지만 실상은 멕시코인들의 미국 내 이동이 점점 더 증가하고 있는 실정이며, 국경 너머 멕시코로부터 미국으로 이주해 들어오는 멕시코인의 비율은 최근 급격하게 감소하여 거의 0퍼센트에 이르고 있다(Cave 2011; 2012). 오히려 멕시코는 미국, 캐나다, 한국 등을 포함한 다른 국가들로부터 유입되는 이주자들의 중요한 목적지가 되고 있다(Cave 2013). 영국에서도 유사한 우려가 퍼져 있다. 하지만 영국은 유학생이 '이주자들' 중 큰 비중을 차지하고 있고, 그들 대부분이 학업을 마친 후에는 곧 영국을 떠난다는 사실을 간과한다면, 그러한 우려는 쉽게 불식될 수도 있다. 여기서 우리는 '서구(Western)' 국가들만을 분석하여 '글로벌한' 결론에 다다르게 되는 위험성만큼은 피하고 싶다. 그래서 이어지는 많은 장에서는 중진국이나 후진국에서의 이주 경험들도 함께 고려할 것이다. 모든 사회 현상을 다룰 때 그 현상의 유형과 경향을 파악하는 것이 가능하긴 하지만, 현대의 국제 이주 현상은 대단히 복잡하고 변화무쌍하게 전개되고 있어 그 유형과 경향을 파악하는 것이 용이하지는 않으며(Castles and Miller 2009), 따라서 국제 이주를 개념적 수준에서 단순화하는 것은 쉽지 않은 일이다.

주요 읽을 거리

Castles, S. and Miller, M.J. (2009) *The Age of Migration: International Population Movements in the Modem World*. London: Macmillan Press.

Joppke, C. (1999a) *Immigration and the Nation-state: the United States, Germany, and Great Britain*. Oxford: Oxford University Press.

Martin, P.L., Abella, M.I. and Kuptsch, C. (2006) *Managing Labor Migration in the Twenty-first Century*. New Haven CT: Yale University Press.

3.
문화변용 · Acculturation

정의 상이한 집단이 서로 접촉하면서 각 집단의 문화적 유형이 변하게 되는 과정을 말하며, 때로는 한 집단이 고유하게 지녀 온 문화적 독특성이 약화되는 결과를 낳기도 한다.

문화변용 개념은 이주 연구에서 무척 오랜 역사를 거쳐 다루어지면서 다양한 논쟁을 촉발해 왔다. 혹자는 이 개념이 미국의 이주 역사와 함께 발전해 왔으며, 특히 1900년을 전후로 한 시기에 미국에서 이루어졌던 두 번째의 이민 대물결과 함께 출현했음을 주장하기도 한다. 이 용어는 북미와 유럽에서 널리 사용되어 왔는데, 최근 '다문화주의' 이데올로기가 퍼져 있는 사회에서는 이 개념에 대한 비판도 점차 확대되고 있다.

초기의 인류학자와 사회학자들은 상호 도움을 주고받으며 협력을 통해 문화변용의 개념을 발전시켜 왔는데, 그들은 문화변용을 개별 문화집단이 다른 집단과 상호 접촉을 해 나가면서 시간의 흐름에 따라 자신의 문화적 유형이 변해 가는 과정이라고 정의하였다. 저명한 인류학자 로버트 레드필드, 랠프 린턴, 멜빌 허스코비츠(Redfield, Linton and Herskovits 1936: 149)는 미국 사회과학연구위원회(Social Science Research Council, SSRC)의 분과위원회를 구성하여 연구하면서, 문화변용을 '상이한 문화를 지닌 개별 집단들이 지속적으로 접촉하면서 두 집단 모두의, 혹은 두 집단 중 어느 한쪽의 문화적 유형이 후속적으로 변하게 되는' 현상이라고 정의했다. 그러나 1960년대 밀턴 고든은 그의 명저 *Assimilation and American Life*(Gordon 1964)에서 이러한 초기의 정의를 비판했다. 고든은 문화변용, 그리고 그와 유사한 용어인 동화(assimilation)에 대한 수많은 정의들을 검토한 후, 대부분의 정의가 독특한 집단이 어떻게 상호작용하는가와 관련된 구조적 접근을 소홀히 하고 있다고 결론 내린 바 있다. 편견과 차별에 대해 깊은 관심을 가지고 있던 고든은 문화변용을 어떤 한 문화가 지배적인 위치, 즉 권력의 위치를 점하고 있는 구조적인 상황에서 그 문화와 다른 문화 간에 펼쳐지는 불평등한 교환과 상호작용이라고 이해했다. 즉, 어떤 한 문화가 지배적으로 권력을 소유하는 불평등한 구조에 관심을 가졌다. 고든은 초기의 다른 연구자들과는 달리 선주민 집단과 소수(minority) 집단의 사회적 관계를 강조하여 문화변용을 개념화했던 것이다. 고든의 견해는 이후 등장하는 문화변용의 새로운 정의들에(동화 개념에도 마찬가지로),

예를 들어 허버트 간스와 리처드 알바의 연구 성과에서 사용된 새로운 정의처럼, 큰 영향을 미쳤다. 이에 따르면, 문화변용은 소수민족 집단이 주류사회의 지배적인 문화적 유형을 수용하는 일방향적 과정인 것이다(Gans 1979; 1998; Alba and Nee 2003을 참고할 것). 고든이 밝힌 그러한 문화적 유형의 요소들은 언어, 복장, 감정표현, 개인적 가치 등에서부터 음악적 기호, 종교에 이르기까지 매우 다양하다. 그러한 문화적 행위들의 준거집단은 다름 아닌 중산층, 백인, 앵글로색슨 개신교도들이었다.

허버트 간스와 리처드 알바, 그리고 동료들은 고든의 입장을 가장 강력하게 지지하는 연구자들일 것이다. 그들의 연구는 고든의 문화변용 개념 정의에 기반을 두고, 미국사회에서 1세대 이주자들의 문화변용 과정을 계측하는 데 주력하였다. 언어의 습득 정도는 1970년대 이후의 연구에서 1세대 이주자들의 문화변용이 얼마나 이루어졌는지를 측정하는 가장 핵심적인 지표였다. 초기의 많은 연구들은 1970년대까지 미국으로 이민해 온 1세대 '백인들'의 문화가 주류사회의 문화를 수용하면서 활발하게 변용되었고, 이들이 결국 미국사회에 동화되었음을 주장했다. 하지만 오늘날 이루어지고 있는 논의는 앞의 집단과는 여러 면에서 다른 소위 '신'이민 집단과 관련이 있는데, 이른바 '신'이민자들이란 1965년 이후 미국 유입 이민의 대다수를 구성하고 있는 라틴아메리카, 카리브 지역, 아시아, 아프리카 등으로부터의 이주자들을 말한다. 예를 들어 알바와 니(Alba and Nee 2003)에 따르면 1965년 이전에 아일랜드, 이탈리아, 동부 유럽 등으로부터의 이주해 온 초기 세대들은 시간이 흐르면서 미국 '주류'의 관습과 문화를, 특히 영어 구사 능력을 습득하여 활발한 문화변용과 동화를 진행해 나갔다. 반면에 '신'이주자들은 이민 집단별로 상당히 차별적인 문화변용 수준을 보여 주었다. 전통적인 견해에 따르면 문화변용은 동화에 앞서 진행되며, 언어의 습득은 주류사회의 개인 및 제도와 가장 기본적인 관계를 형성하고 유지해 가는 데 필요한 첫 번째 단계이다. 이러한 단선적 과정의 밑바탕에는, 한 사회가 '주류(hosts)' 구성원과 '소수(minorities)' 구성원 간의 이원적 관계로 정립되어 있으며, 이는 다원적 접근보다 더 명확하게 사회적 현실을 반영한다는 사고가 깔려 있다.

문화변용과 동화 개념을 비판적으로 보는 학자들은 위에서 언급한 두 가지의 전제에 관해 문제를 제기한다. 일반적으로 비판적 주장들은 주류 집단과 이주자/소수 집단 간의 이원적 관계에 이의를 제기하면서 다양한 민족들 간의 차별적 특성과 복수의 준거집단이 존재하고 있다는 점을 부각시킨다(Alba and Nee 1997). 그러한 비판론은 캐나다와 영국 같은 국가에서 최근에 또렷이 부상하고 있는 다문화주의 관념에 크게 의존하고 있다. 그들은 다문화주의 사회가 대단히 이질적인 특성을 보이기 때문에 문화변용(과 동화)의 이원론적 모델을 적용하는 것이 이제는 어렵다고 주장한다. 또한 그들은 문화변용이 반드시 동화보다 선행되어야 한다는 주장도 문제가 있다고 지적한다. 왜냐하면 과거의 문화변용에 대한 정의가 뿌리를 두고 있는 1965년 이전의 구이민자들과 비교해 보았을 때, 다수의 '신'이민자들은 이미 높은 수준의 인적자본(교육, 영어 구사 능력 등)을 지닌 채 주류사회로 유입되어 정착하고 있기 때문이다.

문화변용과 관련된 문제는 정착지에서 태어난 이민자의 자녀들('2세대')에게도 발생한다. 그러나 이들에게는 문화변용 개념이 다른 의미로 표출된다. 알레한드로 포르테스와 동료들은 그 차이를 포착하기 위해 여러 개의 문화변용 개념을 발전시켰다(Portes et al. 2009). 이들은 특히 이민자 2세대와 그들의 부모(1세대)가 형성하는 관계에 주목하여 문화변용의 과정을 관찰하였고, 다양한 문화변용의 유형을 '조화로운(consonant)' 문화변용, '선택적(selective)' 문화변용, '부조화의(dissonant)' 문화변용 등으로 구별해 냈다. 조화로운 문화변용은 부모와 자식이 모두 정착지 언어를 배우고, 주류사회의 관례와 문화에 순조롭게 수용될 때에 일어난다. 선택적 문화변용은 부모와 자식이 주류사회의 언어와 문화를 배우고, 동시에 '원래 가지고 있던' 문화의 중요한 요소들은 그대로 유지하거나 기원국 출신 민족 공동체의 소속감을 그대로 유지할 때 일어난다(Waters et al. 2010을 참고할 것). 마지막으로 부조화의 문화변용은 자식이 부모의 문화와 가치를 거부하고 주류사회의 문화와 가치관을 수용하거나(Portes et al. 2009), 혹은 부모보다 더 빠른 속도로 주류사회의 문화와 가치관을 배우고 습득해 갈 때 일어난다(Waters et al. 2010). 일부 이민 연구가들은 주류사회 언어의 습득과 문화변용을 통한 이민자 2세대들의 적응과 동화는 생각만큼 용이하게 이루어지지 않는다는 회의적인 주장을 하기도 한다. 하지만 그렇다고 해서 이들의 삶이 사실상 크게 문제가 되지는 않는다는 점이 또한 이들에 의해서 밝혀진 바 있다. 실제로 워터스 외(Waters et al. 2010)는 이민자 2세대들에게 가장 흔히 나타나는 것은 '선택적 동화'임을 밝힌 바 있다. 이민자의 자녀들은 주류사회의 언어와 문화를 능숙하게 배우고 습득하고 있으며, 동시에 부모의 문화 중 중요한 요소들도 유지하고 있는데, 후자의 경우는 그들에게 중요한 민족자원이자 사회자본으로 활용되어 정착지 생활에 도움을 주기도 한다. 이처럼 '양쪽 세상에서 가장 좋은 것들(best of both worlds)'을 취할 수 있기 때문에 그들은 선주민 토박이 혈통(native-born)의 또래들보다 오히려 유리한 조건을 가질 수도 있다.

하지만 1세대나 2세대 어느 쪽에 적용되건 간에 문화변용 개념은 상당히 정적인 특성을 지니는 것으로 표출되는데, 왜냐하면 언어의 습득 여부와 어느 세대에 속해 있는가 하는 점(generational status)이 문화변용 발생 여부를 가늠하는 가장 중요한 평가 기준이 되고 있기 때문이다. 그러므로 문화변용의 두 가지 접근법(단선적/이분법적 방식과 다문화적 방식) 모두가 비판을 받아 왔다. 문화변용 개념[과 동화와 민족성 유지(ethnic retention) 같은 연관된 개념들] 자체가 본래 구조적 취약성을 지니고 있다는 것이 비판의 핵심인데, 그 이유는 문화변용이 그들이 현재 지니고 있는 여러 정적인 특성들을 통해서만 측정되고 있기 때문이다(Waldinger 2003). 이러한 한계를 극복하고자 월딩거(Waldinger)는 관계적 관점을 취하고 있는데(Barth 1969; Brudaker 2004를 참고할 것), 그의 주장에 따르면 '이주자', '선주민', '민족(ethnics)' 등등의 집단은 당연시될 수 있는 경계가 뚜렷한 실체가 아니며, 오히려 다차원적인 연속체를 이루고 있는 복잡한 관계망에서 한 부분을 차지하고 있는 존재들이다. 따라서 그는 이러한 연속체적 관계망 속에서 사람들이 특정 사회에 '수용되는 것(acceptability)'이 어느 정도 수준까지 가능한지를 기술할 수 있다고 본다. 사회생활, 즉 민족적 생활(ethnic life)은 대단히 역동적인 과정으로 구성되어 있기 때문에 다양한 상황에 처해 있는 사람들의 모든 범주를 세세히 분간해 내는 것은 거의 불가능하다. 또한 관계적 관점은 이주자들이 문화변용과 동화를 이루어 나가는 목표점인 확인 가능한 '주류(mainstream)'가 분명히 존재한다는 사고에도 이의를 제기한다. 결국 '주류'라는 용어는, 고든(Gordon)이 이미 50년 전에 다룬 바 있는 백인, 중산층 준거집단을 지칭하는 그저 다른 방식의 표현이라고 할 수 있다. 관계적 관점은 또한 이주자나 소수(민족) 집단이 계급, 지역, 종교 등에 있어서 내부적으로 다양성을 경험하고 있음에도 불구하고, 그것을 무시한 채 경계가 뚜렷하여 쉽게 식별할 수 있는 '진정한(authentic)' 민족 집단에 속해 있다고 보는 사고에도 반기를 들고 있다. 이처럼 문화변용과 동화 이론에서 민족성은 물상화(reify)되는 경향이 있는데, 월딩거의 표현을 빌리자면, 각 개인이 '집단성(groupness)' 안팎을 넘나들며 어떻게 움직이고 있는가를 좀 더 과정 지향적이고 역동적으로 이해함으로써 그러한 물상화는 더 이상 쓸모없게 되어 버렸다. 따라서 수많은 다양한 개인들이 모여서 형성된 집단화들(groupings)이 시간이 흐름에 따라 그들의 문화(관습, 도구, 상징, 관념, 가치관 등)를 상호 교환하면서 서로 변해 가는 과정이 바로 문화변용인 것이다.

문화변용 개념은 여러 학문 분야 간 경계를 가로질러, 그리고 지역을 가로질러 다양하게 사용되고 있다. 학문적으로는 인류학, 사회학, 심리학, 사회복지학, 인문지리학 등을 중심으로, 지역적으로는 북미, 영국, 유럽 등을 비롯한 여러 지역에서 널리 사용되고 있다. 앞서 지적한 대로, 이 개념은 또한 적잖은 비판을 받아 왔는데, 특히 최근에는 '이민 국가들(immigration countries)'을 향하여 무척 다양한 이주자들이 이주하고 있는 상황에서 그 비판이 더욱 거세지고 있다. 문화변용 개념을 이해하는 보다 적절한, 하지만 문제적인 방식이 바로 관계적 접근이다. 이러한 접근에서 필요한 것은 어떤 관계성 내에서 문화 변화가 일어나고 있는지를 찾아내고 파악하는 것이며, 아울러 문화 변화를 시간과 장소 내에서 끊임없는 변화의 과정으로 이해하는 것이다.

참고 민족성과 소수민족; 2세대; 통합; 동화; 다문화주의

주요 읽을 거리

Alba, R.D. and Nee, V. (2003) *Remaking the American Mainstream: Assimilation and Contemporary Immigration.* Cambridge, MA: Harvard University Press.

Barth, F. (ed.) (1969) *Ethnic Groups and Boundaries: The Social Organization of Culture Difference.* Bergen and London: Little Brown.

Gans, H.J. (1998) Toward a reconciliation of "assimilation" and "pluralism": the interplay of acculturation and ethnic retention', in C. Hirschman, P. Kasinitz and J. DeWind (eds), *The Handbook of International Migration.* New York: Russell Sage Foundation, pp.161-71.

Gordon, M.M. (1964) *Assimilation in American Life: The Role of Race, Religion, and National Origins.* New York: Oxford University Press.

Portes, A., Fernandez-Kelly, P. and Haller, W. (2009) The adaptation of the immigrant second generation in America: a theoretical overview and recent evidence', *Journal of Ethnic and Migration Studies,* 35(7): 1077-104.

4.
외래인/외국인 · Alien/Foreigner

정의 외래인과 외국인(alien and foreigner)이라는 용어는 타국에서 출생했다는 이유로, **다른** 사회의 구성원으로 간주되는 사람을 의미한다. 즉, 시민이 아닌(non-citizen) 사람, 이방인이거나 외부인인 사람을 말한다.

이민자를 외국인 혹은 외래인(foreigner or alien)으로 지칭하는 것은(alien의 경우에 더 강한 의미를 지님), 그가 이주하여 정착한 새로운 사회에서 엄연한 구성원으로 인정받지 못하고 있음을 의미한다. 외래성은 한 개인에게 내재되어 있는 고유의 특성이 아니다. 이것은 일종의 관계적 특성으로서 특정한 맥락에 의해 정의되는 개념이다. 다시 말해, 나는 그곳에서만 외국인이지, 이곳에서는 외국인이 아닌 것이다(Saunders 2003). 따라서 이 개념을 통해 우리는 (한 집단의) 소속감과 구성원 자격의 기초가 과연 무엇인지를 숙고해 보게 된다. 즉, (한 집단에) 누가 속하고 누가 속하지 않는지, 어떤 과정을 거쳐 그러한 결정에 이르게 되는지 등과 같은 질문을 던지게 된다. 어떤 사람이 국민국가를 바탕으로 정의된 사회/국가에 속하는지 아닌지를 구분하는 가장 근본적인 기준은 다름 아닌 국가 정체성이다. 이런 점에 비추어 생각해 보면, 앞의 질문에 대한 대답은 특정 국가가 관장하고 있는 어떤 곳으로 이주해 간 사람이 과연 그 국가의 일원이 되는 것이 가능한지의 여부와 밀접하게 관련이 있다. '국가(nation)'라는 단어의 어원은 우리에게 흥미로운 점을 보여 주는데, 그 라틴어 어원은 태어남(birth)이라는 의미를 지닌다('그/그녀가 태어났다'라는 의미를 지닌 스페인어 'nació'와도 비교해 보라). 어딘가 다른 곳에서 태어난 사람이, 혹은 '이곳'에서 태어났지만 '잘못된(wrong)' 부모에게서 태어난 사람이, 이곳에서 새로운 국민 신분을 획득하고 자신이 지녔던 외래성을 털어 버릴 수 있으리라고 당연스럽게 전망하기는 어렵다.

소속에 관한 문제는 시민권 개념을 통해 어느 정도는 조명해 볼 수 있다. 하지만 외국인 혹은 외래인이 누구인지를 결정하는 문제는 시민이 아닌 사람을 가려내는 것만큼 그리 간단한 문제가 아니다. 게오르크 지멜(Georg Simmel)이 오래전 자신의 에세이에서 이방인(*The Stranger*)에 대해 언급한 바와 같이, 이방인의 조건은 어떤 사회 **내**에 존재하지만 그 사회 **자체**는 아니다. 그러므로 이방인은 내부자인 동시에 외부자이다(Simmel 1964[1908]). 이러한 특수한 위치는 외국인/외래인(foreigner/alien)의 전형적인 특징이며, 바로 그런 특징 때문에 그들은 새로운 사회로의 통합에 어려움을 겪게 된다. 그것은 수많은 이민자들이 비록 귀화를 한다 해도 결코 지워지지 않는 조건인 것이다. 이민자에게 있어서 시민권과 외래성은 서로 분리되어 있다. 공식적인 시민권을 가질수 있지만 여전히 외국인(a foreigner)으로 취급받을 수 있는데, 특히 인종적으로 혹은 민족적으로 보았을 때 두드러진 모습을 보이는 이민자라면 더욱 그러하고, 이는 그 사회의 맥락에서 중요한 의미를 부여받게 된다. 그런데 이스라엘을 방문한 유대인과 같이 공식적인 시민권을 가지고 있지 않더라도 본질적으로 '우리 중 일부'로 간주되는 경우도 있다.

언뜻 보기에 이 용어들은 이원적 대립의 의미를 지니는데, 즉 '우리 중 일부'이거나 '외국인', 둘 중의 하나인 것이다. 하지만 실상은 문제가 한층 더 복잡하다. 대부분 국민국가의 인구 구성은 국가 정체성의 측면에서 단일민족과 거리가 멀다. 그러므로 지배적인 국가 정체성은 일반적으로 하위 집단에 의해서 거부되거나 반론이 제기되기도 한다. 이 같은 맥락에서 이민자들은 새로운 정착지에서 그들보다 앞서 도착하여 정착한 이민자(선주민)들과 함께 살아가면서 외국인이라고 규정되지 않은 채, 그 스스로도 외국인임을 거의 체감하지 못하면서 살아가기도 한다. 마이애미에 도착한 쿠바 이민자들이나 런던으로 유입된 다양한 기원국 출신의 이민자들이 좋은 사례이다. 국가 정체성 자체는 대규모 이민을 통해서 변화될 수 있다. 지배 집단의 일부 선주민들은 이민에 수반된 국가 정체성의 재정의를 자연스럽게 수용하기도 하는데, 이런 상황에서 새로운 이민자들은 민족적 차이와는 무관하게 '우리'의 일부로 신속하게 수용되곤 한다. 하지만 다른 부류의 선주민들은 그들 '자신의' 국가가 점점 변모하여 오히려 그들 자신에게 외국처럼 낯선 곳이 되어 가고 있다고 느끼기도 한다.

대부분의 이민자에게 이질성(foreignness)은 정착국 사회를 대면하면서 체감하게 되는 핵심적인 측면이다. 많은 선주민은 여러 가지 중요한 부분에 있어서 이민자들이 자신들과는 무척 '다르다'는 사고를 당연시하고 있다. 따라서 이질성은 사회계층 내에서 미천한 것으로 간주된다 (Saunders 2003). 더 장기적인 역사적 관점에서 살펴본 부스(Booth 1997)의 지적에 따르면 외래성(alienage)이라는 아이디어가 '의심의' 눈초리를 받으며 부상하게 되었는데, 과거에는 외부인을 어떻게 대우할 것인지의 문제가 도덕적 관심의 문제가 아니라고 단언할 수 있었으나 오늘날에는 그렇게 단언하는 것이 사실상 어려워졌다고 주장한다. 그렇다 할지라도, 시민권 개념이 지니고 있는 '특별한 유대감'에 관심을 기울이는 사고가 이제 '거의 퇴화되어' 버렸다는 그의 주장은 별로 큰 반향을 불러일으키지는 못하고 있다. 이민자 혹은 외래인을 대하는 태도를 보여 주는 또 다른 지표를 우리는 이 두 개 단어가 지닌 함축적 의미를 비교함으로써 발견할 수 있다. 이 단어는 대체로 동의어라고 할 수 있지만, 둘 중 어느 것을 선택하느냐의 문제는 이민에 대한 그 사람의 태도에 의해 결정된다(Sassen 1999). 이주 유입을 최소화하고자 하는 사람들은 '미국의 이민 재앙'을 한탄하는 피터 브리멜로(Peter Brimelows)의 저서 *Alien Nation*(1996)이나 '제3세계의 침략과 미국 정복'을 비난하는 팻 뷰캐넌(Pat Buchanan)의 저서 *State of Emergency*(2006)와 마찬가지로, 대개 'alien'이라는 용어를 사용하려는 경향이 있다[거의 모든 페이지에 '불법 외래인(illegal alien)'이라는 용어가 등장한다]. 어떤 저자들은 이민자들이 바로잡을 수 없을 정도로 '우리'와는 다르다는 인식을 유포해 가면서, 다른 행성으로부터 온 가상의 존재라는 의미에서 'alien'과 연관 짓는 독자들과 뜻을 같이한다.

이처럼 외래인(alien)이란 단어가 대중적으로 널리 사용되면서 과거 외국인 혐오가 관련법상에 명시되었던 역사적 오점이, 특히 프랑스와 미국에서 있었던 부끄러운 역사가 오히려 부각되었을 뿐이다. 혁명 이전 시기에 프랑스에서는 외래인이 자신의 재산을 상속자에게 물려줄 수 없었는데, 이는 그가 도덕적 품성에 문제가 있기 때문이라고 간주되었다(Sahlins 2004). 미국 법에서 외래인(alien)은 종종 인종적 소속과 연관되어 유사한 법적 결함 및 금지를 의미했다. 1789년 귀화법에서는 오직 '자유 백인'만이 시민권의 자격이 있음을 명시하였다(해당 시기 동안에는 미국에 1년 거주 후에 자격을 얻을 수 있었다). 1800년대 후반까지 특별배제법(specific exclusionary law)은 중국인, 일본인, 필리핀인, 멕시코인, 간단히 말해 인종적 '타자(other)'를 겨냥하고 있었다. 외래인(alien)이라는 용어는 흔히 '불법 외래인(illegal alien)'으로 지칭되면서 '불법'이란 용어와 결합되곤 했는데, 이는 경멸적인 의미를 함축한다. 이러한 부정적 단어 조합은 '외래인 시민(alien citizens)', 즉 태생으로는 미국 시민이지만 미국 주류 문화 그리고 종종 국가에 의해서 '이질적'으로 간주되는 사람들이라는 기묘한 의미를 지닌 용어에서도 살펴볼 수 있다(Ngai 2004).

이러한 형식의 배제는 미국에서만 특이하게 이루어진 것이 아니다. 영국에서는 과거 영국령 카리브 지역의 식민지 시민들처럼 '신영연방(New Commonwealth)'에서 유입된 이주자들을 외국인으로 간주했고, 인종적으로도 뚜렷한 '유색인(colored)'으로 낙인찍었다. 반면 오스트레일리아 같은 영연방 국가들에서 돌아온 앵글로색슨계 사람들은 외국인으로 취급하지 않았다(McDowell 2003). 식민지 시민권은 대영제국에 소속된 신민(臣民)들의 '외래성'을 의미하는 일종의 이류 시민권(second-class citizenship)이었다. 우리는 1972년 이디 아민(Idi Amin)에 의해 우간다로부터 추방되어 영국으로 대거 이주하고자 했던 우간다 아시아인들*을 통해서도 이러한 패턴을 명확히 확인할 수 있다. 당시 그들에게 발급된 영국의 'D' 여권은 처음에는 그들의 영국 정착 및 거주를 불허했었다. 이후 그들의 숱한 정치적 협상과 영국 정부의 체념으로 마침내 그들의 이주가 수용되었다(Gregory 1993; Poros 2013).

---

* 역자주: 영국의 우간다 식민지 통치 시절 같은 영국의 식민지였던 인도로부터 철도노동자나 중간계급으로 우간다로 유입된 후, 우간다 독립 후에도 그대로 남아 있던 사람들이다.

우리는 이민자들이 애당초 외국인으로 이주와 정착의 과정을 시작하지만 이후 그들이 통합되고 동화됨에 따라 점차적으로 외국인으로서의 이질성을 탈피해 간다고 상상할 수도 있다. 즉, 그런 과정을 겪으면서 그들의 권리와 구성원 신분은 확대되어 가는데, 가령 먼저 영주권을 획득하고 이어서 시민권을 획득하는 것처럼 말이다. 그런데 이러한 과정은 항상 일방향적으로 진행되는 것은 아니다. 비시민(non-citizen)인 이민자들은 오히려 권리를 **상실하고** 그 결과 더 이질적으로 되어 갈 수도 있다. 만약 그들이 매우 심각한 범죄를 저질렀다면 (또는 미국에서와 같이 많은 경범죄를 저질렀다면), 쉽게 추방의 대상이 될 수 있다. 추방을 당한다는 것은 곧 완전한 외국인이 되었다는 명시적인 선언인 것이다(Ngai 2004). 이처럼 통합이 아닌 역방향으로의 진행은 시민들의 경우도 예외가 되지는 않는다. 제2차 세계대전 동안, 미국 정부는 미국에서 태어난 수만 명의 일본계 미국인 2세들을 억류하였다(Cole 2003). 흔히 언급되듯이, 9·11테러 이후 미국의 '안보' 의제가 전면에 등장하면서 많은 우려(와 감시 그리고 억류)가 확산되었고, 이는 특정 인종 및 민족 집단에 소속되어 있는 사람들에게 먹구름을 드리웠다. 이슬람교도인 영국 시민들은 간혹 외국인으로 인식되곤 하는데, 정작 외국인인 미국인이나 오스트레일리아인들은 그렇게 인식되지 않는 경우가 많다.

앞서 언급한 외국인(foreigner)의 특수한 상황은 시민권과 소속감과 관련하여 근본적으로 긴장관계에 놓여 있다(Bosniak 2008). 자유주의, 민주주의 사회에서 가장 중요한 덕목인 정의와 평등의 원칙들은 이민자를 수용해야 한다는 논리를 뒷받침한다. 그러나 이민자들을 배제하려는 반대의 과정도 존재하는데, 특히 이민자들이 국민국가로 입국할 때 선별 작업을 엄격히 시행하면서 그런 과정이 실천되기도 한다. 따라서 내적 수용과 외적 배제의 상반된 프로세스는 모두 이주 정착국의 맥락을 구성하고 있으며, 그런 맥락 내에서 이민자들은 한 사회에 수용된다. 이민자들이 귀화하여 시민이 되었다 해도 여전히 외부인(외국인)으로 정의되고 있는 사실은 이민자의 수용 혹은 소속의 문제에 있어서 역설이 아닐 수 없다.

이민 옹호론자들과 반대자들은 이러한 역설의 일면을 강조하면서 반대의 측면은 경시해 버린다. 옹호론자들은 국가 혹은 커뮤니티에 이주하여 살고 있는 사람들이 공식적인 시민권을 가지고 있지 않을지라도(그들이 불법으로 입국했을지라도) 공평하게 대우받고 적절한 권리를 가져야 한다고 설명하면서 내적인 수용을 주장한다. 이와는 대조적으로, 이민 반대론자들은 국가는 국경 통제를 통해서 국가라는 정치 공동체를 규정할 수 있는 궁극적인 권리를 지니고 있다는 근거에 기초하여 외적인 배제를 주장한다. 마이클 왈처(Michael Walzer, 1983)는 이 양자를 조화롭게 조정해 보려고 시도하면서, 이주자들이 영토 내에 거주하게 되면 더 이상 이방인이 아님을 주장했다. 사회의 내부 영역에서 이루어지는 외래인(aliens)에 대한 차별은 정의에 관한 민주주의 원칙에 위배되며 독재와 다름 없다고 왈처는 주장한다(Bosniak 2008을 참고할 것). 왈처에 따르면, 이주자들의 입국, 수용과 거부, 추방을 규정하는 원리들은 하나의 분리된 영역을 구성하며, 내부 공동체의 성원권(membership)을 관리하는 프로세스에 압력을 가하는 데 사용될 수 없다. 그러나 린다 보스니악(Linda Bosniak)은 이러한 영역들의 분리가 궁극적으로는 불가능하다고 주장한다. 공동체의 배타적 경계는 때로는 내부적으로도 표현된다. 이민자들은 서로 모순되는 두 개의 대립 영역을 넘나들며 존재한다. 공동체 내에서의 완전한 통합은 '환상'에 불과한 것이다(Bosniak 2008: 140). 즉, 국민국가들로 구성된 이 세계에서 이민자들의 외래성은, 다시 말해 외국인으로서의 위치성은 지워지지 않는 조건인 것이다.

이주자의 소속 문제가 지닌 모순점은 또한 사스키아 사센(Saskia Sassen, 2008)의 저서 *Territory, Authority, Rights*에 잘 드러나고 있다. 사센은 시민권이란 항상 불완전하게 이론화된 형태로 국가와 맺은 계약이었음을 주장한다. 더군다나 국가는 이러한 방식으로 국가를 유지하는 데 깊은 관심을 가지고 있다. 한 사회에서 내부자인 동시에 외부자로 간주되는 모순은, 국가가 국경 내에 있는 이주자들의 시민권을 결정하고 그들을 어떻게 다룰 것인지를 결정함에 있어서 재량권을 발휘하여 판단을 내리는 것(혹자는 이를 자의성이라고 말한다)에서부터 시작된다. 귀화 시민(naturalized citizens), 비시민 거주자(non-citizen residents) 그리고 불법 외래인 거주자(unauthorized or illegal alien residents)는 모두 정도의 차이는 있지만 외부자로서의 상황을 경험한다. 이들 모두는 추방의 가능성에 노출되어 있고, 자유민주주의 사회에서조차 이들의 권리와 자유에 관해서는 밝은 전망을 기대하기 어렵다. 다른 측면에서 보면, 미등록 이주자일지라도 정착국 사회에서 적지 않은 권리를 누리기도 한다. 여러 가지 면에서 이들의 일상생활, 가령 직업을 가지는 것, 학교에 다니는 것, 가족을 부양하는 것, 운전하는 것, 그리고 지역의 시민 활동에 일정 정도 참여하는 것 등은 등록 이주자, 귀화 시민 및 선주민 토박이 시민의 활동과 거의 다른 바가 없기도 하다(Sassen 2008). 미등록 이주자는 간혹 '선행'을 실천하고 지속적인 존재를 드러내는 것을 통해 합법적인 거주의 자격을 얻기도 한다. 그들은 법적-정치적 관점이나 사회적 관점 모두에서 내부자이자 외부자이다. 국제적 국가체계(그리고 시민권제도)가 정치적, 사회적 삶을 구성하는 주요한 방식으로 지속되는 한, 외국인에 속한다는 위치적 모순이 조화롭게 해결될 것 같지는 않다.

참고 시민권; 통합; 미등록/불법 이민; 추방

주요 읽을 거리

Bosniak, L. (2008) *The Citizen and the Alien: Dilemmas of Contemporary Membership*. Princeton, NJ:

Princeton University Press.

Ngai, M.M. (2004) *Impossible Subjects: Illegal Aliens and the Making of Modern America*. Princeton, NJ: Princeton University Press.

Sassen, S. (2008) *Territory, Authority, Rights: From Medieval to Global Assemblages*. Princeton, NJ: Princeton University Press.

Simmel, G. (1964) *The Sociology of Georg Simmel*, compiled and translated by Kurt Wolff. Glencoe, IL: Free Press.

5.
동화 · Assimilation

정의 이민자들이 선주민과 유사해지는 과정을 의미한다. 그러한 과정을 겪으면서 결국은 선주민과 이민자들 사이의 민족적 차이가 감소하거나 사라지게 된다.

'동화(assimilation)'라는 단어의 기본적인 의미는 그 어원('sim') 및 이에 바탕한 단어들을 통해 쉽게 확인할 수 있다. 이민자들이 동화된다는 것은 그들이 선주민들과 유사해진다는(similar) 것이다. 보통 이민자와 선주민 간의 차이는 **민족적(ethnic)** 차이의 합을 통해 인식되며, 이에 따라 알바와 니(Alba and Nee)는 동화를 '민족적 차이가, 그리고 이로 인해 수반되는 문화적·사회적 차이가 감소하는 것'이라고 정의하였다(2003: 11). 명확하고 간결한 정의에서 보이듯이 이는 이민자 자신의 변화뿐만 아니라 정착지 사회의 변화로부터 나타날 수도 있음을 의미한다. '통합(intergration)'을 다룬 장에서 언급한 바와 같이, 모든 학자들이 이처럼 명확하고 분명한 개념을 사용하는 것은 아니며, 오히려 과정을 묘사하는 데 통합이라는 용어로 서술하는 것을 선호하는 분석들을 쉽게 찾을 수 있다. 이는 '국가마다(national)' 사용하는 용례의 패턴에도 차이가 있다는 사실을 통해 알 수 있다. 비슷한 질문에 대해 유럽의 전문가들이 '통합'이라는 용어를 선호하는 것에 비해 미국의 이주 연구자들은 '동화'라는 용어를 보다 일반적으로 사용해 왔다(물론 양쪽의 맥락에서 예외는 존재한다). 국제 이주와 관련된 다양한 아이디어들이 분명히 서로 연관되어 있지만 이 책은 국제 이주 관련 개념들에 대한 책이니만큼, 각 개념들은 정의를 내리기에 유용한 (때로는 필수적인) 차이가 존재하리라는 관점을 견지할 것이다. 통합은 선주민들과 민족적으로 구분이 어렵게 되는 과정 없이 이민자들이 사회적 성원권(social membership)이나 선주민과 동등한 수준의 평등을 획득하는 경우, 동화 없이도 발생할 수 있다.

동화의 개념이 이처럼 깊은 의미의 무게(baggage)를 가지게 된 것은 불과 이십여 년 전부터라고 할 수 있다. 이 용어는 많은 이민자들이 실제로 경험하고 있는 것을 묘사하기 위해 사용될 수 있지만, 그보다는 이민자들이 실제로 실행해 주기를 **기대하는(expect)** 선주민들의 희망(이러한 기대는 전형적인 자민족중심주의나 노골적인 편견에 기반한 것이다)을 묘사하기 위해 규범적으로 사용되는 것일 수도 있다. 오랫동안 이러한 두 가지 관점은 서로 복잡하게 얽혀 있었는데, 그 결과로 이민자에게 기대하는 동화주의자들의 관점을 이주 연구 전문가들이 거부하기 시작하면서 그 단어 자체가 거부되기도 했다. 많은 학자들(Alba and Nee 1997; 2003; Morawska 1994)은 이민자(와 정착지 사회)가 경험하는 것을 실증적으로 이해하기 위한 필수적인 개념으로, 동화 개념을 다시 인정하고 있다. 그렇지만 이들의 동화 개념은 과거에 불미스럽게 강요되었던 규범적 의미가 제거된 채 새롭게 정의되고 있다.

이러한 점들은 20세기 동안 많은 이민국가들이 겪어 왔던 궤적들을 통해서 분명하게 드러났는데, 특히 미국의 사례에서 그러했다. 동화와 관련하여 미국에서 처음 등장한 용광로(melting pot) 개념에 의하면 이민자들은 정착국에 섞여 들어 마치 용광로 안에서처럼 스스로의 특성이 사라지도록 해야 하며, 의식적으로 주류사회의 정체성은 수용하고 과거의 정체성은 뒤로 숨겨야 한다고 기대되었다(Alba and Nee 1997를 참고할 것). 이러한 유형의 관찰 기록은 워너와 스롤(Warner and Srole 1945)의 아이디어에서 유래된 전통적인 '단선적 동화'의 개념으로 발달하였으며, 이들의 경험적 발견은 당시의 규범적 가정(normative assumption)과 결합되어 이민자들의 문화적 흔적은, 특히 그들의 자녀들에 의해 '열등한' 것이서 '무지몽매한 것'으로 여겨졌다. 이민자들이 동화되어야 한다는 고전적인 관점에서 이러한 주제를 다루었던, 밀턴 고든(Milton Gordon)은 '백인 프로테스탄트, 앵글로색슨 기원의 중산층 문화'가 미국의 '중심(core) 문화'라고 기술했다(1964: 72). 이러한 관점의 뿌리에는 부유한 정착국들이 가장 '발전된' 곳이라는 근대화 이론이 깔려 있으며, 대단히 자민족중심적이라고 할 수 있다. 이는 마치 이민자와 '민족적인 것(ethnics)'은 '녹아 없어져야(melting)' 하는 것이라고 보는 관점인 것이다. 20세기 후반 이민자 수용국들은 정도의 차이가 있지만 대체로 다문화사회로 변모하였다. 최소한 인구구성의 측면에서뿐만 아니라 어떤 곳에서는 국민적 태도와 적극적인 정책에 있어서 다문화주의 사회로 변모하고 있는 것이다. 포괄적으로(그리고 규범적으로 의무화된 방식으로) 선주민과 유사해지는 변화만이 바람직하다고 보는 것이 아니라 이민자의 차이와 다양성은 축복의 토대라고, 다시 말해 '우리'를 인식하는 새로운 방식이라고 보기 시작한 것이다.

이러한 역사적 변화와 가치부여(valorization)에 따라 일부 전문가들은 동화가 시대에 뒤처진 개념이라고 결론 내렸다. 간단히 말해, 이민자들은 더 이상 동화하지 않는다는 것이다. 그런데 그러한 주장은 다소 과장스럽다고 할 수 있다. 또한 동화가 실제로 의미하는 바를 지나치게 편협하게 이해한 것이 아닐 수 없다. 다시 말해 동화가 단순히 이민자의 변화뿐만 아니라 정착국사회의 변화로부터 발생한다는 점은 대단히 핵심적인 부분이다. 알바와 니(2003)의 연구는 그러한 점에서 특히 중요하다. 키비스토와 파이스트(Kivisto and Faist 2010)가 언급한 것처럼, 알바와 니는 졸버그와 운(Zolberg and Woon 1999)의 논의에 근거하여 동화로 이어지는 세 가지 분명한 과정을 규명하고자 하였다. '경계 넘기(Boundary crossing)'는 전통적인 방식의 동화를 의미한다. 즉, 이민자 개개인은 새로운 언어를 배우거나 자신에게 부여됐던 '기존의' 민족적 표찰을 거부하면서, 경계 넘기를 통해 주류에 합류함에 따라 상당한 변화를 경험한다. 그런데 그런 방식이 진행되더라도 기존의 경계는 여전히 유지된다고 볼 수 있다. 하지만 '경계 흐리기(boundary blurring)'라는 개념 또한 생각해 볼 수 있는데, 이는 개인적 차원이라기보다는 사회적 차원에서 작동하는 민족적 차이의 감소를 의미한다. 다중적/중층적 정체성, 이중 언어 능력, 이중 국적이 점점 더 폭넓게 수용되고 있는 것처럼, 집단들 사이의 경계는 그 견고함이 완화되고 투과성은 높아지고 있다. 미국으로의 이주에서 이 같은 방식의 변화가 분명 일어나고 있다. 하지만 반대로 많은 유럽 국가에서는 이 같은 방식의 동화가 일어나지 않고 있다(Alba 2005). 세 번째 과정인 '경계 옮기기(boundary shifting)'는, 좀 더 배제적인 방향으로, 혹은 좀 더 포용적인 방향으로, 경계를 전체적으로 재편성하는 것을 말한다. 이러한 광범위한 변화는 매우 드물게 일어나는데, 일부 전문가들이 이에 대해 상당히 추론적인 방식으로 논의하고 있다. 가령, 간스(Gans 1999)는 미국에서 흑인/백인의 구분이 흑인/비흑인의 구분으로 변형되고 있는데, 이런 가운데 '아시아인'들의 경우는 점점 더 '명예 백인(honorary whites)'으로 받아들여지고 있다고 주장한다.

동화 개념을 이론적으로 정의하는 것이 아니라 경험적으로 새롭게 정의하는 작업은, 이 단어의 문법적 속성에 관해 브루베이커(Brubaker 2003), 요프케와 모라브스카(Joppke and Morawska 2003) 등이 시도한 통찰력 있는 관찰 내용으로부터 도움을 얻을 수 있다. 동화는 통합(integration)과 마찬가지로 타동사와 자동사로 모두 사용된다. 타동사의 경우, 국가와 같은 어떤 행위자가 법적인 요구와 대중적 정서의 전달을 통해 이민자들에게 무언가를 하는 것을 의미하며, 따라서 동화는 이민자들에게 부과되는 것이다. 자동사의 경우, 동화는 이민자들 자신이 스스로 행하는 것을 의미한다. 이 용어가 규범적인 측면에서 담고 있는 무거운 의미들은 타동사적인 측면이라고 할 수 있다. 즉, 정부나 대중적 정서가 이민자들로 하여금 그 자신들이 선호하지 않는 방향으로 정체성이나 행위들을 바꾸도록 유도하려 할 때 많은 이들이 이에 반대한다. 그렇지만 동화의 자동사적인 측면은 이민자 개인의 경험적인 목적에 합당한 유용한 개념이 될 수 있다. 다시 말해, 대부분의 이민자들은 적어도 어느 정도는 동화를 이루어야 한다.

'상식'적인 선에서 보았을 때, 이민자들에게 동화는 무척 다양한 측면에 있어서 유용한 개념으로 보인다. 특히 이러한 관점은 정착국에서 이민자 자녀(2세대)의 사회화가 어떻게 이루어지는가를 다루고자 할 때 분명하게 드러난다. 그런데 몇몇 학문 분야의 연구에 따르면, 정반대의 결론(동화가 소득수준을 오히려 악화시킨다는 결론)이 때로는 더 적절한 경우도 있다. 럼보트(Rumbaut 1997)는 미국의 건강 및 교육과 관련한 많은 연구결과를 정리하였는데, 예를 들어 멕시코에서 이주한 여성이 낳은 아이가 유사한 상황의 선주민 여성이 낳은 아이보다 유아 사망률과 출생 시 저체중이 더 낮게 나타난다는 점은 주목할 만하다. 그렇다고 해서 그런 장점이 이주자 2세대 여성이 낳은 아이에게도 지속되는 것은 아닌데, 왜냐하면 이들은 결국 선주민 여성의 보다 좋지 않은 생활 유형에 동화되었기 때문이다. 외국에서 태어나 정착지에 들어온 이민자 청소년보다 정착지에서 태어난 2세대 청소년들 사이에서 위험한 행동이 더욱 빈번하게 발생한다는 점도 특기할 만하다. 그러한 궤적은 세대 간에서 나타날 뿐만 아니라, 외국에서 태어난 청소년의 정착지 거주 기간이 길어짐에 따라 이들의 위험 행동의 빈도가 높아진다는 점도 흥미롭다.

포르테스와 저우(Portes and Zhou 1993)에 의해 발전된 '분절적(segmented) 동화'라는 개념은, 일반적인 의미의 동화가 체계적인 방식으로 진행되어 결국 득이 되는 결과에 도달한다는 가정을 하고 있다는 점에 대해 이의를 제기한다. 즉, 분절적 동화는 상이한 집단들이 얻게 되는 결과의 유형들은 저마다 다양하다고 설명하고 있다. 동화가 이민자 및 그 자녀들과 관련된 보편적인 과정이라는 점은 쉽게 상상해 볼 수 있다. 그러나 현실세계에서 각각의 이민자들은 꽤나 다른 상황에 처해 있으며, 그들이 경험하는 동화의 유형에 따라 결과 또한 다양해진다. 이들의 동화는 대부분의 측면에서 득이 되는 것이며 주류사회의 수용과 사회적 지위의 상승을 동반하는 과정이다. 그러나 이러한 전통적인 동화의 경로는, 미국의 인종 구분에서 비백인에 속하는 이민자에게는 열려 있지 않으며, 경제적 위치가 격하되어 도시 내부의 빈곤한 거주지로 밀려난 2세대 이민자에게도 열려 있지 않다. 이 같은 맥락에서의 동화는 일반적으로 '아래쪽으로 향한다'. 이민자의 자녀들이 그러한 상황하에서 동화되는데, 그들은 미국의 빈곤한 소수자 집단의 일원이 되며, 이는 그들의 낮은 교육 성취와 직업 성취의 결과인 것이다(Portes and Rumbault 1996). 그러한 상황에서 동화에 저항하는 것, 다시 말해 자녀 교육에 대한 헌신을 강조하며 긴밀한 유대감으로 조직된 민족 공동체를 유지하는 것이 오히려 더 좋은 결과를 가져올 수도 있다.

이민자들은 동화의 길을 걷든지, 아니면 민족 정체성과 민족 공동체를 받쳐 주는 초국가적 연계를 유지하든지 간에 이 중 어느 하나를 선택하여 정착지의 새로운 상황에 맞게 적응해 가야 한다고 흔히들 생각한다. 그러나 모라브스카(Morawska 2003)가 주장한 것처럼 이 두 가지 양상의 적응은 일반적으로 동시에 진행된다. 즉, 많은 이민자들이 초국가적 연계를 유지하면서 독특한 방식으로 동화해 가고 있고, 따라서 이 두 가지 양상의 적응 패턴이 다양하게 조화를 이루어 가는 모습을 포착해 내는 것이 바람직하다(Kivisto 2003을 참고할 것). 초국가적 연계는 정체성과 공동체를 지속하는 데 유용하다. 동화는 단지 민족적 차이가 **줄어드는(decline)** 것일 뿐 그것이 사라지는 것이 아니라고 재정의하는 것은 반박의 여지가 없을 것이다. 키비스토(Kivisto 2003)에 따르면, 우리는 이 분야에서 대단히 복잡한 내용들을 마주하게 될 것이다. 동화를 통해 민족 간 차이와 구별이 현저하게 줄어드는 또 다른 이유는, 민족성이 차지하는 비중이 상이한 집단마다, 그리고 집단 내의 각 구성원들마다 다른 의미로 받아들여지고 있기 때문이기도 하다. 이민자가 정착한 후에 변하지 않은 상태로 원래 그대로 남아 있는 경우는 거의 없다. 그런데 정착지 사회 자체도 마찬가지여서 계속 변화의 과정을 겪게 된다. 이런 상황에서 동화는 이주 연구에 있어서 생생한 주제로 다시 부상하고 있다.

참고 통합; 문화변용; 다문화주의

주요 읽을 거리

Alba, R.D. and Nee, V. (2003) *Remaking the American Mainstream: Assimilation and Contemporary Immigration*. Cambridge, MA: Harvard University Press.

Joppke, C. and Morawska, E. (2003) 'Integrating immigrants in liberal nation-states: policies and practices', in C. Joppke and E. Morawska (eds), *Toward Assimilation and Citizenship: Immigrants in Liberal Nation-states*. Basingstoke: Palgrave Macmillan, pp.1-36.

Kivisto, P. and Faist, T. (2010) *Beyond a Border: The Causes and Consequences of Contemporary Immigration*. London: Pine Forge Press.

Portes, A. and Rumbaut, R. (1996) *Immigrant America: A Portrait. Berkeley*, CA: University of California Press.

Rumbaut, R.G. (1997) 'Assimilation and its discontents: between rhetoric and reality', *International Migration Review*, 31: 923-60.

6.

국경 · Borders

정의 국가를 분리하고 통합하는 지리적, 정치적인 선을 의미한다. 이 선을 가로질러 이주자들이 이동하기도 하며, 이주자들이 들어오는 것을 막고자 정부가 다양한 유형의 방벽으로 요새화하기도 한다.

이주가 단순히 지리적인 현상이라기보다는 광범위한 사회적 현상이긴 하지만, 이주 현상에 있어 국민국가의 지리는 전체적인 맥락을 구성하는 중요한 요소이며 국경은 이주의 행위를 정의하는 데 도움을 준다. 국경은 단순히 교차(또는 배제)의 지점이 아니다. 공간은 국경에 의해서 분할되고, 그렇게 분할된 공간들 간의 **차이**는 결국 이주라는 행위를 야기한다. 차이의 개념이 바로 이주 현상의 핵심적인 뿌리가 되는 것이다. 특정의 공간에서 개인은 그 사회의 구성원으로서, 시민으로서 편안함을 느낀다. 그 개인은 다른 공간에서는 '외국인'이 되는데, 외국인의 이질성을 인식하는 것이 ('도입' 장에서 살펴본 것처럼) 바로 '이민자' 개념의 핵심적인 요소이다.

대부분의 사회제도처럼 국경은 인간의 행동을 계도하고 억제하는 관념이다. 그런데 때로는 이러한 관념이 구체적으로 표현, 이행, 강제될 수 있도록 고안되어 물리적 구조물로 나타나기도 한다. 국경 관념의 핵심은 다음과 같다. '이 공간은 우리의 것이며, 당신은 우리의 허가 없이 들어올 수 없습니다.' 국경이 물리적 형태나 구조이기에 앞서 본질적으로 사회적 제도라는 주장은 대부분의 국경이 국경에 의해 나눠진 두 국가의 협정(동의)에 의해 존재한다는 점에서 분명하다. 전쟁과 같은 상황에서 이러한 협정은 깨질 수 있으며, 이에 따라 국경이 변경되거나 무력에 의해 봉쇄될 수 있다. 하지만 '정상적인' 시기 동안 국경은 협정의 효력을 발휘하며 유지된다. 승인받지 못한 월경을 막기 위해 여러 종류의 장벽을 건설하는 경우가 종종 있지만, 국경은 여전히 그러한 구조물이 없는 상태로 존재하며 물리적인 장벽을 굳이 설치하지 않더라도 승인받지 못한 월경을 능히 억제할 수도 있다. 요약하자면, 국경은 물리적인 것이기에 앞서 본질적으로 사회적인 것이다(Migdal 2004; O'Dowd and Wilson 1996을 참고할 것). 그런데 국경이 사회적인 것이라고 해서 이것이 곧 국경이 '연성적인(soft)' 것임을 암시하는 것은 아니다. 일부 국가들이 이주 제한(금지)을 강화하려는 의지를 보이는 것은 국경이 때로는 엄청난 폭력과 죽음의 장소가 되고 있음을 의미한다. 1989년까지 동독 군인들은 봉쇄된 국경을 넘어 서베를린으로 탈출하려는 동독 사람들을 사살하였다. 미국-멕시코 국경의 일부를 미국 정부가 무장화한 것은 수천 명의 사람들을 죽음에 이르게 하였고, 국경을 넘으려는 사람들을 보다 멀고 위험한 국경지대로 돌아가도록 내몰았다.

일부 국가들은 국경의 상징적 특성을 엄격히 유지하기 위해 엄청난 지출을 하고 있는데, 이는 이주 문제와 연결되어 있다. 안드레아스(Andreas 2000)는 최근 미국-멕시코 국경의 '강화'를 미국 정부가 미국 유권자에게 국경에 대한 통제를 상실하지 않았음을 보여 주기 위한 '상징적 정치' 활동으로 묘사한 바 있다. 1990년대에는 값비싼 기술과 인력을 배치하는 것과 아울러 3m 정도 높이의 철벽(the 'Iron Curtain', '철의 장막')을 건설하였다. 그러나 특히 사다리를 이용할 경우, 이러한 철벽이 불법적인 이주자들의 침입을 저지하는 데 효과적으로 기능하지 않았다. 멕시코에서의 불법 월경은 국경 강화 프로젝트가 시작되기 수십 년 전부터 이미 대규모로 발생해 왔다. 따라서 왜 이런 철벽 설치와 같은 월경 방지책들이 최근의 특정 기간 동안 갑자기 시행되었는지 질문한다면, 그것은 월경 이주자들의 갑작스런 증가가 위험 수준에 이르렀기 때문이 아니라 다른 이유 때문이라고 할 수 있다. 그것은 '국가 권력의 상징적 재현'으로서의 의례적 퍼포먼스를 통해 선주민들의 우려를 결집시킴으로써 선거에 유리한 표심과 다른 자원들을 잡기 원하는 정치적 사업가들(political entreprenuers)의 행동 때문인 것이다. 이런 의미에서 국경은 잠재적 이주자(would-be migrants)의 행동뿐만 아니라 선주민의 감정과 인식이 반영되어 작동한다.

국경이 우리와 너희를 나누는 중요한 차원이라는 점은 특정의 영토를 기반으로 하는 근대 국민국가 개념에 뿌리를 두고 있다(Malkki 1992를 참고할 것). 국가는 '그 국가의' 영토 바깥에서도 존재할 수 있다. 하지만 1948년 이전의 유대인 역사에서 증명되는 것처럼, 그러한 영토 바깥에 존재하는 국가는 곧 디아스포라 국가이지 국민국가는 아니다. 가령, 국가 단위로 알록달록하게 채색된 지도(multicoloured map)가 학교에서 흔히 사용되고 있는데, 이 지도를 통해 우리는 판에 박힌 모습으로 세계지리를 이해하게 된다. 이 지도에는 국제결의안에 따라 경계가 점선으로 표시된 카슈미르와 예루살렘 같은 예외적 사례가 있긴 하지만, 그 외 거의 대부분의 국민국가는 서로 명확하게 실선으로 경계가 그어져 있다. 겔너(Gellner)는 근대 국가의 (국경에 표시된) 정치지도와 국가주의(nationalism) 시대 이전의 민족분포지도를 비교한 바 있는데, 민족분포지도의 경우 '셀 수 없을 정도로 많은 점들이 다양한 색깔로 표시되어 있으며, 따라서 어떤 분명한 패턴을 세세하게 분간해 낼 수 없다'(1983: 139-40). 국민국가의 건설 과정은 지금 현재의 관점에서 과거 혼란스러워 보였던 것들(chaos)에 일정한 질서를 부여한 것이었다. 모든 프랑스 내의 것들은 이제 프랑스적인 것들이 되고, 영국 내의 것들은 영국적인 것들이 된다. 그리고 아일랜드 내의 것들은 영국적이지 **않은** 것들로 변모한다[하지만 얼스터(Ulster)*에 대해서는 이야기하지 않는 것이 최선일 것이다]. 학교에서 세계지리를 가르치기 위해 사용되고 있는 지도는, 지나치게 단순화된 일반화를 암시하고 있기 때문에 배우는 학생들에게 정확한 정보를 전달해 주지 못한다. 즉, 영어는 영국의 대부분 지역에서 제1언어이지만, 모든 지역에서 제1언어인 것은 아니다. 아일랜드 사람들은 대부분 아일랜드어가 아닌 영어에만 능통할 뿐이다.

특정 시간 특정 장소에 존재하는 국경은 한 국민국가와 다른 국민국가의 경계를 분명하게 만들며, 이러한 국경을 놓고 벌어지는 사람들의 의미 있는 움직임이 바로 '국제 이주'가 된다. 뉴욕의 나이아가라 폭포에서 온타리오의 나이아가라 폭포로 이동하는 것은 1.6km도 안 되는 아주 짧은 거리이지만, 분명히 국제 이주이다. 그러나 같은 미국 내의 버팔로에서 디트로이트로 이동하는 것은 (비록 가장 짧은 경로가 캐나다의 온타리오 남부를 경유하는 것이지만) 국제 이주가 아니다. 높은 수준의 유사성을 공유하고 있음에도 불구하고 미국과 캐나다는 서로 다른 국민국가이며, 서로 다른 규범과 법률을 가지고 있다. 그러므로 어느 한 국가의 국민은 다른 국가로 이동하고자 할 때 그 국가의 허가 없이는 국경을 넘을 수 없다.

이주와 관련하여 국경이 행사하는 '권력'은, 사람들은 일정 지역에 위치하여 움직이지 않고 있는데, 오히려 국경이 변동되는 경우에 분명하게 입증된다. 어떤 개인이 몸소 이동을 실천하지 않았음에도 국경이 변동되어 다른 현실에 처하게 될 경우, 그 개인은 전통적인 관점에서의 이주자와 유사하게 '외국인'이 되어 버린다. 1991년 소련의 붕괴와 함께, 소련의 점령지였던 에스토니아와 라트비아는 다시 독립국가가 되었으며, 두 국가에 거주하고 있던 많은 수의 러시아인들은, 그들이 에스토니아와 라트비아에서 태어났음에도 불구하고 불확실한 시민권에 직면하게 되었다[그들 중 많은 수가 그들의 부모가 태어난 곳에 따라 '이주자'가 되었다(Brubaker 1992b)]. 이런 일은 과거 미국에서도 발생한 바 있다. 1846~1848년 미국-멕시코 전쟁 이전 미국 남서부 지역의 대부분은 멕시코의 땅이었다. 그런데 전쟁이 미국의 승리로 끝난 후, 미국이 멕시코로부터 멕시코 북부(현재 미국의 남서부)의 영토를 강제로 매입하였고, 그 후 소노라에서 (미국의 영토가 된) 애리조나로 이주하는 것은 이제 '국제' 이주가 되어 버렸다. 이와 유사한 역사적 사례를 살펴보면, 오스트리아-헝가리 제국이 해체되면서 중부 및 동부 유럽의 정치지도가 다시 그려진 것을 들 수 있다.

국경은 단순한 재위치의 수준이 아니라 완전히 다른 방식으로 변하기도 하며, 이러한 변화가 엄청난 이주의 결과를 수반하기도 한다. 유럽연합(EU)이나 자유 북유럽 노동시장(Nordic Common Labour Market)과 같은 큰 틀로 유럽이 통합되는 과정은 국경의 견고성을 약화시켰고, 이에 따라 이주가 용이해졌다. 이는 국경이 지닌 국제적 특성에 의문을 던져 주게 되었다. 셍겐 조약

---

* 역자주: 이는 아일랜드 섬의 북쪽 지방으로서 현재 북아일랜드라는 이름으로 영국령에 속해 있다. 과거 영국의 아일랜드 식민 통치 기간 동안 많은 개신교도들이 이곳으로 이주해 갔고, 이에 따라 20세기 초 아일랜드가 영국으로 독립할 때에도 영국령으로 그대로 남게 되었다.

(Schengen Agreement)*에 가입한 국가들을 여행하는 것은 국경 넘나들기에 아무런 제약이 없기 때문에 흥미로운 경험이다. 프랑스의 됭케르크에서 E40(A16) 고속도로를 따라 동쪽으로 가다 보면 벨기에로 진입한다는 아주 작은 표식만을 맞닥뜨리게 된다 – 국경을 나타내는 다른 모든 물리적 징표는 제거되었으며, 국경을 가로지를 때 시속 130km 이상의 속도로 진행해도 아무 문제가 없다. 오슬로에서 스톡홀름으로 이주하는 것은 국제 이주임에도 불구하고 산토도밍고에서 뉴욕으로의 국제 이주보다 버팔로에서 디트로이트로의 미국 국내 이주와 오히려 더 유사하다고 할 수 있다. 왜냐하면 노르웨이/스웨덴 국경이 결코 없어진 것은 아니지만, 그 견고함은 확실히 약화되었기 때문이다.

매일매일 국경 넘나들기의 이주가 진행되기도 하는데, 이 경우에는 거주지와 일터가 국경의 이쪽과 저쪽으로 분리되어 있다. 스위스의 바젤과 제네바는 프랑스와의 국경을 접하고 있는데, 프랑스 노동자들은 스위스에서 더 높은 수준의 임금을 받고 프랑스에서 더 낮은 수준의 생활 물가, 특히 낮은 집값을 지불하며 산다. 이와 비슷한 현상은 세계 도처에서 확인할 수 있다. 이스라엘의 경우 여러 가지 면에서 엄청난 갈등을 내포하고 있긴 하지만, 수년간 서안 지구와 가자 지구에 사는 팔레스타인 사람들은 이스라엘에서 일하면서 매일 국경 넘나들기를 단행했었다(Semyonov and Lewin-Epstein 1987). 현재에는 1967년 이전에 설정된 국경을 기준으로 팔레스타인인들이 이스라엘에서 일하는 것은 흔치 않은 일이 되었지만, 일부 노동자들은 서안 지구의 이스라엘 정착촌으로 출퇴근한다. 이스라엘인의 관점에서 보자면, 마알레 아두밈(Ma'al Adumim)은 예루살렘의 근교로서 이스라엘에 속한 곳이며, 팔레스타인인들이 마알레 아두밈에서 일하기 위해 그들의 집이 있는 자할린(Jahalin)에서 마알레 아두밈으로 이동하는 것은 국경(international border)을 넘는 것이라 볼 수 있다(그들은 국경을 건너기 위해서는 검문소를 지나야만 한다). 그러나 다른 사람들, 특히 팔레스타인인 노동자들은 이들과는 다른 관점에서 자신들의 이동을 바라본다.

국경은 보통 수학적인 개념으로 보았을 때 면적이 없는 선으로 이해되곤 한다. 그러나 우리는 국경을 구역(zones)으로 이해할 수 있으며(Gavrilis 2008), 이와 관련된 개념인 '국경지방(borderlands)'은 국경에 인접한 공간에서의 행위와 제도가 여러 면에서 독특한 모습을 보인다는 점에서 관심을 끈다. 이 같은 독특한 모습을 보여 주는 하나의 사례가 관세와 무역 혜택하에 미국으로 수출하는 물건을 생산하는 멕시코 국경지대의 공장인 '마킬라도라'의 성장이다. 마킬라도라의 급격한 확장은 멕시코 노동자들을 북쪽으로 이동하게 하였으며, 그렇게 국경 근처에서 그들 중 일부는 조금만 더 가면 미국으로 넘어갈 수 있다는 걸 의식하게 된다. 또한 이주하려는 사람들은 물론

---

* 역자주: 유럽연합(EU)과는 별개로 이 조약에 서명한 유럽의 총 26개국 정부는 각자의 국경 검문소를 폐지하고 공통의 출입국 관리 정책을 적용하여 국경을 넘나드는 사람들의 이동을 자유롭게 보장하고 있다.

이고 이주를 규제하려는 제도들 모두가 관련되는 자원을 국경지역에 집중시키고 있으며, 정부는 '외국인'과 국경에 대한 철저한 감시와 관리를 해 나가고 있다. 그 결과 국경지역에 살고 있는 사람들 특유의 경험과 정체성이 형성되어 있다(Lugo 2008; Stea et al. 2010; Romero 2008).

일부 글로벌화 연구 전문가들은 우리가 현재 '국경 없는 세계'에 살고 있다고 단언해 왔다(Ohmae 1990을 참고할 것). 그러한 주장은 특히 이주와 관련하여 살펴보았을 때 터무니없는 과장이 아닐 수 없다. 이주를 통제하는 국경은 EU와 같이 일부의 사례에서는 그 중요성이 감소하고 있지만, 대부분의 경우에 있어서 여전히 그 힘은 막강하다. 하물며 유럽에서조차 국경은 이주를 형성하거나 억제하는 적지 않은 힘을 여전히 발휘하고 있다. 법률적으로 영국 국민이 프랑스에서 거주하고 일할 수 있는 권리가 보장된다고 해서 그것이 두 국가 사이의 이주가 완벽하게 '자유롭다'는 것을 의미하는 것은 아니다 – 반대로 이는 언어, 사회, 문화와 같은 일정 유형의 장벽을 극복하는 것을 포함한 일명 경계 재설정 비용(definable costs)을 수반한다. 두 나라는 중요한 부분에 있어서 여전히 나르며, 엉국에서 프랑스로 이주하는 것은 한 국가 내에서의 이주에서는 찾아볼 수 없는 독특하고 구체적인 의미를 지니고 있다(티베트에서 상하이로의 이주는 비록 중국 국내 이주라고 해도 매우 예외적인 상황임은 쉽게 생각해 볼 수 있지만 말이다). 만약 국경이란 것이 아예 존재하지 않는다면 국제 이주에 대한 구체적인 논의는 의미 없는 것이 될 것이다. 하지만 현실은 분명 그렇지 않다(다시 말해, 국경은 분명히 존재하고 있는 것이다).

참고 지역 통합과 이주

주요 읽을 거리

Andreas, P. (2000) *Border Games: Policing the U.S-Mexico Divide*, Ithaca, NY: Cornell University Press.

Migdal, J. (ed.) (2004) *Boundaries and Belonging: States and Societies in the Struggle to Shape Identities and Local Practices*. Cambridge: Cambridge University Press.

7.
두뇌 유출/유입/순환 · Brain Drain/Gain/Circulation

정의 두뇌 유출은 주로 개발도상국에서 국외로의 이민으로 말미암아 고숙련자들이 감소하는 것을 의미한다. 두뇌 유입은 반대로 고숙련자들이 개발도상국으로부터 선진국으로 유입되는 것을 의미한다. 두뇌 유출과 두뇌 유입은 일방향적인 흐름으로 간주된다. 반면에 두뇌 순환은 개발도상국과 신진국 사이를 고숙련자들이 쌍방향적으로 움직이는 것을 뜻하며 보통 기술과 자본이 수반된다.

1960년대와 1970년대에 '두뇌 유출'이라는 용어는 주로 '개발도상국'에서 '선진국'으로 고학력 및 고숙련의 개인들이 유출되거나 이민 가는 것을 설명하는 데 사용되었다. 이 과정에서 선진국은 승자로 여겨졌는데, 왜냐하면 선진국은 과학과 기술 산업의 호황기에 반드시 필요한 인적 자본을 얻을 수 있었기 때문이다. 이러한 이주 흐름은 주로 과학, 공학, 보건 분야의 산업을 확장시키는 기술을 보유하고 이전할 수 있는 학생들과 고학력/고숙련 기술자들로 구성된다. 예를 들어 국제연합(UN) 아프리카 경제위원회는 약 2만 7000명의 아프리카인들이 1960년부터 1975년까지 주로 미국과 예전 식민지 강국이었던 프랑스, 영국, 포르투갈, 독일과 같은 서구지역으로 이주했다고 추정하였다(El-Khawas 2004). 이후 이주자의 수는 1975년과 1985년 사이에 매년 4만 명이 증가했고, 1987년에는 8만 명으로 최고조에 이르렀다. 1990년대에는 매년 약 2만 명의 고숙련 아프리카인들이 이주해 나갔다.

두뇌 유출은 보통 선진국에서 석·박사의 학위를 받고자 하는 학생들이 그들이 애초에 계획했던 대로 귀국하기보다 새로운 정착지에서 자신의 학문 분야의 전문가로 일하면서 시작된다. 예를 들어, 1970년대와 1980년대에 대만의 대학 졸업생 중 약 20퍼센트는 석·박사의 학위를 받고자 해외로 이주하였다(O'Neil 2003). 1960년대와 1970년대에 인도는 고급 전문 과학자, 엔지니어, 물리학자, 유학생 등의 대규모 두뇌 유출을 경험했다. 중국, 필리핀, 우크라이나, 러시아 등의 국가들도 이주에 의한 대규모의 전문가 유출을 경험했거나 경험하고 있다. 국제연합은 1960년대에 대략 30만 명의 고급전문들이 개발도상국으로부터 선진국으로 유출되어 두뇌 유출의 큰 흐름을 형성했다고 추정하였다(Saxenian 2005). 최근 몇 년간, 개발도상국에서 태어나 대학교육 또는 고등교육을 받은 10명 중 한 사람은 선진국에서 거주하고 있다(Sriskandarajah 2005). 과학과 기술 분야에서 교육받은 사람들의 경우 그 비중은 훨씬 높다. 물론 송출국과 수용국의 이민 제도와 정책들도 역시 마찬가지로 잠재적 이주자들에게 무척 중요한데, 왜냐하면 그로 말미암아 한 국가를 떠나 새로운 국가로 이동하는 것과 관련된 비용과 혜택이 결정되고, 전체적으로 그러한 이동 자체가 얼마나 용이한지가 결정되기 때문이다(Mahroum 2005). 많은 이민 제도들은 학생과 고급 전문가의 이주를 촉진하기 위해 유연한 이민법을 고안하고 있으며, 이와 아울러 소득, 세금, 그 외 여러 혜택들을 적극 홍보하고 있다. 송출국들도 관련 정책을 시행하면서 최고 수준의 고학력자들의 이민을 보다 용이하게(혹은 어렵게) 만들어 갈 수 있다.

이민 제도 및 정책과 별개로, 두뇌 유출을 유발하는 송출국의 요인으로는 저임금, 기회의 부족, 경제적 불안, 과학 및 기술 관련 기반시설의 부족, 정치적 갈등, 일반적인 불안정 등 여러 가지가 있다. 두뇌 유출은 송금과 같은 개발도상국 발전의 다른 측면과도 관련되어 있다. 개발도상국의 두뇌 유출은 경제적 및 사회적 손실로 인식되었는데, 이는 전문가의 유출뿐만 아니라 그들이 국가 밖으로 전문 지식을 가지고 나감으로써 교육 측면의 투자가 저하되고 세금 수입의 손실이 발생하기 때문이다. 그런데 다른 측면에서 보았을 때, 전 세계 이주자들의 송금은 선진국이 개발도상국에 제공하는 개발 원조보다 더 많은 자본을 개발도상국으로 유입시켰다. 저임금 노동자나 고급 전문가를 막론하고 모든 유형의 이주자들은 자신의 집(고향)으로 송금을 한다. 하지만 송금에서 얻는 이익과 두뇌 유출의 손실 간의 팽팽한 줄다리기는 제로섬 게임(Zero-sum game)이 되는 것 같지는 않다. 과거에 고학력/고숙련 인력 풀을 갖고 있었던 (하지만 두뇌 유출로 그들 중 일부를 잃어버렸던) 국가들은 현재 외국에 있는 이들 디아스포라 노동력의 장점을 다시 활용하고자 적극 노력하고 있다.

이러한 수많은 초기 개발도상국들은 두뇌 유출 현상에 대한 새로운 관점들을 만들어 가며 지난 20년간 경제적 측면에서 큰 폭의 엄청난 성장을 이루어 왔다. 몇몇 사례들을 통해 우리는, 고급 전문가와 기업가들이 대만, 인도와 같이 급속히 성장한 개발도상국에서 취직하기 위해서, 그리고 둘 또는 그 이상의 국가들을 넘나드는 초국가적인 사업을 추진하기 위해서 '고향'으로 돌아오고 있다는 사실을 확인할 수 있다. 따라서 두뇌 유출이 두뇌 순환으로 변화하고 있는 것이다. 두뇌 순환의 개념은 고급 전문가들이 개발도상국에서 선진국으로의 일방향적 흐름(선진국에만 이득이 되는)에만 참여하는 것처럼 보이는 두뇌 유출/유입 현상과는 아주 다른 개념이며, 특히 두뇌 유출/유입 개념의 이론적 근간을 이루는 중심부-주변화 모델에 반론을 제기한다. 고숙련자들의 상당수는 그들의 기원국(고국)으로 돌아가거나 그들의 본국과 이주한 국가 사이를 오가며 원래 그들을 고용했던 산업과 연관된 다른 전문적인 활동이나 사업에 참여하고 있다. 이러한 순환적 흐름은 더 나아가 선진국과 개발도상국 간의 명확한 구분을 모호하게 하고 있다.

두뇌 순환에 대한 연구들(Saxenian 2005를 참고할 것)은 또한 이전에 두뇌 유출/유입의 개념이 설명해 내지 못했던 쌍방향적 흐름 안에서 기술과 자본의 이동이 활발하게 이루어지고 있음을 증명하고 있다. 두뇌 순환에 관련된 이주자들은 그들이 거주하는 둘 또는 그 이상의 국가들에서 자본, 노동, 기술을 투자하여 각종 사업을 하고 있는데, 이것은 초국가주의 현상을 잘 보여 주는 예이다. 실리콘 밸리에서 IT 기업가로 활동하는 대만인과 인도인은 이 두뇌 순환의 흐름을 선도한 초기 참여자들로 흔히 거론된다. 이러한 민족 기업가들(ethnic entrepreneurs)은 미국 실리콘 밸리의 IT 분야에서 전체 노동력 중 약 20퍼센트를 차지하고 있다. 그들은 지역을 가로지르는 벤처 사업 내에서 대만과 중국에서 미국으로, 그리고 인도에서 미국으로 지식, 자본, 기술, 노동력을 이동시키고 있다. 대만인 IT 기업가들은 대만 내에서 벤처회사의 설립을 지원하고 최초로 시도한 선도자들이었다(Saxenian 2005). 대만의 정부 지도자들 또한 혁신을 용이하게 하고 기술 틈새시장을 만들어 가기 위해서는 과학과 기술의 투자가 매우 가치 있다고 보았다. 이런 상황 속에서 미국 벤처회사들이 세 개의 대만 기업으로 분리 설립되었는데, 이는 오늘날에도 여전히 대만과 중국 기술 분야의 유력한 투자자로 계속 남아 있다.

인도 역시 실리콘 밸리에 거주하면서 근무했던 인도 태생 기업가들의 초기 계획을 통해 IT 산업 분야가 크게 발전할 수 있었다. 초기에는 빈약한 사회기반구조와 복잡하고 관료주의적인 절차 등 여러 장애 요소들이 많았음에도 불구하고, 인도의 민족 기업가들은 과학과 기술 연구 분야에 재정 지원을 시작하기 위해 벤처기업 자금 회사들을 인도로 유치했다. 이러한 기업가들은 인도에서 교육받은 노동자들의 거대한 인력 풀에 의지하며, 대만의 경우와 유사하게 소프트웨어 개발 산업과 같은 분야에서의 틈새시장 형성에 기여하였다.

초국가적 기업가들은 보통 필수적인 언어 및 문화 능력을 갖추고 있기 때문에 국제적인 시장들을 가로지르며 활동할 수 있는 이상적인 위치에 놓여 있다. 이 같은 민족 기업가정신의 탈중심화된 특성에 비추어 생각해 본다면, 두뇌 유출은 국가나 다국적 기업(혹은 대기업)이 전문화된 고숙련 특화 노동력을 확보하기 위해 직접 지배력을 행사함으로써 이루어진다고 보는 초기의 개념적 전제에 대해 의문을 제기할 수 있다. 경제 성장이 빠르게 이루어지고 있는 중국, 인도 등 과거의 이민 유출 국가에서는 점점 더 많은 젊은이들이 그들의 고국에서 고등교육을 받고 있고, 졸업 후 그곳에서 취직하고 있기 때문에 고급 전문가의 국외 이주나 순환 이주는 점점 더 줄어들 것으로 보인다. 중국과 인도 모두 고국의 숙련된 인력을 유지하기 위해 고등교육 시스템에 많은 자본을 투자하고 있다. 또한 이러한 국가들은 해외에 있는 이민 사업가들과 교육받은 노동자들이 고국으로 돌아오도록 유도하기 위해 그들의 디아스포라 네트워크에도 엄청난 투자를 하고 있다.

수십 개에 이르는 적지 않은 국가에는 현재 그들의 정부 산하 유관 기관의 지원을 받는 디아스포라 기구들이 존재하고 있다. 가장 먼저 형성되었고 가장 발전된 디아스포라 조직의 대표적인 사례는 필리핀 정부 및 그 이주자들과 관련이 있다. 1960년대부터 필리핀은, 주로 중동, 동남아시아, 미국, 영국 등으로 간호사, 엔지니어, 의사, 과학자 등 전문 인력의 두뇌 유출을 경험해 왔다. 필리핀에는 3개의 주요 디아스포라 기구들이 운영되고 있는데, 이 중 1981년에 창설된 해외 필리핀인 위원회(The Commission of Filipinos Overseas)가 가장 일찍 설립된 기구이다. 해외 필리핀인 위원회는 필리핀 이주자들이 거주하고 있는 해외지역의 필리핀인 조직들과 활발하게 교류함으로써 기원국 필리핀과 필리핀 디아스포라 간의 경제적 및 문화적 유대를 강화해 가고 있다. 이와는 분리되어 같은 해인 1981년에 설립된 해외 이주 노동자 복지 관리부(Overseas Workers Welfare Administration, OWWA)라는 기구는 해외의 필리핀 이주자들의 노동권을 보장하고자 노력하고 있다. 그리고 1982년에 설립된 필리핀 해외 이주 고용 관리부(Philippines Overseas Employ-ment Adaministration, POEA)는 현재 해외의 모든 필리핀인들의 이동을 통제, 관리하고 있는 정부 조직이다. 이러한 세 기구는 일반적으로 필리핀의 두뇌 유출을 구성하는 고급 전문가들을 포함하여 그 외 모든 필리핀 이주자들을 관리한나.

다른 국가의 디아스포라 기구들은 고학력 이주자들이 고국으로 귀환하거나 국가의 개발 활동에 참여하는 것을 장려하는 것에 중점을 둔다. 아이티, 세르비아, 시리아, 아르메니아는 그러한 목적에 초점을 맞추어 관련 기구들을 설립, 운영하고 있다(Agunias 2009). 예를 들어 세르비아는 두뇌 유출과 관련된 문제를 해결하기 위해 세르비아 자국 내의 전문가와 아울러 해외 디아스포라가 함께 참여하는 경제 자문위원회를 설립하였다. 이 자문위원회는 2010년에 세르비아 디아스포라 의료 컨퍼런스(Serbian diaspora medical conference)를 개최하였다. 또한 정부는 투자 기회와 사업 협력, 단체와 개인 관련 데이터 등의 정보를 확산시키기 위해 인터넷상의 비즈니스 네트워크를 조직하려는 계획을 추진하고 있다.

1960년대와 1970년대 이래로 진행되어 온 두뇌 유출 현상과 그 후에 이어진 두뇌 순환 현상은 많은 개인, 기구, 정부들로 하여금 고숙련 기술을 가진 디아스포라 인력의 장점들을 더욱 적극적으로 활용하여 고국 발전의 초석이 될 수 있도록 하는 노력으로 승화되었다. 오늘날 두뇌 순환은 여러 국가들에서 매우 활발하게 진행되고 있기 때문에 선진국과 개발도상국 간의 경제적 차이는 빠르게 줄어들고 있다. 그럼에도 불구하고 아직까지 두뇌 유출은 사라지지 않고 있다. 빈곤한 경제 상황은 때때로 두뇌 유출을 다시 활성화하고 촉진시키는데, 예를 들어, 깊은 경기 침체와 고통스러운 긴축 개혁을 경험하고 있는 오늘날의 스페인, 이탈리아, 그리스와 같은 남부 유럽에서 수천 명의 노동자들은 북부 유럽, 미국, 캐나다, 오스트레일리아로 (다시) 이주해 나가고 있다. 이 노동자들의 대다수는 고학력이고 다른 나라들에서 새로운 직업을 얻고 새로운 삶을 꾸려 나갈 수 있는 네트워크와 자원을 가지고 있다. 고숙련자들의 이주는 커다란 변화를 유발한다. 그러므로 두뇌 유출, 두뇌 유입, 두뇌 순환의 개념은 가까운 미래에도 그 의미와 중요성이 지속될 것이다.

참고 디아스포라; 송금; 초국가주의

주요 읽을 거리

El-Khawas, M.A. (2004) 'Brain drain: Putting Africa between a rock and a hard place', *Mediterranean Quarterly*, 15(4): 37-56.

Mahroum, S. (2005) 'The international policies of brain gain: a review', *Technology, Analysis & Strategic Management*, 17: 219-30.

O'Neil, K. (2003) *Brain Drain and Gain: The Case of Taiwan*. Washington, DC: Migration Policy Institute.

Saxenian, A.L. (2005) 'From brain drain to brain circulation: transnational communities and regional upgrading in India and China', *Studies in Comparative International Development*, 40(2): 35-61.

Sriskandarajah, D. (2005) *Reassessing the Impacts of Brain Drain on Developing Countries*. Washington, DC: Migration Policy Institute.

8.

연쇄 이주 · Chain Migration

> **정의** 이주자들이 가족 구성원과 친구들의 후속적인 이주를 권장하고 용이하게 하는 과정을 말한다. 때로는 그 결과로 어떤 한 소지역(locality)에서 특정의 목적지로 (거의) 모든 개인들이 이주하기도 한다.

이주가 한 개인의 단순한 행위라기보다는 더욱 확장된 사회적 프로세스라는 생각(특히 캐슬스와 밀러가 강조, 2009)은 특히 연쇄 이주의 개념을 통해 분명히 드러난다. 이주자들은 정착국에 도착하여 그들 스스로의 삶을 꾸려 나가기 시작한 후에 종종 원래 살던 곳의 가족 구성원이나 친구들에게 그들을 따라서 이주할 것을 독려하곤 한다. 그러나 연쇄 이주는 단지 가족 이주나 가족 재결합(family reunification)에 그치는 것이 아니라 그 이상으로 복잡하고 상세한 과정임을 유념해야 한다. 연쇄의 개념은 '선구자'인 이주자 자신이 후속 이주를 장려하거나 용이하게 하여 더 많은 사람들이 그들의 네트워크 안에 들어오게 하는 것을 의미한다. 가끔 그러한 과정이 확장되어 기원지의 전체 커뮤니티나 마을이 특정 정착지로 이전하여 재입지하기도 한다. 일부 전문가들은 이주자가 가족 구성원을 초청할 권리를 부여받고 있기 때문에 연쇄 이주를 통제하는 것이 사실상 불가능할지도 모른다고 우려해 왔다. 그러나 현실에서 이러한 합법적 초청을 통해 연쇄 이주가 얼마나 증가했는가를 확인해 보았을 때, 이는 전문가들이 우려할 정도의 수준은 아니었다. 먼저 온 이주자들은 오히려 친구나 가족 구성원들이 비공식적 방법을 통해 이주할 수 있도록, 때로는 그들이 법적 규제를 피하여 이주할 수 있도록 적극 지원하기도 한다.

연쇄 이주의 과정은 **이주자 네트워크(migrant networks)**에 뿌리를 두고 있다(Boyd 1989). 여기에서는 네트워크의 두 가지 측면에 주목하고자 한다. 그 중 하나는 국가가 개인에게 특정 유형의 친척들을 초청할 수 있는 법적 권리를 부여하고 있다는 점이다. 대부분의 경우에 있어서 시민권을 소유한 자는 대체로 외국 태생의 배우자를 초청할 수 있는 권리를 지닌다. 물론 이러한 권리가 무제한적으로 허용되는 것은 아니지만 말이다(예를 들어 영국의 경우, 이주를 희망하는 장래 이주자 모두에게 현재 영어 읽기와 말하기 능력을 갖추고 있음을 보여 줄 것을 요구한다). 만약 배우자에게 어린 자녀가 있을 경우, 일반적으로 그 자녀들에게도 이주가 허가되며, 때로는 이런 직계가족 초청 방식이 성인 자녀나 부모들에게도 적용된다. 또 다른 '재결합(reunification)'의 권리가 이주자의 형제자매에게 부여되기도 하는데, 이는 최근 미국에서 발급된 가족 기반 이주 비자 중 4번째 순위에 해당된다. 그런데 대부분의 부유한 정착지 국가에서는 이 재결합 초청 이주를 별로 인정하지 않고 있으며, 초청 이주를 비교적 관대하게 인정하고 있는 미국에서조차도 초청자(sponsor)가 반드시 귀화한 시민이어야만 이들의 초청 이주가 가능하다. 어쨌든 이 같은 가족 및 친척 초청 이주는 연쇄 이주의 기반이라고 할 수 있는데, 왜냐하면 그렇게 초청받아 정착지로 이주해 온 친척이 영주권을 취득한 연후에는 다시 외국 태생의 배우자, 그 자녀나 부모 등을 초청하여 함께 살 수 있는 권리를 부여받게 되기 때문이다.

이러한 '덧붙여진(additional)' 이주자들은 구체적인 가족 관계에 기반한 법률적 권리를 가지고 정착국에 들어갈 수 있다. 그런데 이러한 연쇄 이주는 다양한 이주자 네트워크를 통해 작동되는 널리 확장된 메커니즘의 결과라고 할 수 있다. 이러한 메커니즘은 정착국의 직장, 주거, 삶의 질과 같은 정보의 제공, 도착 직후 체류할 거처의 제공 등과 같은 초기 정착을 위한 지원, 그리고 (특히 정착지에서 공동체 구성원의 숫자가 증가하면서) 정착지에서의 진정한 '커뮤니티'를 설립하는 것 등을 포함한다. 매시 외(Massey et al. 2003)는 보증인이라는 용어를 단순한 법률적인 용어 수준을 뛰어넘어 위와 같은 종류의 지원들을 포함하는 것으로 그 의미를 확장시켰다. 이주 흐름의 연쇄 효과가 본격적으로 나타나는 것은, 기원지를 떠난 최초 이주자가 자신과 (친인척 관계로) 직접적으로 연결되어 있지 않은 기원지의 사람들에게 정착지 관련 정보를 전해 주고, 그들에게 실질적인 지원을 제공하기 시작할 때부터라고 할 수 있다. 가족적 연계는 연쇄 이주의 시발점이 되곤 한다. 이러한 가족적 연계는 위에서 기술한 이주 관련 법적 권리가 부여되지 않았을 때에도, 그리고 문제가 되는 이주가 '비정규적(irregular)'일 때에도 이주가 용이하게 진행될 수 있도록 도움을 주곤 한다(Massey and Espinosa 1997; Staring 2004). 이주 현상이 증가하고 복잡한 양상으로 발전할수록, 이주자 네트워크를 통해 움직이는 자원은 기원지 공동체에 남아있는 네트워크 구성원들에게 널리 활용될 수 있게 된다. 이러한 자원의 흐름은 그 네트워크의 연결이 가족적 연계로 이루어져 있지 않을 때에도 중요하게 작동한다. 즉, 다른 형태의 사회적 결합도 때로는 가족적 연계만큼이나 크게 효과를 발휘하여 후속적인 이주를 촉진하기도 한다(MacDonald and MacDonald 1964).

연쇄 이주에 대한 정착국 선주민들의 우려는 점점 심각해지고 있다. 이와 관련하여 유(Yu 2008: 5-6)는 미국 정부에서 이주 문제 연구를 위해 창립한 이민과 난민 정책 특별위원회(Select Commission on Immigration and Refugee Policy, SCIRP)의 1981년 보고서를 다음과 같이 인용하였다.

연쇄 이주의 잠재적인 영향력이 어느 정도인지를 가늠해 보기 위해 귀화한 한 쌍의 외국 태생 기혼 커플이 있다고 가정해 보자. 이들이 각각 두 명씩의 형제자매를 가지고 있다면, 모두 4명이 초청 이주 신청 대상자가 될 수 있다. 그런데 그 형제자매들 4명이 모두 결혼해서 각각 배우자 1명과 3명씩의 자녀를 둔 핵가족을 이루고 있다면, 이들도 나중에 모두 초청 이주 신청 대상자가 될 수 있다. 이처럼 결혼한(할) 배우자는 더 많은 이민의 잠재적 근원이 되어 초청 이주는 지속적으로 이어진다. 상대적으로 짧은 기간에 적어도 84명의 사람들이 비자를 받을 자격을 지니게 되는 것이 가능하다.

이러한 가능성은 정치적 우려를 점점 더 고조시켰고(혹자는 이를 대중 현혹적이라고 부른다), 이후 수많은 연구들이 이어져 연쇄 이주의 규모가 어느 정도로 확대되는지를 예측해 보고, 실제의 경험적 토대를 제공하려는 시도가 이루어졌다. 이와 관련된 초창기의 연구를 진행했던 자소와 로젠츠바이크(Jasso and Rosenzweig 1986)는 가족 초청 연쇄 이주가 눈덩이 쌓이듯 더 많은 이주를 불러일으킨다는 '이주 승수효과(immigration multiplier)'는 매우 미미한 수준에 불과하다고 결론지었다. 그들은 취업 기반 비자를 통해 정착한 모든 이주자들이 도착 후 10년 동안 1.2명의 추가적인 이주자를 들어오게 했다고 계산하였다. 가족 기반 비자를 통해 입국한 사람들의 승수효과는 0.2에 불과한 것이다. 그런데 후속 연구에서는 위의 수치가 너무 적게 추정되었다고 주장했다('정확한' 수치가 아니라는 점을 주의하라. 그의 연구는 측정 방식을 임의적으로 결정했고, 개념 그 자체 의미에 의존했다). 더 최근의 연구(Yu 2008)에서는 1972년부터 25년 이상의 기간 동안 전체 승수효과가 2.2정도였다고 보고 있다. 일부 사람들이 깊이 우려하는 것과 비교해 봤을 때, 이러한 연구결과는 연쇄 이주(적어도 가족 초청의 법적 권리를 행사하는 이주자들 측면에서는)의 증가가 우려할 만큼 빠르게 진행되고 있지 않다는 점을 보여 준다.

연쇄 이주 관련 연구에서 밝혀진 또 다른 중요한 내용은 (연쇄 이주의) 과정과 그 확대 양상이 다른 이주 흐름과 상당히 다르다는 점이다. 1965년 미국의 이민법 자유화 이후 정착한 미국 내 필리핀 이주자들의 경우를 살펴보면, 가족 초청 이주의 비율이 상대적으로 높았다(Jasso and Rosenzweig 1989; Liu et al. 1991). 필리핀 같은 아시아 국가들로부터 연쇄 이주의 비율이 높게 나타나고 있는 이유 중 하나는 그곳에 많은 미군 기지가 설치되어 있다는 점이라고 할 수 있다. 가령 미국의 가족 기반 비자를 통한 이민의 경우, 먼저 들어온 이민자가 미국에 정착한 후 기원지에 있는 그들의 가족, 친지 등 다른 잠재적 이민자를 초청하는 형식으로 진행되리라는 오해를 하기 쉬운데, 반드시 그렇지는 않다. 즉, 1980년대 동안 미국에서 가족 초청 이민을 신청한 사람의 약 3분의 2가량은 외국 태생 배우자를 초청하고자 하는 미국 태생의 시민이었는데, 이는 (해마다 국가

별로 이민자의 수를 일정 수준으로 제한하는) 이민 할당제의 적용을 받지 않는다(Heinburg et al. 1989).

일부 사람들이 연쇄 이주에 대해 우려하는 것은 '이주가 이주를 낳는다'는 표현을 통해 파악할 수 있다. 연쇄 이주를 이러한 방식으로 생각하는 것은, 이주가 개인적인 행위라는 사고를 전제로 하기 때문이다(한 개인이 이주하면 다른 개인들이 따라갈 것이라는 전제인 것이다). 그러나 실제로 이주는 흔히 **가구(household)** 단위의 결정과 과정이다(Stark and Bloom 1985; Massey 1990). 그런 틀 안에서, 연쇄 이주는 (적어도 가족 구성원들과 관련이 있는 한) '지체된(delayed) 가족 이주'라고 하는 것이 더 적당한 표현이다(MacDonald and MacDonald 1964). 정상적인 상황에서 모든 가족은 한 번에 함께 움직이는 것을 선호하지만 이것이 불가능한 경우라면, 가족의 이주는 일정한 단계를 밟아 가게 된다(Banerjee 1983). 물론 어떤 문화에서는 '가족'의 의미가, 많은 부유한 국가에서 일반적으로 이해되는 것과 같은 핵가족이 아니라 **확대된(extended) 가족**임을 기억할 필요가 있다. 그렇더라도 자소와 로젠츠바이크(Jasso and Rosenzweig 1986)의 연구에서 밝혀진 바와 같이 (이주가 이주를 낳는) 이주 사슬의 범위는 제한적이다. 물론 초창기에 이주하여 정착한 사람들은 가족 구성원 초청에 적극적이지만, 이후에 도착한 사람들의 초청 이주 신청은 훨씬 더 낮은 수준을 보인다.

미국이나 영국 같은 선진국의 일부 사람들이 연쇄 이주에 대해 그토록 걱정하는 이유는 아마도 전 세계 곳곳의 다른 국가에 살고 있는 사람들의 상당수가 당연히 (자기들이 살고 있는) '이곳'으로 이주하고 싶어 할 것이라고 상상하기 때문일 것이다. 이주 승수효과에 관한 연구들에 의하면, 그러한 생각은 실제로는 그다지 근거가 없는 것임이 밝혀지고 있다. 귀화 시민이 될 수 있었던 많은 이주자들은, 실제로 그런 경로를 밟지 않았으며, 특히 미국의 경우도 마찬가지이다. 그들은 형제자매 같은 높은 이주 선호도를 보이는 친척들을 초청할 만한 위치에 있지도 않다(Goering 1989). 심지어 친척을 초청할 수 있는 안정된 위치를 확보하게 되더라도, 그들은 기원지에 있는 잠재적 이주자들을 적극적으로 초청하려 하지 않으며, 또한 기원지의 가족 구성원들도 굳이 이주를 단행하려 하지 않는다. 간혹 가족 초청을 통해 이주하려고 결정했다 하더라도, 그러한 초청이 법적으로 가능해진 이후 한참 지나서야 마침내 이주가 이루어지기도 한다(Heinburg et al. 1989). 초청인의 입장에서도 자신이 정착지에서 완전히 자리를 잡아 잠재적 이주자의 거처 마련이나 직업 알선 등과 같은 실질적인 지원을 해 줄 수 있을 때까지 상당히 긴 시간을 흘려보내는 경우도 많다. 그리고 어떤 최초 이주자들은 고향으로 귀환하거나 다른 나라로 재이주해 버리는 경우도 있다(그렇게 되면 아무도 초청할 수가 없게 된다). 부유한 국가의 일부 선주민들은 (자신들의 입장에서) 이주의 매력을 과장해서 결론 내리고 싶어 한다. 하지만 잠재적인 이주자들은 그들보다 더 신중하다. 전 세계 인구의 거의 대부분이 국제 이주를 실행하고 있지 않다는 사실, 그리고 국제 이주자의 절반 정도만이 가장 부유한 국가로 가고 있다는 사실을 상기할 필요가 있다.

여하튼 간에 네트워크와 사회자본은, 심지어 합법적인 초청권이 부여되지 않았을 때에도, 이주를 더 용이하게 하고, 누가 이주를 할 것인지를 결정하는 데 있어 중요한 역할을 한다. 존스턴 외 (Johnston et al. 2006)는 글로벌화의 상황하에서 이주 현상은 가족과 친구를 굳이 활용하지 않고서도 더욱 쉽게 전개될 것이라고 주장한다. 그렇다 할지라도 선행 이주자가 자신을 따라가기를 원하는 후발 이주자에 대한 지원을 계속해 나간다면 연쇄 이주는 확실히 지속될 것이다.

참고 누적적 인과론; 가족 이주와 재결합; 이주자 네트워크; 미등록(불법) 이주

주요 읽을 거리

Boyd, M. (1989) 'Family and personal network in international migration: recent developments and new agendas', *International Migration Review*, 23(3): 638-70.

Goering, J.M. (ed.) (1989) 'Introduction and overview to special issue, the "explosiveness" of chain migration: research and policy issues', *International Migration Review*, 23(4): 797-944.

Yu, B. (2008) *Chain Migration Explained: The Power of the Immigration Multiplier*. New York: LFB Scholarly Publishers.

9.
순환 이주 • Circular Migration

정의 두 개 또는 그 이상의 국가들 사이에서 벌어지고 있는, 규제되거나 혹은 규제되지 않은 이동성의 패턴을 말한다. 이는 경제적인 이유로 동기가 부여되고 일시적이며 순환적으로 이루어진다.

순환 이주는 정착지에서의 영구적인 이민들을 감소시키고 이주자 기원지에서는 개발을 촉진할 수 있는 대안적 이주라는 인식이 확산되면서 최근 정책 영역에서 적잖은 관심의 대상이 되고 있다 (Vertovec 2007a; Newland 2009를 참고할 것). 일부 국가들에서는 순환 이주가 외국인의 영구적인 이민에 반대하는 사람들을 회유할 수 있는 정책이고, 송금의 증가와 두뇌 유출의 감소 등을 통해 이주자 기원국의 경제 발전을 장려하는 데 매우 유용하게 활용될 수 있는 정책이라고 간주된 다. 국제이주기구(IOM)와 국제연합(UN) 산하의 국제 이주에 관한 세계위원회(GCIM)와 같은 국제기구들은 일찍부터 순환 이주에 주목해 왔다(GCIM 2005; IOM 2005를 참고할 것). 하지만 국가적 수준의 관점은 순환 이주가 이주자 자신에게 구체적으로 어떤 영향을 미치는지, 그리고 순환 이주 프로그램이 이주자들의 삶의 목표를 실제로 추진할 수 있도록 해 주는지 등과 같은 세세한 부분까지는 거의 고려하지 못하는 한계가 있다. 순환 이주를 통해 어떤 이주자는 자신의 이중 국적을 활용하여, 혹은 두 국가 각각의 장점을 취하고 있는 능력을 인정받으면서, 자신의 무역 및 사업 활동을 활발하게 전개해 나갈 수 있다. 안정적인 영구 이민이 어렵거나 불가능한 어떤 이주자에게는 순환 이주가 그러한 목표를 향한 일종의 타협안으로서 활용될 수도 있다.

비록 순환 이주의 정의에 대해 국제기구 및 국가 간의 완전한 합의에는 이르지 못하고 있지만, 순환 이주의 흐름에는 몇 가지 뚜렷한 특징이 있다(Newland 2009). 순환적 흐름은 '기원지'와 한 곳 또는 그 이상의 정착지 사이에서, 즉 둘 또는 그 이상의 장소들 사이에서 발생한다. 그 흐름은 독특한 시간적 차원을 가지고 있는데, 가령 계절적 이동 같은 단기간의 움직임이 이에 포함된다. 또한 이러한 흐름은 숙련 노동자, 임시 노동자, 또는 라이프사이클의 전기를 맞이한 은퇴 이주자 등 여러 해 이상 동안 이주 및 정착을 실행하는 장기 이주를 포함한다. 순환적 흐름은 기원지와 목적지(들) 사이에서 한 번 이상의 순환을 포함하는 반복적인 순환을 말한다. 또한 순환적 흐름은 이주자들의 기원지와 정착지의 발전, 그리고 이주자 자신을 포함한 모두의 발전을 도모하고자 하는 의도를 지니고 있다. 아울러 순환적 움직임은 가족 재결합이나 다른 비경제적 목적보다는 거의 대부분 경제적인 이유로 인해 나타난다는 점에 유념해야 한다.

순환 이주의 흐름은 수 세기 동안 존재해 왔다. 레슬리 페이지 모크(Leslie Page Moch 2003)는 1700년대에 프랑스 산악지대와 스페인 사이를 왕래했던 계절 농업 노동자들의 순환 이주에 대해 기술한 바 있다. 아울러 1600년대 초반 이래로 홀랜드갱거(Hollandsgänger)라는 독특한 이주자들이 어떤 순환적 이동 특성을 보였는지도 밝힌 바 있다. 홀랜드갱거들은 대부분 자본 집약적인 낙농업과 같은 산업에서 일하기 위해, 계절에 따라 네덜란드로 이동했던 독일의 베스트팔렌(Westphalia) 출신의 젊은 남성들이다. 그들은 국제시장에서 거래되는 치즈를 생산했던 낙농업 목장에서 건초와 토탄 덩어리를 자르고 꼭두서니 잡초를 캐내며 곡물을 수확했다. 베스트팔렌 사람들이 고향에 소유하고 있던 토지는 매우 적었고(30년전쟁으로 말미암아 그들의 토지는 대폭 줄어들었다), 따라서 그들은 여름 몇 달 동안 네덜란드에서 강도 높게 일한 후 수확한 것을 고향으로 가져가곤 했다. 1730년까지 이러한 북해(North Sea) 순환 이주 체계에 약 3만 명이 참여했었다. 하지만 그 이후 미국으로의 이주 기회가 생겨나고, 아울러 산업화된 라인 강 및 루르 강 유역에서의 새로운 일자리 기회가 열리면서, 북해 순환 이주 체계에 참여하는 순환 이주자의 수는 감소하게 되었다.

홀랜드갱거와 같은 비공식적인 순환 이동의 흐름은 국가에 의한 강력한 국경 통제가 시행되기 전부터 이미 용인되거나 장려되었던 일반적인 현상이었다. 멕시코의 농업 노동자들은 브라세로 프로그램(Bracero programme)이 시행되기 이전부터 미국과 멕시코 사이를 왔다 갔다 하였다. 브라세로 프로그램은 계절 농업의 수요에 따라 멕시코의 농업 노동자들이 멕시코의 집과 미국의 일터를 오고 가는 것을 허가한 프로그램이며, 1942년에서 1964년까지 멕시코인들의 일시적인 이동을 허가한 약 400만 건의 계약이 이루어졌다. 하지만 브라세로 프로그램과 같은 초청 노동자 프로그램은 순환 이주라고 보기 어려운데, 그 이유는 초청 노동자 프로그램이 오직 정착국의 노동 수요 문제를 해결하는 데에만 유리하도록 고안되었을 뿐이며, 이주자들의 영구 정착은 완전히 금지하고 있었기 때문이다. 1950년대에 시작한 유럽 북부의 초청 노동자 프로그램은 브라세로 프로그램과 마찬가지로 이주자 본인의 열망이나 필요, 또는 기원지의 경제 발전의 문제는 고려하지 않았으며, 초청국(sponsoring countries)의 경제적 이익만을 위해 만들어졌다. 그런 측면에서 초청 노동자 프로그램은 오랜 역사를 지닌 순환적 흐름들의 심층적 의미를 퇴색시켰고, 더 나아가 그 프로그램이 종료되었을 때는 이주 흐름의 지속이 대단히 어려워질 수밖에 없었다.

순환 이주는 보통 경제적인 이유로 행해지는데, 국가, 고용주, 이주자가 상호 연계되어 작동되는 비공식적인 메커니즘이나 국가 주도의 공식적 프로그램을 통해 발생할 수 있다. 그런데 전 세계적으로 보았을 때, 국가 주도의 순환 이주 프로그램은 비공식적 프로그램에 비해 상대적으로 그 사례가 드물다. 이러한 국가 주도 프로그램하에서 국가는 투표권과 재산권을 국외 거주자들까지 범위를 확장하고, 비자 요건을 완화하여 더 많은 사람들이 비자를 받을 수 있도록 조치한다. 예를 들어, (비자를 받을 수 있는 사람 수의) 상한선을 높이거나 다중 입국 비자를 도입하는 것 등의 조치를 취한다. 또한 이중 국적을 허용하고, 투자 인센티브와 투자 정보를 제공하며, 순환 이주 국가들 간의 직접적인 교통 및 통신 연결을 제공하는 것과 같은 다양한 유형의 정책들을 통해 순환 이주가 가능할 수 있도록 배려하기도 한다(Newland 2009).

순환 이주는 비교적 뚜렷한 젠더 패턴을 가지고 있다. 매우 젠더화된 순환 흐름의 예를 들자면, 노인과 내국인을 위한 여성 간병인, 계절 농업 이주자(남성과 여성 모두 포함), 대부분 남성인 고숙련 IT 노동자등을 들 수 있다. 특정한 일이 남성의 일이거나 혹은 여성의 일이라는 생각이 여전히 신뢰되고 있기 때문에 국가 주도의 프로그램들조차 매우 젠더화된 순환적 흐름을 만들어 내고 있다. 예를 들어, 캐나다 계절 농업 노동자 프로그램(Canadain Seasonal Agricultural Worker Program, SAWP)은 거의 대부분 남성들로 구성되었다(95퍼센트). 하지만 캐나다 퀘벡에는 오직 여성들만 고용되어 있는 독특한 사례도 있는데, 이곳에서 여성들은 강제적으로 농장에 인질로 붙잡혀 있다. 남성들은 그 농장으로 들어가지 못하며, 여성들은 (농장을) 떠나기 위해서 반드시 승인을 받아야 하고, 그들이 농장을 떠날 때는 반드시 동반자가 있어야 한다(Schwenken 2013). 이러한 조건들은 중동지방의 걸프 만 연안 국가들에서 가정부로 일하는 여성들이 겪는 상황과 꽤 유사하다. '카팔라(kafala)*' 후원 시스템은 여성 가정부들이 고용주에게 지나치게 종속될 수밖에 없도록 제약을 가하였다. 여성들은 고용주의 집에 무조건 거주해야만 하고, 그 집을 떠나거나 비업무적인 활동에 참여하기 위해서는 반드시 고용주의 허락을 받아야만 했다. 또한 그들은 고용주를 바꿀 수 있는 권한이 없었으며, 이런 조건 속에서 착취와 학대가 횡행하였다. 캐나다의 입주 돌보미 프로그램(Live-In Caregiver Programme)은 이보다는 덜 심각한 사례이긴 하지만, 이 프로그램도 역시 저숙련의 노동 수준과 유동적이고 일시적인 노동 조건을 내걸고 있기 때문에 여성들은 여전히 이 프로그램에 참여하면서 불이익을 받고 있다. 이를테면, 전문가로서의 이민을 위한 캐나다의 기준을 충족하지 못한 많은 간호사들과 학교 교사들은 차선책으로 이 프로그램에 참여하고 있다(Schwenken 2013).

순환 이주는 초국가주의와 많은 점이 비슷하다. 초국가적인 이주자들은 그들의 경제적, 정치적,

---

* 역자주: 카타르, 사우디아라비아, 레바논, 아랍에미리트 등 걸프지역 대부분의 국가에서 시행되고 있는 노동자 관리 제도로, 외국인 노동자의 노동 비자 발급을 고용주가 보증하도록 하는 내용을 포함한다. 이로 인해 노동자들은 고용주에게 종속된 노예와 같은 상태에서 살아가고 있다.

문화적 이익과 활동을 지속하기 위해 둘 또는 그 이상의 국가들 사이를 오가며 이동한다. 그들은 한 곳 이상의 국가에 위치해 있는 시장, 또는 국경을 넘나드는 생산 과정을 필요로 하는 사업체를 소유하고 있다. 예를 들어, 의류 산업에서 초국가적인 도·소매업자들은 그들의 '본국(home)'에 위치한 공장과 '정착국'에 위치한 시장 사이를 이동한다. IT 분야 및 그와 관련된 다른 분야의 사업 가들은 보통 다른 국가에 자회사를 위치시키거나 그들의 사업체를 '본국으로 돌아가게' 하기 위한 자금의 마련을 위해, 정착지에 풍부하게 존재하고 있는 벤처 자본을 이용한다. 이러한 '두뇌 순환' 은 무역, 투자, 이중 국적 등에 관한 자유주의 정책으로 인해 많은 혜택을 누리고 있는데, 심지어 는 그러한 순환적 흐름을 관장하거나 독려하는 공식적인 프로그램이 없을 때조차도 혜택을 누리 는 건 마찬가지이다.

하지만 전 세계적으로 보았을 때, 순환 이주 흐름의 대다수는 저숙련의 가사 노동 또는 서비스 노동, 그리고 농업 노동과 관련된 것이며, 이는 이주자 네트워크를 통해 그리고 정부와 고용주 간 의 암묵적인 공모(complicity) 또는 중립 정책을 통해 비공식적으로 재생산된다. 계절적인 또는 일시적인 직업들에 대한 정보는 순환 이주자들의 네트워크를 통해 비공식적으로 확산된다. 정보 를 교환하고 구직 기회를 얻기 위한 이주자 상호 간의 지원 작업은 결국 고용주의 거래 비용도 절 감시켜 주는 효과를 낳는다. 이와 관련하여 고용주들은 이주자의 이민법 위반이나 기타 위반 사항 에 대해 눈감아 주기도 한다. 예를 들어, 경우에 따라서는 국가가 가족과 노인들을 돌보는 직업에 대한 규제를 철폐함으로써 비공식적 순환 이주를 촉진시키기도 한다. 오스트리아와 독일에서의 이러한 신자유주의 정책은 그러한 돌봄 비용을 감당할 수 있도록 국가가 가족들에게 수당을 지급 해 오던 공공 프로그램을 철폐했고, 결국 돌봄 서비스를 마땅히 제공해야 하는 국가의 책임도 사 라져 버렸다. 대신에 이 수당은 돌봄 서비스 분야에 고용된 이주 여성들에게 전해졌다. 돌봄 서비 스 이주 노동자들은 종종 그들의 지인과 친구들과 자신의 직업을 나누어 갖기도 한다. 이러한 주 선 방식은 이주 여성들 상호 간에 혜택으로 돌아오게 되는데, 가령 서로에게 고향으로의 송금을 부탁하기도 하고 서로의 배려 속에 번갈아 가며 한 번에 몇 달 동안 고향으로 되돌아가 자신의 가 족을 돌보게 할 수도 있다.

또한 비공식적인 순환 이주는 이주자의 미등록 또는 불법적인 지위와 함께 이루어지는 경우가 많다. 그러한 흐름은 항상 위험을 동반하지만, 그럼에도 불구하고 이들은 불법적으로 국경을 넘는 것에 능숙하다. 비록 합법적으로 입국했다고 해도 비자의 체류 기간보다 더 오래 머물기도 하고, 이후 본국으로 돌아가는 순환 이주를 위해 불법적인 국경 넘기를 실행하기도 한다. 이외에도 정착 지에서의 경제활동 때문에 '비정규적(irregular)'이라고 간주될 수도 있다. 예를 들어, 그들은 아무 래도 비공식 경제에서 일하는 경우가 많다. 따라서 순환 이주자들은 종종 비정규적인 합법 상태에 있다. 하지만 다른 이주자들과 마찬가지로 고향의 가족들에게 상당한 금액의 송금을 할 수 있고, 고향으로 돌아갈 때 다른 재화와 자원을 가져갈 수 있다. 이주자 네트워크는 여러 위험들을 줄여 주고, 필수 불가결한 자원을 제공해 주는데, 이를테면 순환 이주자들이 이주하여 얻게 되는 일거리 같은 것이 바로 그것이다. 하지만 순환 이주자들은 고용주에 의한 학대와 착취에 취약한 채로 남겨져 있는 경우가 많다. 또한 자국 국민들에게 '무언가 하고 있음'을 보여 주려는 정부 관리자들이 이들 순환 이주자들에 대한 국외 추방 정책을 입안하고 추진하기도 하는데, 이때 순환 이주자들은 과도한 고초를 겪는 경우노 있다.

이러한 점을 고려해 볼 때, 특히 북미와 유럽의 이민 정책 수립에 있어서 순환 이주 제도의 장점을 잘 살리고, 순환 이주에 관한 기존의 인식과 관점에 대해 좀 더 비판적인 처방을 내리는 것이 적절하리라고 판단된다. 대부분의 국가에서 이러한 순환 이주 관련 제도들이 많은 이익을 가져다주고 있지만, 정작 국가 내에서 활동하고 있는 이주자들의 선택권은 가능한 한 축소하려 한다. 가령, 그들이 합법적으로 장기 체류를 하는 데에는 다년간의 연속적 거주와 노동 경험이 반드시 필요한데, 이러한 거주와 경험이 축적되는 것을 최대한 금지하고 있는 것이다. 이는 전 세계 순환 이주 노동자 모두에게 일어나고 있는 일은 물론 아니지만, 특히 순환 이주 노동자의 주류를 이루는 저숙련 노동자들은 거의 예외 없이 경험하고 있는 일인 듯하다. 예를 들어 캐나다의 멕시코인 농업 이주자들에 대한 바속(Basok 2003)의 연구는, 비록 멕시코인 노동자들이 캐나다의 계절적 농업 노동 프로그램을 통하여 고향 멕시코의 부동산과 사업에 투자하고 아이들의 교육과 보건 등을 지원할 수 있는 능력을 얻은 것은 분명한 사실이지만, 이들이 고용주와 이 프로그램 자체에 지나치게 종속되어 있어 착취와 학대에 취약할 수밖에 없었으며, 모든 새로운 투자 자금을 확보하기 위해 오로지 이 프로그램에만 의존하게 되었음을 지적하고 있다. 귀화나 이중 국적 취득에 대한 기대와 전망은 이들 이주자들에게 요원한 일이 되어 버렸다. 순환 이주 제도는 상대적으로 부유한 이주자들에게만 장기적인 혜택이 돌아가게 하고 있다. 왜냐하면 그들은 이미 둘 또는 그 이상의 국가를 자유롭게 왕래하며, 각 국가에서 일시적으로 체류하면서 이익을 얻기에 유리한 입장에 위치하고 있기 때문이다.

참고 두뇌 유출/유입/순환; 연쇄 이주; 초청 노동자; 송금; 미등록(불법) 이주; 초국가주의

주요 읽을 거리

Basok, T. (2003) 'Mexican seasonal migration to Canada and development: a community-based comparison', *International Migration*, 41(2): 3-26.

Global Commission on International Migration (2005) *Migration in an Interconnected World: New Directions for Action*. Geneva: Global Commission on International Migration.

Moch, L.P. (2003) *Moving Europeans: Migration in Western Europe since 1650*, 2nd edn. Bloonmington, IN: Indiana University Press.

Newland, K. (2009) *Circular Migration and Human Development*. Humnan Development Research Paper 2009/42. New York: United Nations Development Programme.

Vertovec, S. (2007) *Circular Migration: The Way Forward in Global Policy?* Oxford: International Migration Institute, University of Oxford.

10.
시민권 · Citizenship

> **정의** 개인의 권리, 특히 정치적 권리를 표시해 주는 공식적인 신분이자 사회적 구성원 여부를 판단하는 데 사용되는 일반적인 개념이다. 일부 이민자들은 귀화해서 시민이 되기도 한다. 즉, 이민은 시민권 자체의 의미를 변화시켜 왔다.

대다수 사람들에게 시민권은 국가적 소속(national belonging)을 의미하는 것으로 합법적인 신분임을 법적으로 확인받는 것이다. 예를 들어 여권에 '저는 캐나다인입니다'라는 것을 밝히는 것이다. 그러한 소속은 복잡하고도 포괄적인 효과를 발휘하는데, 따라서 한 개념으로서의 시민권은 여러 사회과학 분야에서 핵심적인 부분으로서 기능하고 있다. 전통적으로 시민권은 한 국가의 구성원이면 일련의 권리들을 당연히 소유한다는 자연발생적인 인식에 바탕을 두어 왔는데, 이러한 사고는 대규모 이주 현상에 의해 도전받고 있다(Joppke 2010을 참고할 것). 근대 국민국가의 이상적 합의를 통해 개개인은 권리를 결정하고 정체성을 구성하는 안정된 국가 구성원으로 여겨졌는데(Gellner 1983; Castles and Davidson 2000), 이에 대해 대규모로 진행되고 있는 이주 현상은 시민권과 관련하여 수많은 질문을 던지고 있다. 예를 들어, 이민자('외국인')가 시민이 될 수 있는 조건은 무엇인가? 이민자가 시민이 되지 않거나, 혹은 될 수 없다면 어떤 결과가 발생하는가? 시민권은 (포섭의 수단일 뿐 아니라) 배제의 수단이기도 하다. 이민자가 되고자 하는 많은 이들에게 합당한 시민권이 없다는 것은 그들이 선택하고자 하는 국가로의 이주를 막는 장애물이 되기 때문이다.

보스니악(Bosniak 2008)은 시민권을 구성하는 네 가지 개별 요소를 정의한 바 있는데, 각 요소는 복잡성과 모호성을 지니고 있다(Bloemraad et al. 2008; Jenson 2007을 참고할 것). 먼저 시민권은 (한 개인의) 합법적 지위를 공식적으로 드러내는 것으로, 개인이 소지한(또는 소지할—미국 시민의 상당수는 여권이 없다) 여권에 기록된 바와 같다. 둘째, 시민권은 권리에 대한 문제로, 이 개념이 처음 출현했던 당시에는 재산을 소유하고 투표하는 것과 같은 공민적(civic) 권리이자 정치적 권리와 관련된 것이었다. 또한 시민권은 후기 마셜학파(Marshallian 1950)의 개념에서는 사회적 권리와 관련된 것으로, 이는 곧 사회의 공동생활 참여를 용이하게 하는 물질적, 경제적 조건들에 대한 최소한의 권리를 말한다. 셋째, 시민권은 민주적인 자치 활동에 적극적으로 관여하고 참여하는 것을 의미한다. 이러한 '참여형 시민권'은 최근 정치뿐만 아니라 사회 전반의 다양한 제도에서 다뤄지는데, 이 다양한 비정치적 제도에는 전통적으로 '사적인' 것이라고 여겨졌던 것들도 포함된다. 넷째, 시민권은 사람들의 신분과 연대에 대한 개인적 감정을 내포하는 주관적인 요소와도 관련이 있다. 이러한 정서적인 차원은 일반적으로 국가를 구성하는 공통의 문화와 언어를 기반으로 하여 국민국가의 구성원을 하나로 묶어 주는 것을 도와준다. 그뿐만 아니라 이것은 국경 너머로 뻗어 있는 구성원들을 포함하여 집단성을 공유하는 구성원들 모두가 향유하는 연대감(ties)을 보여 준다. 이 네가지 측면을 통해 일반적으로 여성 대 남성으로 구별되는 다양한 권리, 역할, 책임 등에 있어서의 뚜렷한 젠더 차이(gender differences)를 파악해 볼 수도 있다(Lister 2003을 참고할 것).

위에서 언급한 시민권의 네 가지 측면을 자세히 살펴보면, 매우 단절된 지점을 발견할 수 있다. 이러한 단절은 대규모 이민에 의해 뚜렷이 부각되고 심화되고 있는데, 특히 '국민들의 합의'로부터 정치적 합법성을 확보해 가는 민주주의 국가에서 그런 모습은 더욱 분명하게 표출되고 있다 (Bauböck 1994b). 보스니악(Bosniak 2008)은 '외국인의 시민권'이 무엇인가에 대해 설득력 있게 기술한 바 있는데, 이에 따르면 권리의 소유와 행사는 공식적으로 시민권을 가진 이들에게만 제한적으로 허용되는 것이 아니다. 비시민 역시 일반적으로 광범위한 (시민권의) 권리를 지니고 있는데, 흔히 상상할 수 있는 일부 정치적 권리들은 (공식적인) 시민의 독특한 영역일 뿐이다. 물론 비시민들은 거의 예외 없이 국가 선거에 참여하지 못한다(그러나 일부 국가에서는 지역/지방 자치지역에서 투표가 가능하기도 하다). 논란의 여지가 있긴 하지만, 선거권은 수많은 권리들 중 그저 하나의 권리일 뿐 가장 중요한 권리는 아닌 것이다. 더군다나 합법적 지위에 의해 권리를 부여받은 많은 선주민들의 경우도 그 권리를 모두 행사하는 것은 아니다. 오히려 일부 '외국인들'이 확고한 신분을 가지고 있는 선주민들보다 실제로 더 높은 수준의 정치적, 공민적 참여(가령 후보자의 선거운동을 돕는 식으로)를 실천하는 경우도 적지 않다. 일부 미등록 이민자들은 불안정한 지위와 주거권을 가지고 있음에도 불구하고 때때로 정치 운동에 참여하기도 한다(Monforte and Dufour 2011). 이민은 이러한 애매모호함을 일으키는 사람들의 숫자를 확실하게 증가시키고 있으며, 또한 국경을 초월하여 정서적 정체성(다시 말해 초국가적 시민권)의 확대를 불러일으키고 있다.

일부 국가에서는 귀화를 통해 공식적인 시민권을 획득하는 것이 상대적으로 용이하지만, 충분한 기간의 합법적인 거주, 언어 능숙도, 충성 맹세, 높은 신청 수수료 등을 이민자에게 요구하고 있다. 미국보다 '이민 국가'의 성격이 더 강한 캐나다는 이민자들에게 적극적으로 귀화를 권유하는데, 결과적으로 캐나다는 자유방임주의(laissez-faire)적인 미국보다 더 높은 귀화율을 보이고 있다(Bloemraad 2006). 귀화는 곧 권리와 이익을 부여받는 것을 의미하며, 새로운 국가적 정체성을 취득했음을 상징한다. 이때 국가적 정체성은 그저 권리와 이익만을 얻기 위한 도구적인 욕망과는 다르다. 이와 관련하여 미국에서는 시민권 취득과 관련된 법을 통과시켰는데, 이는 의도하지 않은 결과를 가져왔다. 예를 들어 미국은 1996년에 복지법을 개정하여 시민권을 취득하지 않은 영주권자들을 복지법 대상자에서 제외시켰는데, 이는 곧 귀화 신청자의 증가로 이어졌다(그들 중 일부는 새로운 충성심을 완벽히 보여 주지 못했음은 쉽게 짐작해 볼 수 있다). 반면에 귀화가 이미 완성된 (정체성) 형성 과정을 단순히 보여 주는 절차라기보다는 오히려 국가에 대한 충성심을 더욱 심화시켜 주는 계기가 되고 있다는 연구도 있다(Schuck 1998).

반면, '국가적' 측면에서 시민권은 확고한 경계를 포함한다. 오랫동안 터키 이민자들과 그의 자녀들은 독일 시민으로 귀화하기가 어려웠다. 이는 국가적/문화적 의미에서 독일인이 된다는 것을 배타적인 기준을 적용하여 편협하게 해석했기 때문이다(Brubaker 1992a; Nathans 2004). (이러한 해석은 독일에서 제정된 '귀환법'과는 분명한 대조를 이루고 있는데, 이 귀환법은 동부 유럽 국가에 살고 있는 독일 교포들에게 이민의 권리를 확장하고 시민권을 용이하게 발부하기 위한 법이다.) 독일 시민권을 취득하려는 터키 출신 지원자에게는 매우 많은 요구사항이 공식적으로 부과되었고(어떤 경우에 최소한 15년을 거주해야 한다는 조건이 포함되었다), 이에 부합한 지원자조차도 기존의 사회 구성원들에게 온전한 '독일인'으로 받아들여지지 않는 경우가 많아 완전한 시민이 되었다고 보기는 어려웠다. 1999년에는 귀화법이 수정되면서 요구사항이 많이 완화되었으며, 이에 따라 지원자 수는 급격히 증가했다. 그러나 이는 정체성의 측면에서 그동안 진행되어 온 독일의 시민권 재조정 프로젝트의 결과로서 출현한 것이라기보다는 오히려 그러한 프로젝트를 이끌어 내는 시초가 되었다고 보는 것이 타당하다(Nathans 2004). 한편 일부 개발도상국에서 공식적 신분으로서의 시민권 획득은 귀화 없이도 성취될 수 있다. 부실한 시민권 제도로 인해 미등록/불법 이주자도 시민권 획득에 필요한 서류를 잘 갖추어 제출한다면 결국은 공식적인 시민권을 얻어 낼 수 있기 때문이다(Sadiq 2009).

귀화는 이중 국적 시민권의 문제와 관련하여 여러 가지를 생각해 보게 하는데, 이중 국적 시민권 개념은 전통적인 시민권 개념이 지닌 의미들에 대해 이의를 제기한다(Faist 2007). 대부분의 사법권 제도가 그렇듯이, 역사적으로 시민권은 단일 국가 정체성과 국민국가라는 제도에 단단히 고정되어 있었다. 정착국에 거주하고 있는 수많은 이민자들은 공식적인 시민이 구성하는 공동체의 바깥에 존재하는데, 이러한 상황은 민주주의 통치 관리가 어디까지 영향을 미쳐야 하는지에 관해 적잖은 관심을 불러일으켰다. 어떤 이민자가 귀화 조건을 만족시키지 못하게 될 경우 어쩔 수 없이 '외국인'으로 남아 있게 된다. 한편, 기회가 있음에도 불구하고 귀화하지 않은 상태 그대로 정착국에 계속 거주하는 선택을 하는 이민자도 있다. 그 이유는 그들의 기원국이나 정착국이 기존에 지니고 있던 시민권을 포기하도록 요구하기 때문이다. 1988년 멕시코에서는 이 같은 요구조건이 폐기되기도 했고, 미국과 같은 국가에서는 요구사항이 법령으로 설정되어 있음에도 불구하고 현실적으로 실행되지 않는 경우도 있다. 이에 따라 최근 멕시코인 이민자들 중에 미국에 귀화하기를 희망하는 지원자가 뚜렷이 증가하고 있다.

위에서 언급된 여러 상황에 입각하여 전문가들은 '이주의 시대'에 시민권이 어떻게 진화해 갈 것인가에 대해 분명한 차이를 보이는 다양한 결론을 제시하고 있다. 시민권은 이제 국민국가의 전통적 기초교육에서 다루어졌던 내용과는 상이하게 '포스트국가적(post-national)' 단계로 접어들었다고 평가된다(Soysal 1994). 포스트국가적 단계에서 시민권의 권리 범위는 (국가적) 정체성의 범위와는 분리된다. 국제 인권 규범/법의 통합[과 유럽 인권 법원(European Court of Human Rights) 같은 기관의 제도화]을 통해 우리는 시민권의 주요한 측면을 구성하는 권리들이 특정 국가의 성원권보다는 인간성(personhood)이라는 보편적 사고에 뿌리를 두고 있음을 확인할 수 있다. 그리고 많은 국가에서 공식적인 시민권 신분을 가진 사람이라 할지라도 영주권자가 갖고 있지 않은 특별한 권리를 배타적으로 누리는 경우는 거의 없다. 대신, 이민은 시민권의 가치를 평가절하하는 실천적 변화를 야기하고 있다(Jacobson 1996). 이에 따르면, 비시민들은 시민권을 취득할 수 있는 선택권이 주어진다 할지라도 굳이 시민권을 취득하지 않으려는 경향이 최근 늘고 있으며, 이는 비시민도 충분한 권리를 갖게 되었음을 의미한다. 시민권은 더 이상 국민국가 구성원의 원칙만을 포함하고 있지 않다. 그리고 국민국가 그 자체는 이제 더 이상 자주권과 자결권의 토대가 아니라는 인식이 자리 잡고 있다. 이러한 두 가지 관점은 그 전제에 있어서 분명히 다르다. 만약 국가적 요소나 정체성 요소 없이 시민권의 의미 있는 구상이 불가능하다는 선험적 전제를 믿는다면, 소이살(Soysal)의 포스트-국가적 단계와 관련된 주장은 부적절해 보일 수도 있다(Miller 2000을 참고할 것). 한편, 이 두 가지 관점은 모두 시민권 실천의 변화 정도가 과장되었다는 지적을 받기도 한다(Joppke 1999b를 참고할 것).

이미 '여기'에 존재하고 있는 이민자의 관점에서 본다면 시민권은, 비록 이민자가 '이등(second-class) 시민권'을 경험하는 경우도 있긴 하지만, 결국은 배제보다는 포섭에 이르게 하는 과정인 것이다. 그러나 많은 비이민자 선주민의 관점에서 보자면, 시민권은 분명히 배제를 위한 과정이다(Brubaker 1992a; Shachar 2009). 누군가 이주하고 싶어 하는 국가의 시민권 발급량이 제한되어 있다는 점은, 그 국가가 이민자들의 입국을 거부하는(영주권 승인은 말할 것도 없고) 사유가 되고 있다. 이는 너무나 자연스러운 것이기 때문에 특별할 것도 없어 보인다. 그러나 샤카르(Shachar 2009)에 따르면, 부유한 국가 또는 선진국에서 시민권은 가치 있는 재산과도 같은 것이다. 대부분의 국가에서 시민권은 최소한 둘 중에 한 명이 시민권을 지닌 부모에게서 태어난 아이에게만 주어야 한다고 여겨진다. 이는 **혈통주의(jus sanguinis)**법에 근거한 것인데, 해당 국가의 영토에서 태어난 모든 아이에게 시민권을 수여하는 **출생지주의(jus solis)**법과는 큰 차이가 있다. 누가 특정 국가에서 살 수 있는 자격이 있는가를 결정하는 이 같은 방식은 커다란 불평등을 영속화하는 것이다. 샤카르는 만약 누군가가 정체성을 유지시키는 시민권의 요소를 계속 간직하고자 한다면, 상속을 통한 전달('출생 시민권')에 대해서 세금이 부과되어야 한다고 주장한다. 그는 또한 그러한 세금을 통해 선진국에서 태어난 사람들에게 부여되는 불로소득의 기회를 재분배해야 하며, 시민권에 깊이 뿌리박고 있는 배제 논리로 인해 이주의 열망이 좌절될 수밖에 없는 사람들에게 적절한 보상이 이루어져야 한다고 주장한다.

최근 '글로벌 시민성' 혹은 '세계보편주의(cosmopolitan) 시민성' 개념을 다룬 많은 문학작품들이 출간되고 있다(Carter 2001; Cabrera 2010을 참고할 것). 이러한 작품에서는 국제 이주의 영향과 결과에 대한 숙고가 이루어졌다. 누군가는 글로벌 시민으로서의 정체성을 적극적으로 받아들이고 있으며, 특히 세계보편주의를 주장하는 소수의 엘리트들에게 그러한 관념은 현실화되고 있다. 그러나 이 세계에 살고 있는 대부분의 사람들에게 국제 이주의 가능성은 가난으로 인하여 혹은 선진국의 정책적 배제로 인하여 여전히 제한적이다. 이들 대부분은 그들의 국경 밖에서 살고 있지 않기 때문에 그들에게 '글로벌 시민'이라는 개념은 경험해 보지 못한 모호한 관념에 불과하다. 이주는 글로벌화의 메커니즘과 관련하여 (무역이나 투자와 비교해 보았을 때) 가장 더디게 변모하고 있는 현상인데, 이 점은 글로벌 시민권이라는 관념에도 상당한 제약이 있을 수밖에 없음을 보여 준다. 대규모 이주는 시민권에(선주민 시민권의 의미를 포함하여) 중요한 영향을 미친다. 그렇지만 그러한 영향력이 시민권의 종말 혹은 대체적인 제도의 출현으로 이어질 것으로 속단하기보다는 국가적 시민권의 다양한 진화로 이어진다고 인식하는 것이 더 합리적인 착상일 것이다.

참고 통합; 거주자

주요 읽을 거리

Bloemraad, I. (2006) *Becoming a Citizen: Incorporatin Immigrants and Refugees in the United States and Canada*. Berkeley, CA: University of California Press.

Bosniak, L. (2008) *The Citizen and the Alien: Dilemmas of Contemporary Membership*. Princeton, NJ: Princeton University Press.

Joppke, C. (2010) *Citizenship and Immigration*. Cambridge: Polity.

Sadiq, K. (2009) *Paper Citizens: How Illegal Immigrants Acquire Citizenship in Developing Countries*. Oxford: Oxford University Press.

Shachar, A. (2009) *The Birthright Lottery: Citizenship and Global Inequality*. Cambridge MA: Harvard University Press.

11.
누적적 인과론 • Cumulative Causation

> **정의** 기존의 이주 흐름이 미래의 이주 흐름으로 이어지는 과정을 말한다. 이를 통해 특정 기원국으로부터 특정 목적지로의 이민이 자기영속성(self-perpetuation)을 갖게 되고 지속적인 성장을 하게 된다.

일반적으로 통용되는 누적적 인과론 개념은 군나르 미르달(Gunnar Myrdal 1957)이 처음 제시하였는데, 그는 산업화된 국가와 개발도상국 간의 경제적 불평등이 심화되고 있음을 설명하기 위해 이 개념을 만들어 냈다. 이 개념은 이후 더글러스 매시(Douglas Massey 1990)가 이주 연구 분야에 응용하여 이주 흐름의 밀도와 지리를 좀 더 구체적으로 설명하는 데 사용되었다. 누적적 인과론은 주로 멕시코 농촌지역에서 미국으로의 이주 흐름을 분석하는 데 사용되었다. 그러나 이 개념은 이주 메커니즘을 좀 더 광범위하게 설명할 수 있도록 포괄적으로 사용되어 멕시코를 포함한 라틴아메리카 국가들에서 미국으로의 이주 패턴(Fussell 2010), 중국에서 미국으로의 이주 패턴(Liang et al. 2008), 태국 농촌지역에서 도시지역으로의 이주 패턴(Curran et al. 2005; Korinek et al. 2005) 등의 연구에도 적용되어 많은 시사점을 던져 주었다. 그러나 이 개념이 지닌 중요한 한계점은 도시지역 내에서 기원한 이주의 흐름을 설명하는 데는 적실성이 약하다는 점이다(Fussel and Massey 2004).

누적적 인과론 개념은 중층적 차원에서 시간의 흐름에 따른 변화를 분석하는 것을 근간으로 한다. 이것은 개인적 행위, 가구의 전략, 사회적 자본 등과 같은 여러 사회-경제적 요인들과 관련하여 구체적인 이주의 양상이 시간의 흐름에 따라 어떻게 자체적으로 정형화되고 재생산되는지를 설명한다. 이 개념에 따르면, 충분한 기간 동안 이주 흐름이 계속 진행되면서 이주의 자체적인 영속화와 지속적인 증가를 이끌어 내는 조건들이 만들어진다. 즉, 이주의 과정이 확장되면서 그 과정 자체가 뿌리를 내리게 된다. 이러한 과정의 핵심에는 '각각의 이주 행위가 후속적 이주를 결정할 수 있는 특정의 사회적 맥락을 변화시키고 있으며, 따라서 추가적 이동의 가능성은 증가된다'는 사람들의 인식이 자리잡고 있다(Massey et al. 2003: 20). 이러한 '사회적 맥락'의 형성은 다양한 차원과 연결되어 있다.

무엇보다도 이주 흐름은 이주자 집단과 그들의 기원국에 있는 공동체(가족 구성원과 친구들)를 연결해 주는 사회적 네트워크를 구성한다. 이러한 네트워크는 기원국에 남아 있는 사람들 사이에서 이주와 관련된 자본이 확산되고 축적되는 것을 용이하게 하며, 이에 따라 그들의 이주 가능성도 높아지게 된다. 이주 관련 자본은 이주 여정에 관한 정보, 고용 혹은 주택 거주 기회, 도착 후의 재정적 지원 등과 같은 요소를 포함한다. 이는 또한 정착지에서 사회적 유대감에 의존할 수 있도록 하는 일종의 심리적 지원을 포함한다. 따라서 이주 관련 자본이 축적되면 불확실성이 크게 감소하고, 이주에 소요되는 재정적, 사회적, 심리적 비용도 줄어들게 된다. 그것은 또한 한 가구의 경제적 전략에 결정적인 요소로 작용하곤 한다(Massey 1990). 이러한 이유로 이주의 흐름이 오랫동안 지속될수록, 이주 관련 자본은 더욱 다양해지고 규모도 더욱 커지게 된다. 최초의 이주 흐름에서는 상대적으로 젊은 남성들이 주류를 이루는 경우가 많은데, 멕시코 농촌지역에서 미국으로 이동하는 이주자들의 경우에서 드러나는 것처럼 이들은 상대적으로 높은 수준의 자원들을 지니고 있다(Durand et al. 1999). 이 초기 이주자들이 정착지에 정착하게 되면, 가난한 사회−경제적 배경을 지닌 기원지 사람들은 이러한 '개척자들'에게 의지할 수 있게 되고 더 나아가 적극적으로 이주를 하게 된다. 이러한 사회적 자본이 기원지 공동체에 확산되고 축적되는 과정은 누적적 인과론의 핵심적 메커니즘이다. 그것은 특히 국외로의 이주(emigration)가 매우 중요한 비중을 차지하는 특정 기원지 공동체의 구성원이, 국외로의 이주가 거의 일어나지 않는 다른 기원지 공동체 출신의 사람들보다 이동의 가능성이 더 높은 이유를 잘 설명해 준다(Massey and Espinosa 1997). 그것은 또한 이주가 그 자체적으로 영속화되는 이유를, 더군다나 그것이 '불법'인 경우에조차도 영속화되는 이유를 잘 설명해 준다(Espenshade 1995).

누적적 인과론 개념은 특히 농촌지역에서 가구 단위의 전략을 세우는 데 영향을 미치는 구조적 차원을 이해하는 데도 도움을 준다. 이주 흐름이 실제로 형성되면 기원지 공동체의 사회−경제적 구조에 큰 변화가 뒤따르게 된다. 이러한 변화는 이주를 야기하는 요인들을 강화시켜 주는 '환류 메커니즘(feedback mechanism)'을 형성하게 된다(Massey 1990). 가령, 이주자들이 송금과 저축을 어떻게 사용하는가에 따라 기원지의 농업 관련 생산 및 근로 조직이 변형되곤 한다(Reichert 1982). 이주자들은 송금을 통해 기원지에서 더 많은 자원을 확보할 수 있게 되었고, 따라서 기원지의 농업용 경지를 더 많이 구매하였다. 하지만 그들은 과거보다는 강도를 낮추어 그 땅을 경작하게 되었는데, 왜냐하면 경작이 목적이 아니라 장기간의 투자를 목적으로 경지를 취득했기 때문이다. 어떤 경우에는 그 결과로 로컬의 식량 생산량이 감소하고, 이는 곧 가격의 상승으로 이어졌다. 또한 이는 기원지에서 농업노동의 기회를 감소시켰다. 이처럼 생활비는 증가하고 고용 기회는 감소하게 되면서, 결국 더 많은 사람들이 먼저 이주해 나간 사람들과 합류하기 위해 국외 이주를 떠나게 되었다. 농촌의 전통적인 생산 조직은 이전과는 다른 방식으로 변형되었지만, 결국 그 효과는 유사하게 나타난 것이다. 따라서 일부 (귀환) 이주자들은 기원지에서 취득한 농업 용지를 정착지 자원을 활용하여 보다 진전된 방식으로 경작하게 되었으며, 이는 결국 농업 노동력 수요의 감소로 이어지게 되었다(Massey et al. 1987). 이러한 경향은 기원지에서의 고용 기회를 감소시키고, 국외 이주의 압력을 확산시키는 계기가 된 것이다.

누적적 인과론 개념은 또한 문화적, 심리-사회학적 차원에도 적용되어 활용되곤 한다. 왜냐하면 이주의 흐름이 발생함으로써 기원지 공동체는 문화적으로도 적잖은 영향을 받게 되기 때문이다(Chavez 1998; Kandel and Massey 2002). 해외에서의 삶에 관한 이민자들의 이야기를 낭만적으로 듣게 되는 기원지 공동체의 사람들은 이를 바탕으로 이주를 감행할 용기를 얻는다. 또한 이민자의 직계가족들은 다른 가족들과 비교해 보았을 더 부유해지는 경향이 있으며, 때로는 그들이 '성공했다(made it)'는 점을 드러내고 과시할 작정으로 좋은 상품을 구매하기도 한다(Liang et al. 2008). 따라서 공동체 내에서 이러한 이주의 문화가 핵심적으로 자리를 잡게 되고, 이주는 공동체 젊은이들에게 일종의 '통과 의례(rite of passage)'가 되곤 한다(Massey 1999). 그런데 이러한 이주가 때로는 기원지 공동체 내에서 일종의 상대적 박탈감을 심화하기도 한다(Stark and Taylor 1989). 이주자들이 경제적으로 성공한 이야기를 들으면서, 그리고 이주자들이 기원국에 있는 사람들이나 직계가족에게 물질적으로 투자하는 것을 보면서, 기원지의 사람들은 자신의 사회-경제적 지위를 개선하기 위해(혹은 단순히 지위를 현상 유지하기 위해) 이주 압력을 느끼게 된다. 이러한 과정이 바로 자체공급(self-feeding) 메커니즘의 밑바탕을 이루고 있는 것이다. 즉, 사람들이 더 많이 이주해 갈수록, 기원지에 남아 있는 사람들 사이에서 상대적 박탈감은 더욱 확산되어 가고, 결국 더 많은 사람들이 계속해서 이주를 단행하게 되는 것이다.

마지막으로 누적적 인과론 개념은, 국외로의 이주를 경험하고 있는 바로 그 지역으로 다른 국가 출신 이주자들이 유입되는 현상이 벌어지는 경우도 있는데, 그러한 현상의 거시경제적 요인이 무엇인지를 파악하는 데 도움을 준다. 하지만 이러한 주제가 아직은 많은 연구 논저로 발전하지는 못하고 있는 실정이다. 이주자 송출지역의 경제가 (국외로의 이주자들의 소득으로 인해) 성장하게 되고 이에 연동된 노동력 수요도 증가하게 되면서, 이 지역으로는 더 가난한 국가 출신 이주자들의 유입이 증가하는 결과(때로는 적극적인 노동력 모집을 통해)로 이어지기도 한다. 이러한 이주의 흐름은 국가의 경제 성장을 지속시키고 노동력 수요도 더욱 증가시키는 효과가 있기는 하지만, 동시에 이 지역으로 이주자 인력을 빼앗기고 있는 후진국의 기원지에서는 경제 성장이 둔화되고 노동력 수요가 감소하는 결과가 나타나기도 한다. 왜냐하면 이주를 단행하는 사람들은 그렇지 않은 사람들에 비해 대체로 더 높은 생산성을 지니고 있기 때문이다. 즉, 이들은 젊은 세대이고, 사회자본을 잘 갖추고 있으며, 상대적으로 열악한 노동 조건도 기꺼이 받아들일 자세를 갖추고 있는 존재이다(Greenwood et al. 1997). 따라서 이들 이주민의 목적지는 생산성 높은 노동력을 획득하는 반면, 송출지역은 그러한 노동력을 상실하게 된다. 이처럼 불평등과 불균형이 증대됨으로써 후속적인 이주의 흐름이 지속되고, 궁극적으로는 이주의 자기영속화와 양적 증가가 고착화되는 것이다(Massey 1990).

일부 정치 지도자와 언론에서는 누적적 인과론 개념을 명시적으로 언급하고 있지는 않지만, 이 개념의 의미와 매우 유사한 담론을 제시하곤 한다. 이들은 이주가 더 많은 이주를 불러일으키고, 이미 이주해 간 이주자들과 이주해 가기를 희망하는 사람들 사이를 연결해 주는 초국가적 사회 네트워크를 통해 이주의 경로가 조직화되어 있다고 주장한다. 1970년대 중반 이래로 세계의 많은 정부들은 이민 억제 정책을 확대하는 맥락 속에서 국가의 '내부적' 단속과 국경에서의 유입 이민 통제를 강화함으로써 이주 흐름의 자기영속화 특성을 제어하고자 노력해 왔다. 이러한 노력의 결과로 이민의 위험성은 더욱 높아졌다. 즉, 성공적인 이민을 달성하기 위한 이주 관련 자본의 수준이 더욱 높아지게 되었다. 그러나 중국 푸젠 성(Fujian Province) 출신 이주자들처럼, 그러한 정책이 이주 관련 자본의 확산과 축적을 완전히 제어할 수는 없었다. 누적적 인과론의 메커니즘은 이민이 '불법적'인 것이 되고 더 위험한 것이 되었을 때조차도 계속해서 작동하였던 것이다(Liang et al. 2008).

많은 국가들은 '귀환 프로그램'을 개발하여 이주자들이 기원국으로 돌아올 수 있도록 독려하고 있다. 그러나 이러한 프로그램은 매우 제한적인 효과를 보이고 있으며, 이주의 자기영속화 메커니즘을 억제하지는 못하고 있다. 많은 국가 정부에서는 위에서 설명한 이주자 기원국 공동체의 사회-경제 구조의 변화를 억제하는 정책을 통해 이주와 관련된 누적적 인과론의 메커니즘을 끊어버리고자 노력하고 있다. 그러한 국가 정부는 지원/발전 정책과 이민 억제를 연결시켜 보고자 하는 것이다. 이민의 흐름은 개발도상국(Southern countries), 특히 그곳 농촌지역의 발전을 촉진하는 정책을 통해 억제될 수 있다는 주장도 주목할 만하다. 하지만 경험적 연구들에 따르면, 국제 이주는 사실상 그 자체가 발전 과정의 일부인 것이다(de Haas 2010).

참고 이주자 네트워크; 연쇄 이주

주요 읽을 거리

Fussell, E. (2010) 'The Cumulative causation of international migration in Latin America', *Annals of the American Academy of Political And Social Science: Continental Divides – International Migration in the Americas*, 630: 162-77.

Massey, D.S. (2010a) 'Social-structure, household strategies, and the cumulative causation of migration', *Population Index*, 56: 3-26.

Massey, D.S., Alarcón, R., Durand, J. and González, H. (1987) *Return to Aztlan: The Social Process of International Migration from Wetstern Mexico*. Berkeley, CA: University of California Press.

12.

거주자 · Denizens

정의 오랜 기간 동안 '목적(정착)'국에 거주하고 있는, 귀화하지는 않았지만 실질적인 권리를 가지고 있는 이민자를 의미한다.

거주자는 시민권을 소유하고 있지는 않지만, 보통 안정적인 거주 권리를 가지고 있으며 쉽게 추방될 수 없다. 거주자의 전형적인 예로는 미국의 '그린카드' 소유자나 영국의 영주권(ILR, Indefinite Leave to Remain)을 소유한 자를 들 수 있다. 물론 거주자에 대한 사전적 정의를 살펴보면, 이는 단순히 '주민'을 뜻하지만 토마스 해머(Tomas Hammar 1990)는 그 정의를 보다 개념적인 의미로 발전시켰다. 그는 특정 사회의 완전한 구성원도 아니고, 그렇다고 확실히 외국인도 아닌 사람들을 설명하고자 했다. 거주자는 형식적으로는 시민이 아니지만 그들이 적응한 사회에서 상당한 권리를 얻고 구성원이 된 사람들을 뜻한다[다른 말로 표현하면 그들은 일정 **정도(degree)**의 시민권을 얻은 것이다].

민주주의 국가에서 이민자의 거주가 장기화된다는 것과, (그럼에도 불구하고) 공식적인 시민권이 부여되지 않는다는 것은 커다란 의미를 내포하고 있다. 민주주의 이론에 따르면 국가의 정당성은 시민의 뜻을 대변할 수 있다는 것으로부터 발생한다. 시민의 뜻을 대변하는 방법에는 선거권과 재직권(在職權) 등의 정치적 활동이 있는데, 이러한 권리는 누구에게나 보편적인 것이라고 여겨지지만 실제로는 예외가 존재한다(예를 들어, 아이들, 감옥수나 흉악범). 그럼에도 불구하고 역사적으로 여성, 빈곤층, 소수자들의 권리를 위한 진보적인 움직임과 이 권리를 보편화하려는 전반적인 경향이 존재해 왔다. 하지만 이러한 노력에도 시민권을 얻지 못한 이주자들, 즉 거주자들에게는 선거권이 부여되지 않았다. (한편 선거권 확대에 반하는 사례도 있는데, 예를 들어 미국에서는 표면적으로 유권자 사기를 막기 위해 오히려 사회의 특정 구성원들에 의한 선거 참여를 단념시키고 막으려는 움직임이 있었다.)

그러므로 거주자는 미국과 같은 민주주의 국가의 '국민의, 국민에 의한…' 정부라는 개념틀이 적용되지 않는 예외적인 대상이다. 대규모 이주로 인하여 '국민'이라는 단어가 모호성을 띠게 되었고, 이에 따라 '국민의, 국민에 의한'이라는 표현을 확신한다는 것이 어렵게 되었다. 근대 국민국가적 인식에 따르면 시민권은 한 나라의 성원권(membership)과 동일한 것이 되어야 하며, 따라서 '시민권'과 '국적'은 호환될 수 있다고 여겨졌다. 물론 어떤 개인이 한 국가의 구성원이 **아니라면**(구성원이 되지 않는다면), 그들을 민주주의의 자치 구조에 포함시키지 않는 것이 아무런 문제가 되지 않을 수도 있다. 즉, 그들은 '국민'이 아니기 때문이다. 외국인 학생처럼 본국이 아닌 국가에 일시적으로 거주하는 사람들이 정치적 권리를 온전히 획득하지 못한다는 것을 걱정하는 사람들은 거의 없다. 하지만 거주 기간이 길어질수록 우려하는 바는 높아진다. 어떤 개인이 '유입국'에서 태어난 경우와 같이, 이주자의 거주 기간이 길어지면 그들이 단기 이주자(가령, 이주 노동자)이기 때문에 고향으로 다시 돌아갈 것이라는 인식은 불식된다. 이렇게 비정상적인 상황에 처한 사람들이 많아질수록 이러한 상황은 그들만의 문제가 아닌 국가 전체의 문제가 되며, 이를 통해 민주주의의 질적 수준과 국가 정당성에 대한 의문이 제기된다.

만약 대부분의 이주자들이 일정 기간이 지나고 시민이 된다면 앞서 언급된 이슈들은 문제가 되지 않는다. 그러나 아직 많은 이민 국가에서는 상당한 수의 (비시민) 거주자들이 살아가고 있다. 이에 대한 요인은 두 가지로 살펴볼 수 있는데, 먼저 어떤 국가에서는 시민이 되기 위한 조건이 까다롭지 않기 때문에 적어도 합법적인 영주권을 가지고 있는 사람에게는 시민권을 취득하는 것이 (엄두도 내지 못할 만큼) 제한적인 것이 아니다. 하지만 귀화가 가능한 사람 중 시민이 되고자 하는 사람은 많지 않다. 예를 들어, 미국의 경우 2005년 당시 귀화 가능자 중 59퍼센트만이 시민이 되고자 했으며, 이는 1995년 49퍼센트에 비해 미미한 수준의 증가라고 할 수 있다. 또한 멕시코 이주자의 경우 35퍼센트만이 시민 자격을 선택했고 이는 1995년 20퍼센트에서 조금 증가한 수준이었다(Passel 2007).

그들은 왜 비시민으로 남기 원하는가? 왜냐하면 영주권자로 남아 있어도 그들은 시민에 준하는 대부분의 권리를 누리기 때문이다. 시민권은 민주주의 사회에서 구성원이 누리는 모든 정치적, 사회적, 시민적 권리를 포함하는데, 거주자는 공식적인 시민권을 가지고 있지 않음에도 불구하고 대부분 이러한 권리를 누리고 있다. 그들에게는 표현의 자유가 있으며 재산을 소유할 수 있고, 자유롭게 여행할 수 있다. 그리고 사회 복지 시스템의 혜택까지 누릴 수 있기도 했다(단, 1996년 미국이 복지법을 개정하면서 사회 복지 혜택에 대한 부분은 제약이 발생하였다). 쉽게 말하자면, 그들은 거의 시민인 셈이다. 한편 이들은 정치에 대한 일부 권리만 가지지 못할 뿐인 데도 불구하고 선거에 참여하거나 공직에 임할 수 있는 가능성은 매우 제한적이다(물론 다른 방법으로 정치적 영향력을 발휘할 수는 있다). 경우에 따라 정치 참여에 큰 관심이 없어서 시민들이 종종 선거권을 행사하지 않아 참여율이 두 자릿수가 되는 것처럼, 이주자 집단 내 일정 비율의 사람들 또한 이와 다를 바가 없다. 이러한 견해가 사회적으로 문제가 된다고 주장할 수도 있지만 거주자들에게 있어 시민권을 가지고 있지 않는 것이 실질적으로는 그렇게 큰 문제가 되지 않는다.

일부 국가에서 이주자와 그들의 자녀가 시민이 되지 않는 것은 시민이 되기 위한 요구 조건이 까다롭고 이를 충족하기 어렵기 때문이다. 그리고 사실 이러한 요구 조건은 더욱 심오한 의미를 지니고 있다. 어떤 이주자는 공식적으로 시민이 될 수 없는데, 그 이유는 그들이 해당 국가의 국민이 되기에 부적합하다고 판단되었기 때문이다. 이러한 경우는 인종적 차원을 고려하는 국가, 즉 시민권과 국적이 제한적인 **혈통주의(jus sanguinis)**법에 따라 결정되는 국가에서 주로 나타나며, 이에 따라 한 개인이 시민이 되기 위해서는 반드시 그 부모가 이미 시민으로 등록되어 있어야 한다. 독일에서는 1999년까지 (독일에서) 태어난 사람조차도 인종적으로 독일 민족이 아니라면 난해한 과정을 거쳐야만 시민이 될 수 있었고, 아예 시민이 되지 못하는 경우도 있었다. 그 결과 독일에는 터키에서 온 다수의 거주자(denizen)가 생겨났다. 이들 중에는 독일어만 구사하고 다른 국가에서 거주해 본 적도 없으며, 독일을 제외한 다른 국가와는 정치적 관계가 거의 없는 사람들도 포함되어 있었다. 이후 귀화 정책이 완화됨에 따라 (귀화) 지원자들이 많아지면서 거주자의 비율은 점차 줄어들고 있다.

1950년대 이후 대규모 이민이 이루어지면서, 특히 유럽에서는 거주자들의 정치적 권리가 점차 증가하고 있다(Miller 1981). 1950년대 초반에 많은 국가들이 이민자의 정치적 활동을 제한하였고, 여기에는 표현의 자유와 결사의 권리에 대한 제한도 포함되어 있었다. 가령, 스웨덴 내 발트 3국(라트비아, 리투아니아, 에스토니아) 출신 이민자의 여권에는 '정치적 활동 불허'라는 도장이 찍혀 있었다(Hammer 1990). 이러한 제한은 점진적으로 완화되었는데, 국가 안보 등의 명목에 대해서는 여전히 제한을 둘 수 있도록 했다. 그런 과정을 겪은 후 정부는 명확히 정치적 권리를 받아들이는 법안을 마침내 수용하게 되었다. 다른 사례의 경우, 정부가 외국인 거주자들과 소통할 수 있는 협회를 창설하기도 했는데, 이런 협회를 통해 그들이 정상적인 정치적 활동을 할 수 있도록 배려하였고, 만약 그런 권리를 침해당했을 때는 보상을 받을 수 있도록 조치하였다. 그러나 협회를 통해 표현된 그들의 견해가 법적 구속력을 지니지는 못했다(Andersen 1990). 1980년대 중반에 이르러 북유럽 국가와 네덜란드는 일정 기간 동안 계속 거주해 온 거주자의 권리를 확장시켜, 투표권과 시도 선거 출마권까지도 부여하였다. 이는 특정 지역에 다수의 이민자들이 모여 있는 것을 감안하면 상당히 주목할 만한 점이었다(Layton-Henry 1990). 그러나 대부분의 경우 이민자들이 귀화하여 시민이 되어야만 국가 선거에 대한 참여권을 획득할 수 있었다(예외가 있다면, 뉴질랜드에서 거주 기간이 3년 지난 이민자들에게 투표권을 허용한 사례가 있다).

국가마다 다르지만, 거주자는 대체로 시민권과 관련된 특정 정치적 권리로부터 배제된다. 또한 시민이 지닌 사회적 권리에서 거주자가 배제되거나 혹은 포함되는 정도가 다양하다는 것이 특징이다(Rosenhek 2000). 많은 나라에서 이주자들은 대부분의 실업 보험과 같은 복지 시스템에 가입할 수 있다. 보통 합법적인 영주권을 가진 사람에게 해당되지만, 불법 체류자에게도 종종 기본적인 서비스가 허용되기도 한다(Joppke 1999a). 이때 시민권이 필수적인 자격 요건이 되지 않고 이민자까지 포함되는 가장 큰 이유는 시민권자와 이민자 모두 프로그램 운용에 필요한 세금을 납부하고 있기 때문이다. 반면, 복지 국가는 오로지 경제 논리에 따라서만 작동하지는 않는다. 그것은 (구성원들의) 연대를 강화한다(강화하도록 계획된다). 이에 대해 다음과 같은 질문을 제기해 볼 수 있다. **누구와의(among whom)** 연대인가? 어떤 국가들은 이 질문에 대한 제한적인 답변을 내놓고 있다. 미국의 경우, 1996년 사회 복지 자격 요건을 수정하여 비시민권자를 주요 소득 지원 프로그램에서 제외시켰다(예를 들어 '가난한 가정을 위한 단기 지원 정책'과 푸드스탬프 등). 이와 같이 비시민권자들이 세금으로 지원하는 프로그램에서 제외되는 것은 시민권이 권리에 대한 문제만은 아니라는 것을 가리킨다. 이는 정체성에 관한 문제이며 '우리' 주변에 울타리를 치는 것과 관련한 문제이다. 연대는 항상 경계지어진다.

시민권만이 절대적인 지위를 보장해 주는 것은 아니라는 점을 상기한다면 거주자 개념은 특히 효용가치가 있다. 이민자는 처음 목적지에 도착했을 때 외국인으로서 그곳에서의 삶을 시작한다. 그러나 외국인들도 특정 권리가 있다. 그리고 대다수의 민주주의 국가에서 권리는 형식적인 귀화뿐만 아니라 거주를 통해서도 획득된다. 거주자들이 얻게 되는 다양한 권리가 합쳐지면 시민권이 없어도 높은 수준의 성원권으로 발전하며 이런 의미에서 거주자는 외국인보다 시민권자와 더 많은 것을 공유한다. 그럼에도 영주권의 소유 여부는 이러한 비공식적 지위에 필수 조건으로 작용한다. 그러므로 많은 범주의 이민자들은 여기에 도달하지 못한다(Castles and Davidson 2000). 앞서 소개된 논의는 배타성에서 벗어나 포섭적인 경향을 강조한다. 가령, 독일에서는 그 결과 국민국가에 대한 재정의가 이루어졌고, 독일인의 의미에 대한 인종-민족주의적인 배타적 이해를 폐기하였다. 하지만 이런 경향이 보편적이거나 돌이킬 수 없는 (필연적인) 것은 결코 아니다. 어떤 이주자들은 '주변인(margizens)'으로 표현되는 상태에 국한되어 있기 때문이다(Martiniello 1994). 하지만 이 또한 완전한 배제는 아닌, 일정한 성원권을 드러내는 개념이기도 하다.

참고 통합; 시민권

주요 읽을 거리

Cohen, R. (2006) *Migration and Its Enemies: Global Capital, Migrant Labour and the Nation-state.* Aldershot: Ashgate.

Hammar, T. (1990) *Democracy and the Nation State: Aliens, Denizens, and Citizens in a World of International Migration*. Aldershot: Avebury.

13

추방 · Deportation

정의 이민자들을 강제적으로 국외로 방출하는 것을 말한다.

경제적으로 부유한 대부분의 민주주의 국가들은 이민자 대다수에 대해 입국을 거부하는 한편 극히 일부에 대해서만 이를 허용하고 있으며, 경우에 따라서는 아예 기원지에서 출발을 시도하지 못하도록 설득하는 등 자국 영토로의 이민자 유입을 통제하기 위해 많은 자원을 쏟아붓고 있다. 하지만 미국에 이미 약 1100만 명의 미등록 이주자가 체류하고 있다는 사실을 통해 우리는 이상의 노력들이 실패로 돌아가고 있음을 짐작할 수 있다. 각국 정부는 가끔씩 이민자들을 강제로 퇴거시키곤 하는데, 이러한 실천은 최근 더욱 증가하고 있다. 하지만 실제로 추방되는 사람들의 수는 전체 추방 대상자의 수와 비교해 보았을 때 매우 적은 수준이다. 이와 관련하여 학자들이 제기하는 핵심적인 질문들은 다음과 같다. "왜 극소수의 사람만이 추방되는가?", "왜 어떤 특정한 부류의 사람들에 대한 추방의 가능성이 더 높은가?", "더 넓은 의미에서, 민주주의 국가 체제에서 추방이 갖는 의미는 무엇인가?"

사실 국가는 자신의 영토로부터 많은 사람들을 추방해 온 긴 역사를 지니고 있으며, 이는 근대까지도 이어지고 있다. 오래된 역사적 사실의 한 예로 1290년 영국과 1492년 초 스페인에서 발생한 유대인 추방을 들 수 있다. 또한 근대 초기 17세기 무렵 프랑스로부터 위그노(프로테스탄트 기독교인)가 축출당한 사건을 꼽을 수 있으며, 19세기 초 영국이 특정 범주의 범죄자들을 오스트레일리아로 '이송', 즉 추방하는 형벌을 가했던 사건도 상기할 만하다. 한편 추방은 20세기에 들어 유럽에서 국민국가 형성이 강화되고 유럽 열강이 아시아 및 아프리카 식민지로부터 철수하면서 (예를 들면, 그리스/터키와 인도/파키스탄의 '인구교환') 더욱 성행하였다. 유대인을 주변국의 수용소로 강제적으로 추방한 나치의 홀로코스트도 이러한 맥락에서 언급될 수 있으며, 1990년대 보스니아와 르완다에서 발생한 '인종청소' 역시 최근에 발생한 중요한 사례라고 할 수 있다. 그렇지만 적어도 현대의 민주주의 국가에 있어 추방은 '외래인(aliens)'에게 국한되어 적용된 것으로 그 범위가 축소되었다(Walter 2002). 그런데 간혹 추방의 빈도가 과거에 비해 더 증가하고 있다는 주장이 있는데, 이는 단순하게 보았을 때 맞는 주장이지만 사실 긴 역사적 관점에서 살펴보면 정반 대였음을 확인할 수 있다.

여하튼 현대사에 한정해서 살펴보면 민주주의 국가에서 추방이 점차 증가하고 있다는 것은 사실이다(영국의 수치는 Bloch and Schuster 2005를 참고할 것; 미국과 독일의 수치는 Ellermann 2009를 참고할 것). 그 주요 요인으로 1970년대 초부터 늘어난 난민과 비호 신청자, 그리고 2001년 세계무역센터 테러 발생 이후 강화된 이주의 안보화(securitization)를 꼽을 수 있다(Nyers 2003). 유럽에서는 1970년대 초 정부가 한층 강화된 제한주의적 입국 정책을 채택하면서 초청 노동자 고용을 전면적으로 중단하였고, 이러한 상황에서 잠재적인 이주자들은 비호 신청을 자신들이 목적국에 입국할 수 있는 유일한 방법으로 여기게 되었다. 반면 수용 국가들은 이러한 비호 신청자의 대부분을 경제 이주자라고 단정 지으며 난민 지위 인정을 거부하였고, 그 결과 '거부된 비호 신청자' 수는 크게 증가하였다. 바로 이들이 유럽 국가들의 입장에서 추방하고자 하는 이민자의 유형이라고 할 수 있다. 그런데 실질적으로 (추방 대상자인) 미등록 이주자의 대다수는 이와는 다른 유형의 이주자일 경우가 훨씬 더 많다. 또한 정부는 비호 신청자들에게 안정적인 지위를 부여하는 대가로 그들의 중요한 신상정보가 적힌 신청서를 제출하도록 하고 있어 의외로 손쉽게 비호 신청자의 신분을 파악할 수 있고 그들의 행방을 알아낼 수도 있게 되었다(Gibney 2008). 한편 '불법' 이주자 중에서 때로는 그 행방을 알고 있다 하더라도 추방하기가 어려운 경우도 있다. 다시 말해 '미등록 상태에 있는' 이주자는 정부가 '명확'하게 파악하지 못하고 있는 존재이기 때문에, 이들을 **어디로** 추방해야 할지 결정할 수 없는 경우도 많다(Ellermann 2010).

민주주의 국가들은 이렇게 자신들이 원치 않는 이민자를 추방하고자 할 때 많은 어려움에 직면하게 되는데, 앞서 언급했듯이 실제로 추방되는 사람의 수는 법적인 추방 대상자의 수보다 훨씬 적고 이는 불법 이민자의 극히 일부만을 차지한다. 경우에 따라서 국가는 이민자들에게 떠날 것을 '명령'하지만, 사실 많은 추방 명령들이 국가에 의해서 실제로 집행되는 것은 아니다. 그 가장 중요한 이유는 민주주의 국가들이 자유주의 원리에 입각하고 있기 때문이다. 즉, 대다수 국가가 이민자를 추방하는 과정에서 법정 심리(적어도 개인이 소송을 제기한다면)와 구금(수감)이 이루어지기도 하는데, 이는 인권 존중을 위한 장치가 된다. 그 결과 추방에는 상당한 비용이 소요된다(Gibney and Hansen 2003). 구체적으로 구금 외에 실질적인 추방 명령을 집행하는 데 있어서 강제 추방자들뿐만 아니라 이들을 관리할 여러 명의 안전요원을 함께 이송할 전세기(많은 민간항공사들은 정기적으로 운행되는 항공편에 강제 추방자들을 탑승시키기를 꺼린다)가 필요한 경우도 있다.

또한 추방은 기원국의 비협조적 태도로 인해 지연되기도 한다. 기원국 가운데 일부는 이주자들이 추방됨으로 인해 자국으로의 송금이 감소할 가능성이 있음을 우려하여 이들의 귀국 절차(예를 들면, 여행허가서/신분증을 발급해 주는 것)에서 필요한 업무를 미루기도 한다. 이들은 부유한 국가에 거주할 때는 귀중한 경제적 자산으로 간주되지만 문제가 발생하여 추방자로서 기원국으로 돌아오게 된다면 경제적으로 주변화되기도 한다. 게다가 추방국은 기원국의 이해관계를 고려하지 않고 일방적으로 행동하고 있으며, 이는 종종 추방 과정에 방해 요인이 되기도 한다(Ellermann 2008). 그렇기는 하지만 몇몇 국가들은 다른 국가들보다 추방을 실행하는 데 있어서 좀 더 효과적인 모습을 보이기도 한다. 특히 추방의 실제적인 과정이 정치적인 압박을 받지 않을 때 가능하다(Ellermann 2005; 2009). 어떤 정부는 최근 몇 년간 추방 과정에서 소요되는 시간(구금할 필요성을 줄임으로써 법원의 개입을 줄이기도 한다), 즉 체포에서부터 추방자를 비행기에 탑승시키는 데까지 걸리는 시간을 대폭 단축시키는 혁신을 이룩해 왔다(Gibney 2008). 물론 비민주주의 국가들은 자유주의 규범의 제약을 받지 않기 때문에 원치 않은 이민자들을 신속하면서도 효율적으로 추방하고 있다(Ellermann 2005; 2010; Gibney 2008).

이렇게 추방에 드는 막대한 비용 그리고 미등록 인구(또는 거부된 비호 신청자)의 규모를 줄이는 데 있어 발생하는 비효율성의 문제는 다음과 같은 의문으로 이어진다. "도대체 왜 이 문제가 이토록 중요한가?"기브니와 한센(Gibney and Hansen 2003)은 추방의 기능을 '고상한 거짓말(noble lie)'로 표현하면서 다음과 같이 기술한다. (영국 및 독일과 같은 국가들은 일반적으로 연간 수만 명, 미국은 대략 40만 명에 달하는) 추방은 정부로 하여금 불법 이주 '문제'에 있어 그들이 '무언가를 하고 있다'고 주장할 수 있는 명분이 되며, 또한 그들이 아무 것도 하지 않았다는 주장에 맞서 내세울 수 있는 이유가 된다는 것이다. 비록 추방의 과정에서 비효율적인 측면이 드러나더라도 정부에게 있어 추방은 국경에 대한 통제력을 상실했다는 비판의 목소리뿐만 아니라 (2000년대 영국 노동당 정부가 특히 취약함을 느꼈던 비난, Gibney 2008을 참고할 것) 자유로운 입국 정책에도 실패했다는 비판의 목소리에 반박하기 위해 필수적으로 동원되는 조치이다. 그리고 이러한 정부의 입장은 이주에 대한 촉진요소를 감소시키면서 장차 이주하고자 하는 사람들의 선택에도 영향을 미칠 수 있다. 이러한 의미에서 사실 추방은 안드레아스(Andreas 2000)가 언급한 국경 관리 기술의 '수행'성('performative' nature)과 유사한 상징적인 행위라 할 수 있다(Cohen 1997a). 그리고 추방의 상징성은 보다 넓은 '이론적' 수준에서 작동한다. 입국 거부 등의 행위는 국가의 권리이며 주권의 행사이다. 인권 제도(human rights regimes)가 등장함에 따라 외국인도 자신의 권리를 보장받을 수 있게 되었으나 국가는 일반적으로 국제법에 의거하여 체류 외국인의 적절성 여부를 결정하고, 적합하지 않다고 판단되는 사람을 추방한다. 월터스(Walters)는 추방을 일종의 '시민권의 기술(technology of citizenship)', 즉 사람(시민)들이 '정당한 주권을 부여받았다'는 점을 확인할 수 있는 하나의 방식이라고 묘사하고 있다(2002: 282). 한편 더욱 단순한 표현으로 추방을 설명한 로빈 코헨(Robin Cohen)에 따르면, '우리는 우리가 추방한 사람들을 통해 정작 우리가 누구인지를 알 수 있다.'(1997a:354) 하지만 추방된 시민들은 특정 개인에 대한 추방 및 그 관련 정책에 맞서 반대 캠페인을 벌이며 시민권에 대한 배타적인 이해를 거부한다(Anderson et al. 2011).

미국과 영국의 추방 과정에 있어 중요한 특징은 추방과 관련된 과정 중 많은 부분이 '민간에게 위탁되어(outsourced)' 있으며, 이는 민간기업들에게 거대한 비즈니스 기회가 되고 있다는 점이다(Lahav 1998; Dow 2005). 민간기업들은 무력을 행사할 수 있는 보안요원을 고용하면서 구치소와 운송시설을 운영한다. 월터스는 이 과정에서 발생하는 이윤을 고려하면, 추방이란 '거꾸로 된 인신매매(human trafficking in reverse)'와 같다고 지적한다(2002: 276). 이 영역에서 민간기업들은 정부와는 다른 운영 논리를 가지는데, 와켄허트(Wackenhut)와 같은 기업에게 있어 '이민과 관련된 위기 상황(immigration crisis)'이 오히려 비즈니스의 기회의 확대를 의미한다(Dow 2005). 이에 대응하여 일부 반대 활동가들은 공공적 이미지를 중시하는 브랜드의 회사들을 겨냥해서 이를 비판하는 광고를 내 보기도 한다. 예를 들어, 그들은 루프트한자(독일항공)가 승객들을 '추방 클래스(deportation class)'로 초대한다는 조롱 섞인 광고를 만들어 비판하기도 했다(Walters 2002). 그러나 그 외 추방 관련 대부분의 회사들은 대중에게 잘 알려져 있지 않으며, 추방에 사용되는 이송 버스, 각종 시설들은 상호명이 없거나 눈에 띄지 않는 것이 일반적이다.

법률상 추방은 범죄에 따른 처벌이 아니다(외국인에 의한 범죄가 유죄로 선고될 경우 물론 추방으로 이어질 수 있다). 추방은 형사재판에 필요한 단서의 기준이나 법정대리를 요구하지 않는 관료주의적(또는 준사법적인) 결정으로, 하나의 행정적 조치라고 할 수 있다. 정부는 추방을 할 수 있는 재량권을 가지고 있으며, 특히 미국의 경우는 더욱 그러한 편이다(Kanstroom 2007; Hing 2006). 그리고 국가의 재량권은 궁극적으로는 강제적인 압력을 행사하는, 혹은 물리적인 힘을 이용하는(가끔씩 부상이나 심지어 죽음을 야기하기도 하는) 극단적인 행위일 가능성이 있기 때문에 문제가 되는 경우가 많다. 추방은 이주자들에게(거주의 법적 권리를 가지고 있는 사람들조차도) 그 행위 자체만으로 끝나는 단순한 것이 아니다. 추방은 언제나 발생할 수 있는 일이며, 항시적인 불안감을 안겨 주는 근원인 것이다(Talavera et al. 2010).

더욱 문제가 되는 것은 강제 추방되어 기원지로 돌아온 추방자들의 운명이다. 페케테(Fekete 2005)는 비호 담당 관료들(asylum bureaucracies)이 '순수' 난민 여부를 가려내면서 저지른 오류가(예를 들면, 박해와 살해) 심각한 결과를 초래할 수 있다고 설명한다. 미국으로부터 '제거된(removed)' 엘살바도르인에 대한 쿠틴(Coutin 2007; 2010)의 분석은 추방을 정당화하는 것이 시민권과 국적에 관한 수많은 허구[즉, '불법' 이민자들이 (정착지가 아닌) 기원국에 소속되어 있고,

추방이란 이들을 본국으로 되돌려 질서를 회복시킨다는 생각]에 기반하고 있음을 보여 준다. 추방은 간혹 심각한 전이적 혼란(displacement)을 불러일으킨다. 즉, 추방된 이민자들(이들은 간혹 기원국에서도 외래인으로 취급받는다)은 말할 것도 없거니와 추방실행국(deporting country)에서 그들과 연계되어 있는 사람들에게도 전이적 혼란을 가져다주곤 한다(Brotherton and Barrios 2011).

참고 미등록(불법) 이주

주요 읽을 거리

Coutin, S.B. (2007) *Nations of Emigrants: Shifting Boundaries of Citizenship in El Salvador and the United States*. Ithaca, NY: Cornell Univerisity Press.

Ellermann, A. (2009) *States Against Migrants: Deportation in Germany and the US*. Cambridge: Cambridge University Press.

Hing, B.O. (2006) *Deporting Our Souls: Values, Morality, and Immigration Policy*. Cambridge: Cambridge University Press.

Kanstroom, D. (2007) *Deportation Nation: Outsiders in American History*. Cambridge, MA: Harvard University Press.

14.
디아스포라 · Diaspora

정의 공통의 뿌리, 정체성 혹은 고토(homeland)와 분명하고도 지속적인 관계(권리, 관습, 충성심을 포함)를 유지하면서 여러 국가의 영토에 걸쳐 넓게 분산되어 살아가고 있는 집단을 의미한다.

디아스포라라는 용어는 최근에 널리 알려지면서 이민자나 민족 집단 등의 용어를 대신하여 사용되는 경우가 종종 있다. 예를 들어 지난 20년간의 연구에서, '중국인 디아스포라'는 '중국인 이민자들'과 비슷한 뜻으로 사용되었다. 실제로 디아스포라라는 용어는 전 세계의 이주자와 민족 집단들의 활동과 존재를 이해하고자 하는 다양한 부류의 사람들(연구자, 변호사, 기자, 공무원, 개발 전문가 등)에 의해 여러 가지 방식으로 사용되고 있다. 이것은 '영국의 파키스탄인 디아스포라' 같은 단지 한 장소에 살고 있는 민족 집단뿐만 아니라 여러 국가에 거주하는 민족 또는 이민자 커뮤니티를 지칭하는 용어로도 사용되었다. 이는 또한 '디아스포라의 그리스인들(Greeks of the diaspora)'처럼 지리적 구분이 뚜렷하지 않은 채 널리 흩어져 살아가는 특정 집단을 의미하기도 한다. 디아스포라는 세파르디(Sephardic; 스페인, 포루투갈계의 유대인) 디아스포라나 힌두교 신자의 디아스포라와 같이 더 큰 디아스포라의 하부 집단을 지칭하는 것일 수도 있다. 디아스포라는 또한 중국인 무역 디아스포라나 노예 디아스포라와 같은 특정 유형의 이주 흐름을 의미할 수도 있다. 한 사람은 하나의 디아스포라에서 살 수 있고, 하나의 디아스포라에 소속될 수 있으며, 또한 디아스포라의 의식도 함양할 수 있다(Vertovec 1999를 참고할 것). 이처럼 디아스포라의 의미와 사례는 무척이나 다양하고 광범위하여, 디아스포라의 정의와 개념적 활용은 많은 학자들에게 문제시되어 왔다. 그럼에도 불구하고 디아스포라 개념은 특정 이주자 집단들에 대한 중요한 직관적 통찰을 포착하고, 공통의 뿌리, 정체성 또는 고토(homeland)와의 연계 방식을 분석하는 데 중요한 역할을 해 왔다.

디아스포라의 역사적 이미지는 유대인, 그리스인 또는 아르메니아인의 디아스포라에서 유래되었다(Safran 1991). 유대인 디아스포라는 트라우마와 추방으로 특징지어지는데, 유대인들이 처음에는 바빌론으로, 그 이후 페르시아, 시리아, 스페인, 북유럽 등의 세계 여러 지역으로 추방당했기 때문이다. 최근 팔레스타인 디아스포라도 이와 유사한 트라우마적 상황을 보여 주는데, 1948년 이래로 팔레스타인인들이 이스라엘에서 추방되고 있으며 새로운 국가로 망명하고 있다(Cohen 1996). 20세기 초반에 오스만 제국이 붕괴되면서 대학살과 집단학살에서 생존한 사람들이 이동함으로써 시작된 아르메니아인 디아스포라 또한 엄청난 트라우마를 가지고 있다. 또 다른 희생자라고 할 수 있는 아프리카인 디아스포라는 1500년대 초반 셋 이상의 국가를 포괄하는 아메리카와의 대서양 횡단 노예무역에서 시작되었다. 과거 그리스 시대의 그리스인 디아스포라도 많은 고통을 겪으며 형성되었다. 그리스가 근동, 중동, 북아프리카, 남부 유럽의 영토와 사람들을 정복했을 때, 정복지에 이주하여 살고 있던 많은 그리스인들이 자신의 기원 도시에서 분리되는 고통을 경험했던 것이다(Baumann 2000).

디아스포라에 대한 초기 정의는 대개 피해의식이나 정신적 트라우마의 사례를 포함한다. 하지만 1990년대 초 디아스포라의 다양한 사례들이 밝혀지면서 디아스포라 용어에 대한 활발한 재개념화가 이루어지기 시작했다. 아이러니하게도 최근 이 주제에 대한 많은 영향력 있는 연구들은 디아스포라 용어 정의에 오히려 회의적이며, 따라서 정의에 대한 합의는 이루어지지 않고 있다. 로빈 코헨(Robin Cohen)과 같은 학자들은 일부의 독특한 특성을 반영하여 디아스포라 용어의 범위를 확장함과 동시에 그 경계를 명확히 함으로써 디아스포라에 대한 이해를 향상시켰다. 우리는 피해자 디아스포라(victim diasporas)뿐만 아니라 노동 디아스포라(labour diasporas), 제국주의 디아스포라(imperial diasporas), 무역 디아스포라(trade diasporas), 탈영토화된 디아스포라(deterritorialized diasporas) 등 다양한 디아스포라를 구분해 볼 수 있다(Cohen 1997b). 노예제도가 폐지된 후인 1800년대에 카리브 지역의 국가들(예를 들어, 영국령 기아나, 영국령 트리니다드, 영국령 토바고)에서 인도인 노동력에 대한 도제 형태의 고용은 인도인의 이주와 영구적인 정착으로 이어졌다. 1970년대까지 인도인 노동자의 상당수는 미국으로, 특히 뉴욕으로 이주하였다. 한편 과거 식민제국주의 시대에 뿌리를 둔 제국주의 디아스포라의 규모도 더욱 확장되었다. 대영제국은 시크교도를 징용하였고, 이들은 1897년 왕비 즉위 60주년을 기념한 다이아몬드 주빌리 행사의 일환으로 이루어진 영국제국 순례 항해에 참여하였다. 그리고 항해 중 캐나다 서부에 도착했을 때, 많은 시크교도들은 이곳에 정착하게 되었는데, 그 중 일부는 인종차별주의자와 이민 배척주의자 집단에 의해 배척당해 할 수 없이 미국으로 건너가기도 하였다. 캘리포니아에서도 그들에 대한 평판이 그다지 좋지 않았음에도 불구하고, 많은 시크교도들은 몇 세대에 걸쳐 그곳에서 그들의 가정을 꾸렸다. 이 두 가지 사례는 소위 인도인 디아스포라라고 불리는 하나의 '디아스포라' 집단 내에서 발생할 수 있는 다양한 집단의 존재가 역사적으로 큰 차이를 드러내며 진화해 왔음을 보여 준다. 즉, 이 사례에서 우리는 단일한 인도인 디아스포라 개념이 맞지 않다는 것을 확인할 수 있다.

무역 디아스포라 또한 오랫동안 중요하게 여겨져 왔다. 특히 중국인, 레바논인, 인도인, 아르메니아인은 상업적 활동을 하며 세계 곳곳에 분산되어 있는 주요한 무역 집단을 발전시켜 왔다. 탈영토화된 디아스포라의 사례로는 페르시아에서 시작되어 서기 8세기 무렵에 인도로 이주했다고 알려진 파시교도(Parsis)를 들 수 있다. 그들은 인도사회에 잘 통합되었고 거의 차별을 겪지 않았지만 오늘날까지도 여전히 인도의 주류사회와 구별되는 민족 및 종교적 정체성을 나타내고 있다. 쿠르드족은 이란, 이라크, 터키를 포함한 몇몇 국가에 분포하며 현대의 탈영토화된 디아스포라의 사례로 흔히 거론된다. 대부분의 쿠르드족은 공통의 기원 또는 고토(homeland)에 대한 공통의 정체성을 유지하고 있지만 그들 중 일부는 또한 새로운 고국 또는 국가를 만들어 내려는 열망을 가지고 있다.

디아스포라에 대한 이러한 설명은 모두 중요하지만, 우리는 여전히 도대체 누구를 그런 다양한 디아스포라의 일원으로 간주해야 하는가라는 결정적인 질문에 봉착하게 된다. 이 용어에 대한 다양한 정의에서 이 의문에 대한 답을 찾을 수 있다. 몇몇 연구자들은 보통 조상에 따라 특정한 집단 또는 그 집단의 부분으로 간주되는 거의 모든 사람들을 디아스포라에 포함시킨다. 이에 따라 우리는 세계의 어떤 지역에 살고 있는 중국계 또는 아일랜드계 사람들 모두가 속한 중국인 디아스포라 또는 아일랜드인 디아스포라를 상상하게 된다. 이와 같은 포괄적(all-inclusive) 정의는 근본적으로 국가적 정체성을 사용하는 이민자 집단과 디아스포라를 동일시하기 때문에 그 범위가 너무 넓고 분석적이지 못한 것처럼 보인다. 그렇다면 우리는 '인도인 디아스포라' 내의 다양한 집단들을 어떻게 구별할 수 있을까? 가령, 인도가 오직 힌두교도들만의 고국이라고 주장하는 힌두교 인도인들과, 그와는 대조적으로 별개의 고국을 찾는 시크교도들을 어떻게 구별할 수 있을까? 중국인 무역업자들과 중국인 노동 이주자들 간의 차이는 무엇인가? 단지 기원지와 국적에 따라 그들이 공유된 정체성을 가지고 있을 것이라고 속단할 수 있는 것일까? 그리고 자신들만의 새로운 고국이나 국가를 원하지 않는 쿠르드족은 과연 어떤 집단일까? 그들은 쿠르드족 디아스포라의 일부인가? 계급, 젠더 등과 같은 차이의 다양한 축들에도 불구하고 누가 누구를 디아스포라의 일원으로 규정하는 것일까?

이러한 의문에 답하는 것은 디아스포라 용어를 이와 유사한 다른 이주 관련 용어들과 구별하고, 디아스포라가 특정 집단 내에서 어떻게 경험되고 이해되며 구성되는가를 이해하는 데 도움을 줄 수 있다(Anthias 1998; Brah 1996; Kalra et al. 2005를 참고할 것). 예를 들어, 디아스포라는 이민 관련 논의에 있어서 흔히 초국가주의의 개념과 밀접하게 연관된다. 하지만 이 용어들은 그 범주 내에 포함되어 있는 행위자들의 특성에 따라, 그리고 '디아스포라' 또는 '초국가적 공동체'를 구성하는 사람들의 정체성에 따라 구분될 수 있다. 첫째로, 초국가주의는 디아스포라보다 더 포괄적인 개념이다(Faist 2010). 초국가주의와 초국가적 집단 또는 '공동체'는 보다 더 다공질적 경계로 이루어진 포괄적인 범위인 데 비해 디아스포라는 경계가 분명한, 또는 경계 유지가 중요한 공동체를 의미한다. 두 번째로, 디아스포라는 일반적으로 자신들 스스로를 하나의 공동체로 인식하고자 하는 민족 집단 혹은 종교 집단에 국한되어 구성되는 경향이 있다. 일부 연구자들은 디아스포라 개념 자체에 내재되어 있는 것으로 간주되는 독특한 형태의 정체성에 주목하는데, 이는 민족 집단이 많은 분열적 고통과 경험을 하면서도 그 구성원들을 하나로 묶어 주는 본질적인 정체성인 것이다(Anthias 1998; Brah 1996; Kalra et al. 2005를 참고할 것). 세 번째로, 디아스포라는 비교적 결속력 높은 정체성을 보여 주는데, 이는 분산과 유랑의 경험과 관련이 있다. 특히 분산과 유랑의 밑바탕에 집단적 트라우마와 폭력의 피해가 깔려 있는 과거 시대의 디아스포라의 경우 더욱 그러하다. 디아스포라 집단이 기대고 있는 국가나 지역 그 자체는, 국가가 주도하거나 혹은 디아스포라 대표들이 주도하는 이른바 디아스포라 조직들과 함께 무척 중요한 역할을 하는 행위자이다. 물론 이들을 현재 수용하고 있는 국가나 지역도 역시 중요한 행위자임은 두말할 필요도 없다(Brah 1996; Dufoix 2008; Kalra et al. 2005를 참고할 것). 이에 비해 초국가주의는 디아스포라나 다른 종류의 조직들(가령 비즈니스 조직)이 지니고 있는 행위자들보다 훨씬 더 광범위한 종류의 행위자들과 연관되어 있다. 하지만 이는 그러한 행위자들을 하나로 묶어 주는 집단적 목표나 정체성 등을 반드시 가지고 있지는 않다. 이러한 초국가주의에는 국가 간 경계를 뛰어넘어 개인 및 조직들의 중층적 네트워크가 형성되어 있다. 그 각각의 네트워크들은 독자적으로 작동하며, 분리된 채 존재하는 것으로 인식된다. 또한 그것들은 서로 중첩되기도 하지만, 그렇다고 해서 집단적인 특성을 보이며 유지되는 것은 아니다. 따라서 이주자 네트워크 개념은 디아스포라보다는 초국가주의에 좀 더 가깝게 연관되어 있다. 디아스포라에서는 집단성(collectivity)이 항상 분명한 모습으로 드러나고, 또한 그 집단성은 디아스포라를 동원하는 토대가 된다. 디아스포라는 또한 세대를 넘어서 지속되는 경향이 있다(Faist 2010). 이와 비교해 보면, 초국가주의는 보통 별개로 존재하거나 함께 연결될 수도 있는 동시대의 이주자들 또는 역사적인 이주자들을 의미한다.

누가 포함되는지에 관한 대답은 여전히 애매하고 불충분한 것으로 남아 있다. 우리는 어떻게 누가 디아스포라에 속하는지 혹은 속하지 않는지를 명확히 알 수 있을까? 이 질문에 답하는 것은 어려운 일이기 때문에 어떤 이들은 디아스포라라는 용어를 구체적으로 정의 내리는 것 자체가 참으로 헛된 일이라고 주장한다. 하지만 대부분의 다른 이들은 그 용어가 계속 사용되어야 한다고 여전히 주장한다(Brubaker 2005; Dufoix 2008). 이와 관련하여 브루베이커(Brubaker 2005)는 디아스포라를 다룰 때 용어의 정의에 얽매이지 말고, 사람들이 요구하고, 프로젝트를 구성하고, 그러한 프로젝트를 위해 자원을 동원하고, 그러한 요구 혹은 프로젝트를 추진하기 위해 충성심에 호소하는 등등의 다양한 실천의 범주에 주목해야 한다고 주장한다. 이처럼 디아스포라는 단순히 공통의 정체성을 유지하는 것을 의미하는 것이 아니며, 또한 기원지로부터 한 인구집단이 분산되어 나오는 것만을 의미하는 것도 아니다. 브루베이커에 따르면 디아스포라는, 사람들이 그들의 고국, 기원국의 공동체, 또는 '지시적(指示的) 기원지(referent-origin)'[듀푸아(Dufoix)의 용어를 사용함]에 관한 그들의 주장과 계획을 실행하는 태도, 표현 양식, 실천에 더 가깝다.

듀푸아(2008)는 '지시적 기원지(referent-origin)'라는 용어를 사용하고 있는데, 이 용어는 국가 정체성이야말로 디아스포라들과 연계된, 혹은 관계를 맺고 있는 원초적인 집단 정체성이라는 가정이 잘못된 것이라는 점을 잘 보여 준다. 그는 자신의 저서 "디아스포라들(*Diasporas*)"에서 디아스포라라는 용어를 굳이 정의 내리려 하지 않았다. 그는 브루베이커(Brubaker)와 마찬가지로 디아스포라를 연구 프로젝트나 일련의 주장들에서 사용되는 일종의 관습적 용어나 입장으로 이해하고 있다. 또한 그는 디아스포라의 경험을 구성하는 4가지의 이념형(理念型, ideal type)들을 제시해 주었는데, 이는 디아스포라에 대한 우리의 이해도를 높여 준다. 이 4가지의 이념형은 중심주변적(centroperipheral) 유형, 고립적(enclaved) 유형, 전위(轉位)적(atopic) 유형, 적대적(antagonistic) 유형 등이다. 이러한 유형들은 매우 추상적으로 보이지만, 어떤 한 집단이 지시적 기원지와 연결되는 상이한 방식들을 잘 보여 주고 있다. 중심주변적 유형에 속하는 특정 수용국 내의 어떤 국민국가 집단은 문화 센터와 대사관 같은 공식적인 기관들이나 재외동포들의 자발적 단체 등을 통해 기원국('home' country)과 긴밀하게 연결된다. 이는 가장 일반적으로 생각할 수 있는 디아스포라의 형태라고 할 수 있다. 고립적 유형은 도시 내에서 흔히 발견할 수 있는 이민자 단체들 같은 수용국 내의 특정 공동체에 의한 로컬 단체를 말한다. 여기서는 구성원들의 공유된 가치가 국가성(nationality)보다 더 중요하게 인정된다. 전위적 유형은 여러 국가에 나뉘어서, 혹은 여러 국가들을 순환하면서 경험하게 되는 유형을 말한다. 즉, 이민자들이 특정 송출국 내에만 영구적으로 정착하는 것이 아니라 세계 곳곳의 여러 지역에 정착하고, 또한 계속해서 순환하는 것을 말한다. 중국인 기업가들과 같은 초국가적 기업가를 이 유형으로 생각할 수 있다. 아이화 옹(Aihwa Ong 1999)은 그러한 중국인 기업가들이 일상적인 상업 활동을 전개하면서 그 일부의 목적을 달성하기 위해 국경을 넘나들며 여러 다른 지점들을 정기적으로 왕래하고 있다고 기술하고 있다. 전위적 유형은 특정한 영토에 연결되는 성격을 띠기보다는 네트워크적인 성격에 더욱 부합한다. 마지막으로, 적대적인 유형은 듀푸아가 '추방의 정치체'라고 규정한 것과 유사하다. 이는 지금 현재 자신들의 기원지를 관장하고 있는 정권에 반대하여 결집된 집단들이 형성해 놓은 정치적 공간이다. 이 집단은 기원국 바깥에서 기원국의 현 정권과 전쟁을 치르면서 기원국의 독립을 모색하거나 기원국 현 정권의 속박으로부터 벗어나고자 노력한다.

이러한 디아스포라 경험의 4가지 유형들을 살펴보면, 디아스포라가 기원지의 현 정권/국가와의 관계, 지시적(指示的) 기원지(referent-origin) 혹은 그 공동체와의 관계(현 정권/국가에 대한 대응체로서), 그리고 개인과 집단과 공동체 간의 공간적 관계 등 다양한 형태의 관계들과 관련하여 구조화되고 있다는 것을 알 수 있다. 듀푸아는 디아스포라의 정치적 관계를 특히 중시하였는데, 디아스포라가 기원지의 현 정권과 국가 정체성을 수용하는 방향으로 움직일 수도 있고 거기에 **반대하는** 방향으로 움직일 수도 있음을 보여 주었다. 그는 또한 디아스포라 경험의 공간적 범위가 가장 로컬적이고 영토화된 수준(고립적 유형)에서부터 뚜렷하게 비영토화된 수준(전위적 유형)에 이르기까지 연속체상에 다양하게 존재할 수 있다는 것을 보여 주었다. 디아스포라 개념을 명확히 정의내리는 것은 여전히 요원한 일이긴 하지만, 이 개념을 재정립하고자 했던 듀푸아의 시도는 적어도 디아스포라의 경험을 간결하면서도 심오하게 재개념화했다는 점에서 큰 의미가 있다.

참고 민족성과 소수민족; 이주자 네트워크; 초국가주의

주요 읽을 거리

Brubaker, R. (2005) 'The "diaspora" diaspora', *Ethnic and Racial Studies*, 28(1): 1-19.

Cohen, R. (1997b) *Global Diasporas: An Introduction*. London: UCL Press.

Dufoix, S. (2008) *Diasporas*. Berkeley, CA: University of California Press.

Faist, T. (2010) 'Diaspora and transnationalism: what kind of dance partners?', in R. Baudöck and T. Faist(eds), *Diaspora and Transnationalism: Concepts, Theories and Methods*. Amsterdam: Amsterdam University Press, pp.9-34.

Safran, W. (1991) 'Diasporas in modern societies: myths of homeland and return', *Diaspora*, 1(1): 83-99.

15.
이재 이주 및 국내 이재민 •
Displacement and Internally Displaced Persons

> **정의** 이재 이주는 의무적이고 강제적인 이동 또는 개인, 집단의 거주지에서 영토 내 다른 장소로의 퇴거를 의미한다. 국내 이재민(Internally Displaced Persons, IDPs)은 비록 국제적으로 벌어지고 있는 이주는 아니지만 국제연합(UN)과 국제기구(정부와 비정부 모두)가 인정하고 있는 이재민이다.

전 세계에 있는 국내 이재민의 수는 빠르게 증가해 왔다. 2011년의 경우 전 세계에서 (난민 1500만 명을 훨씬 상회하는) 2640만 명이 국내에서 이재로 인해 이주했으며, 2011년에 **새롭게** 이주민이 된 사람들의 수는 2010년에 비해 20퍼센트나 증가하였다(UNHCR 2011). 세계적으로 가장 많은 이재민이 발생한 국가는 콜롬비아로 최소 390만 명의 이재민이 있으며, 이라크, 수단, 콩고, 소말리아가 그 뒤를 따른다. 이 지역에서 계속 진행 중인 전쟁과 정치적 갈등은 이재 이주의 가장 명백한 원인이며, 전통적으로도 전쟁과 갈등은 이재 이주의 유일하고도 가장 중요한 원인이 되어 왔다. 그러나 최근에는 (자연과 인간에 의한) 환경재해 및 변화, (국가와 기업에 의한 자연자원의 활용과 같은) 개발, 도시화, 그리고 경제적 취약성 및 위협 등 이재 이주의 원인이 더 다양해졌으며, 이에 대한 인식도 확산되었다.

국내 이재 이주의 개념은 널리 알려져 왔고 이주자, 난민, 비호 신청자에 관한 국제적인 담론으로 논의되어 왔지만, 국내 이재민의 상황이 매우 복잡하며 또한 이들과 다른 유형의 국제 이주자 간에 구별이 쉽지 않다는 사실 또한 점점 더 분명해지고 있다. 난민(1951년 난민협약에서 UN의 법적 권한에 의해 보호받음)과 국내 이재민을 구별하고자 하는 최초의 시도는 이재 이주에 대한 유엔난민고등판무관(UNHCR)의 1992년 정의였으며, 여기에서는 국내 이재민에 대해 다음과 같이 정의하고 있다.

무력 충돌, 내분, 조직적인 인권 침해, 자연재해나 인재(人災)의 결과로 갑자기 또는 예상치 못한 상태에서 집을 떠나도록 강요받은 국가 영토 내에 있는 사람이나 집단(Mooney 2005: 10).

그러나 1992년의 정의는 강제적, 즉시적 이주의 특성을 보여 주고 있지만, (시간적 측면에서) 장기간에 걸친 이재 이주의 특성을 담아내지 못한다는 점에서 한계가 있다. 그리고 갑작스레 집을 떠나야 하는 사람과 부득이하게 떠나야 하는 사람 정도로 이재 이주민을 협소하게 인식하고 있는 문제점도 있다. 따라서 1998년에 국내 이재 이주에 관한 지침(*Guiding Principles on Internal Displacement*)은 국내 이재민의 범주를 다음과 같이 정하였다.

특히, 무력 충돌의 영향, 일반적인 폭력의 상황, 인권 침해 또는 자연재해나 인재(人災) 때문에 이를 피하기 위해 강제적으로 또는 부득이하게 집이나 일상적인 거주지를 도망치거나 떠나야 하는, 그런데 국제적으로 공인된 국경을 넘지 않은 채 국내의 다른 곳으로 이주해야 하는 사람이나 집단(Mooney 2005: 11).

이 정의는 사람들이 쫓겨날 수도 있다는 점에서 시간 프레임을 확장했으며, 전쟁 및 분쟁 상황에서 흔히 일어날 수 있는 갑작스러운 국경 변화를 고려하였다. 또한 이러한 개정된 정의는 국내 이재 이주의 복잡한 현실을 잘 포착했다. 국내 이재민들은 거주지에서 일어난 갑작스러운 전쟁 및 분쟁뿐만 아니라 그들의 삶과 생계에 위협을 가하는 장기간의 분쟁으로 인해 집을 도망쳐 나오거나 떠날 수도 있다. 국내 이재 이주에 관한 지침(*Guiding Principles*)은 국내 이재민들이 피난 중에 있음을, 일상적인 거주지에서 도망치도록 강요받았음을 강조하고 있는데 이는 많은 사람들에게 다시 돌아갈 수 있는 자신의 집 또는 영구적으로 거주할 장소가 더 이상 존재하지 않는다는 것을 인정하는 것이다. 이러한 상황은 강제 퇴거로 거주지에서 쫓겨난 도시 거주민들을 통해 가장 잘 확인할 수 있다.

콜롬비아는 앞서 언급한 바와 같이 다년간에 걸쳐 강제 퇴거와 관련된 심각한 문제를 안고 있다. 보고타의 차피네로 알토(Chapinero Alto)에서 30년 동안 '개발'이 진행되면서, 거주민들은 경고나 적절한 이전 또는 보상 절차 없이 강제 퇴거당했다(Everett 1999). 기존의 방치된 지역의 도시 재생과 보고타 시의 외연적 확장으로 말미암아 주택과 기반시설에 대한 수요가 증가하면서, 차피네로 알토와 같이 좋은 입지를 갖춘 지역이 '개발' 수요에 따른 피해자가 되었다. 이러한 강제 퇴거는 엘 낌보(El Quimbo) 수력발전용 댐 건설을 위해 우일라(Huila)와 같은 농촌 지역에서도 일어났다. 시위와 집회는 거의 효과가 없었음에도 불구하고, 가난한 사람들은 이러한 방식으로 철거에 대항할 수밖에 없었다. 이런 논쟁의 정치에서 한 가지 흥미롭고도 불행한 결과는, 강제이동(dislocation)과 개발에 관한 담론이 지속가능성 개념과 연관되어 있다는 점이며, 많은 로컬 정부들은 가난한 사람들이 퇴거에 저항할 때면 환경보전이나 지속가능한 개발의 편에 자신들이 서 있다고 주장한다.

갑작스러운 국경 변화는 국내 이재민 또는 국내 이재 이주를 당할 처지에 놓여 있는 사람들에게 혼란스러운 현실을 만들어 내기도 한다. 국경이란 누군가가 그 안에 존재하는 한 소속과 보호를 보장하는 것으로 여겨지는데, 여기에 난민 및 비호 신청자(종종 이재민들과 함께 분류된다)와는 반대되는 이재 이주자의 특성이 있다. 갑작스러운 국경 변화는 누군가를 난민 또는 비호 신청자로 바꾸어 놓을 것인지, 아니면 국내 이재민으로 남아 있게 할 것인지(그렇게 인식될지 혹은 아닐지)를 확연하고도 신속하게 결정해 준다. 이 같은 경우가 발생했을 때, 언급한 구분들은 많은 구호단체 활동가들에게 별다른 중요한 의미를 던져 주지 못한다. 예를 들어, 수단의 하르툼(Khartoum)에서 국제적십자위원회(International Committee of the Red Cross, ICRC)의 수석대표는 농담으로 '실례지만, 당신은 국내 이재민, 난민, 또는 이주자인가요? 당신은 분쟁이나 폭력적인 상황의 희생자인가요? 저런, 당신은 유목민이군요. 당신은 분쟁 때문에 혹은 당신의 삶의 방식 때문에 이주하고 있는 중인가요?'와 같이 물었다(ICRC 2009). 그의 질문은 구호단체 활동가들이 매일 해야만 하는 전형적인 구분짓기이며, 이는 사람들의 삶을 구성하는 복잡한 현실과 비교할 때 이주에 관한 많은 개념들이 가지고 있는 한계와 모호성을 여실히 보여 준다. 인권의 측면에서 보면, 이런 구분들이 불필요하다는 것은 분명하다. 그러나 한편으로는 개념적인 구별들, 특히 국내 이재민과 난민 간의 구별은 프랜시스 덩[Francis Deng, 로베르타 코헨(Roberta Cohen)과 마찬가지로 국제연합에서 국제적 이재민들의 역경을 폭로하는 데 활발히 활동하였고, 국제 커뮤니티 내에서 규범적 실행을 발전시켰다. Cohen and Deng 1998을 참고할 것이 언급한 '국가보호의 역설(paradox of national protection)', 그리고 국제적인 국가체계에서 주권의 원리에 내재되어 있는 어려움을 잘 보여 준다.

국내 이재 이주 개념이 난민 개념과 많은 유사점을 갖고 있으며 어떤 점에서는 훨씬 더 광범위함에도 불구하고, 이를 구분하는 것은 국가주권 개념과 국가체계의 정치적 구성에 크게 의존하고 있다. 국내 이재민이라는 용어는 '난민'이라는 용어처럼 특별한 법적 지위를 동반하지 않는다. 여기서 우리는 국가주권과 국제 인권 제도 간의 긴장상태를 목도하게 된다. 원칙적으로 국내 이재민은 국가의 보호를 그대로 받고 있다고 볼 수 있는데, 만약 정부가 그들의 필요를 적절하게 충족시켜 준다면 국제사회는 우려의 시선을 보내지도 않을 것이다. 그러나 대부분의 경우에는 그렇지 못한 것이 현실이다. 우리는 정부가 국내 이재 이주를 단행할 수밖에 없는 개인과 국민에게 그들이 마땅히 받아야 하는 시민의 권리를 보장해 주고, 그들을 적절히 대우할 것이라 믿는다. 그러나 정부 자체가 사실상 이재 이주를 야기한 폭력의 가해자인 경우를 우리는 많이 볼 수 있다. 만약 국내 이재민들이 그들이 속한 국가 정부에 의해 보호 및 원조를 거부당했다면, 그들은 진정으로 국제사회의 우려의 대상이 될 것이다.

　국내 이재민을 위한 국제적인 법적 지원(국제연합은 국내 이재민에 관한 법적 권한이 없다) 및 제도가 없음에도 불구하고(Weiss 2003를 참고할 것), 몇몇 국제단체와 비정부기구는 그들의 임무와 권한을 최대한 발휘하여 국내 이재민에 대한 통합적인 지원을 하고 있다. 유엔난민고등판무관(UNHCR)과 국제적십자위원회(ICRC) 같은 조직들은 국내 이재 이주에 관한 지침에 명시된 광의의 성의에 입각하여 시원 활동을 전개하고 있다. 하지만 그러한 조직들은 진쟁과 징기간의 분쟁으로 발생한 이재 이주에만 주로 초점을 맞추고 있다. 상당수 단체들은 환경재해나 개발로 인해 국내 이재 이주를 한 사람들에 대해 관심을 기울이고 있지 않기 때문에 (자연재해든 인재든 간에) 환경재해나 개발로 인한 이재 이주는 큰 관심을 끌지 못하고 있다.

　이재 이주에 가장 많은 영향을 받는 것은 여성, 아동, 노인 등 약자들이며, 이재 이주와 관련된 심각한 문제들은 대부분 이들과 관련된 것들이다(Mooney 2005). 강제로 그들의 집을 떠날 수밖에 없게 되어 보호와 자원들을 상실하게 되는 이재 이주는 이재민들의 생존 자체를 크게 위협한다. 이재민들이 잃게 되는 것은 단순히 유형(有形)의 재화뿐만 아니라 문화적 유산, 소속감, 가족, 친구, 공동체로 구성된 무형의 사회 네트워크까지도 포함한다. 이러한 상황에서 사회적 관계는 무너지고, 이재 이주자들은 자력으로 생존하기를 강요받는다. 또한 이재 이주자들은 민간인들에 의한 폭력에, 심지어는 그들을 돕는 역할을 수행하는 구호단체 활동가를 포함한 타인들에 의한 폭력과 학대에 노출되기도 한다. 여성과 아이들의 생존을 위협하는 착취적인 상황은 더욱 심각하다. 성매매 및 성적 착취의 발생 빈도가 더욱 높아지기도 하며, 건강, 특히 성 건강이 매우 심각한 수준으로 악화되기도 한다. 여성과 아이들은 성매매와 강제노동의 위험에도 노출되어 있다. 아이들은 내전과 분쟁의 병력으로 동원될 수 있도록 국내 이재민 캠프에서 강제로 징집되기도 한다(Achvarina and Reich 2006). 또한 국내 이재민 캠프에서는 영양실조, 질병, 절망감으로 인한 사망률과 자살률도 국가 평균보다 높게 나타난다.

　국내 이재민은 여러 가지 면에서 난민 및 비호 신청자와 구별하기가 어려움(또는 구별해서는 안 됨)에도 불구하고, 국내 이재민에게는 "언제가 되어야 국내 이재민이 아닌 다른 강제 이주자의 범주에 속할 수 있을 것인가?"라는 질문이 계속된다. 국내 이재민의 지위가 법적으로 보장되지 않기 때문에, 언제 그리고 어떠한 조건이 갖춰져야 국내 이재민의 범주에서 벗어날 수 있는가를 결정할 명확한 기준은 없다. 국내 이재민들이 '집'으로, 다시 말해 이재로 인해 이주하기 전 살던 곳으로 돌아갈 수 있을 때 그들은 더 이상 이재민이 아닌 것인가? 몇 대에 걸친 장기간의 분쟁으로 인해, 그들의 집이 물리적으로 사라졌거나 타인에 의해 점령당했을 경우 국내 이재민이 집으로 무사히 귀환하는 것은 사실상 불가능한 일이다. 그렇다면 만약 그들이 임시거처가 아닌 괜찮은 영구거

처로 옮겨 가게 된다면 그들은 더 이상 국내 이재민이 아닌 것인가? 우리는 이재민들이 거주했던 과거의 집과 공동체, 문화적 환경의 상실을 어떻게 다루어야만 하는가? 게다가 더 이상 국내 이재민이 아닌 상황을 정부와 국제기구 중 누가 결정하는가? 정부는 내전이 끝났음을 입증하기 위해 서둘러 그들이 더 이상 국내 이재민이 아님을 선언하고자 할 것이다. 아니면 어떤 정부는 국내 이재민을 이재민 캠프나 다른 혹독한 상황에서 필요 기간 이상으로 계속 거주하게 하여, 그 특정 인구집단에 대한 차별과 억압을 지속해 갈 수도 있다. 국내 이재민들이 겪는 어려움은 대단히 복잡하고 해결하기 힘든 문제이다. 국내에서 추방된 그들이 안고 있는 문제의 대부분은 불행히도 그들 자신이 스스로 해결하기에는 불가능한 것들이다.

참고 국경; 강제 이주; 국내 이주; 난민과 비호 신청자

주요 읽을 거리

Cohen, R. and Deng, F.M. (1998) *Masses in Flight: The Global Crisis of Internal Displacement*. Washington, DC: The Brookings Institution.

Deng, F.M. (2006) 'Divided nations: the paradox of national protection', *Annals of the American Academy of Political and Social Science*, 603: 217-25.

ICRC(International Committee of the Red Cross) (2009) *Internal Displacement in Armed Conflict: Facing up to the Challenges*. Geneva: ICRC.

Mooney, E. (2005) 'The concept of internal displacement and the case for internally displaced persons as a category of concern', *Refugee Survey Quarterly*, 24(3): 9-26.

16.
민족 엔클레이브와 민족 경제·
Ethnic Enclaves and Ethnic Economies

정의 민족 경제는 특정 이민자/민족 집단 구성원들이 지배적으로 장악하고 있는 사업 혹은 경제 부문을 의미한다. 민족 경제에는 민족 소유 경제(ethnic ownership economy)와 민족 통제 경제(ethnic-controlled economy)의 두 가지 유형이 있다. 민족 엔클레이브 경제는 민족 소유 경제의 변형 혹은 하위 유형이다.

많은 대도시지역에서 우리는 특정 구역에 집중적으로 존재하거나, 특정 산업 내에서 작은 규모의 사업체를 집중적으로 경영하는, 혹은 특정 직업에 상대적으로 높은 비율로 종사하고 있는 민족 집단이나 이민자 집단을 쉽게 확인할 수 있다. 이는 특정 민족 또는 이주자 집단 출신의 사업가들이 주로 동족 고객을 대상으로 하고 지리적으로 연계된 지역 내에서 동족 가족, 친구, 다른 사람들을 고용하며 사업체를 운영하는 경우라고 할 수 있는데, 차이나타운, 그리스타운(Greektowns), 코리아타운, 리틀이탈리아(Little Italies), 리틀인디아(Little Indias)와 같은 민족 엔클레이브가 대표적인 사례이다. 민족 엔클레이브 경제는 민족 소유 경제(ethnic ownership economy)의 한 유형이다. 민족 소유 경제는 민족 엔클레이브 경제처럼 지리적으로 밀집하거나 집중될 필요는 없다. 민족 엔클레이브 경제처럼 민족 소유 경제는 민족 소유주들과 그들의 동족 노동자들을 우선적으로 포함하지만 고객은 동족일 수도, 이주한 지역의 선주민일 수도 있다. 예를 들어, 뉴욕에 있는 베트남인의 네일 살롱 또는 런던 동부의 '네일 바(nail bars)'는 동족 고용주들과 피고용인들로 구성된 민족 소유 경제의 한 부분이지만 그들은 대부분 동족이 아닌 현지인 고객에게 서비스를 제공하기 때문에 민족 엔클레이브라고 할 수는 없다.

민족 경제의 또 다른 주요한 유형인 민족 통제 경제(ethnic-controlled economy)는 겉으로 잘 드러나지 않아 확인하기가 어려울 수도 있는데, 왜냐하면 어떤 민족 혹은 이민자 집단이 특정 산업 부분의 관련 업체를 '직접 소유(owning)'하지 않고서도 그 산업 부분에 지배력을 행사할 수도 있기 때문이다. 어떤 민족 집단은 그들이 기업을 소유하지는 않았지만, 고용, 임금 또는 일상 업무에 큰 영향력을 미치는 공공 부문에서 상당수를 차지하고 있을 수 있다. 예를 들어, 미국과 영국의 인도인 의사들은 1950년대 영국과 1960년대 미국에서의 인도인 의료인의 집중적인 채용으로부터 시작한 민족 직업의 적소(適所, ethnic occupational niche)를 형성한다. 오늘날, 미국에서 인도인 의사는 전체 의사의 약 4퍼센트를 차지하며, 일부는 개원을 했지만 상당수는 공공 병원과 대기업 소유의 건강보건기관에서 일한다(Poros 2011). 영국 정부는 과거 인도인 의사들을 대거 고용하여 자국 국민들에게 국민 보건 서비스를 제공해 왔는데, 이들 인도인 의사는 현재 전체 의사들 중 상당히 큰 비중을 차지하고 있다(Robinson and Carey 2000).

민족 소유 경제는 최소한 중간상 소수민족(middleman minorities)과 엔클레이브 기업가들, 두 유형의 민족 기업가의 활동으로부터 비롯한다. 중간상 소수민족 개념은 에드나 보나치치(Edna Bonacich 1973)의 선도적인 연구인 민족 경제에 관한 초기 저서에서 정의되었지만, 그 이전의 막스 베버(Max Weber 2003 [1927])의 연구에 기반을 둔다고 할 수 있다. 중간상 소수민족은 지배적인 민족 집단과 피지배적인 민족 집단 간 또는 사회의 엘리트와 대중 간의 중간 위치를 점령하고 있다는 점에서 독특하다. 역사적으로, 무역업자, 상인 그리고 집세 수금원, 브로커, 대금업자와 같은 다른 중간자들은 엘리트들에게 종속된 대중들에 비해 상대적으로 특권을 가진 그들의 중간저 위치로 인해서 종종 민족 간 갈등의 대상이 되었다. 예를 들어, 인도인 상인들과 무역업지들은 동아프리카의 식민지에서 중간상 소수민족이었고, 영국 식민지에서 토착 아프리카 사람들에 비해 특권을 가졌다. 예를 들어 학교에서 아프리카인 아이들, 인도인 아이들, 유럽인 아이들을 분리했던 교육 시스템에까지 영향을 미쳤던 그들의 특권은 경제적 특권일 뿐만 아니라 정치적, 사회적 특권이었다(Gregory 1993).

또한 중간상 소수민족에 대한 현대의 사례도 다수 존재한다. 뉴욕의 할렘(즉, 젠트리피케이션을 겪지 않는 할렘의 일부 지역들) 같은 노후된 도시지역 내의 한국인 사업가들은 미국사회에서 대규모의 백인 엘리트들과 그 지역을 점령한 로컬 아프리카계 미국인 및 라틴계 사람들 사이에서 중간자적 위치를 점유하고 있는 중계인 사업가이다(Min 2008를 참고할 것). 민족 간 갈등이 폭력사태로 번진 1992년 LA 폭동 당시, 한국인보다 더 빈곤한 아프리카계 미국인들은 흑인 운전자인 로드니 킹(Rodney King)을 폭행했던 네 명의 백인 경찰에 대한 무죄 선고에 반발하여 2000개의 한국인 상점을 약탈하고 파괴했다. 한국인들은 이러한 계층, 인종 간 무력 충돌의 중간에 휘말려 있었다. 이때는 한국인 상점 주인에게 총격을 받아 살해되었던 아프리카계 미국인 여성의 죽음이 부분적으로 영향을 미쳐 한국인 상점 주인들과 아프리카계 미국인 주민들 간의 적대 행위가 한층 심화되기도 했다. LA 폭동은 근래 역사에서 중간상 소수민족과 관련된 민족 간 갈등의 극단적인 사례 중 하나였다. 이외에도 미국과 전 세계 국가들에서 중간상 소수민족과 선주민 간의 갈등과 불안의 사례가 다수 존재하고 있다. 다른 사례로는 말레이시아의 중국계 중간상과 현지인 간의 갈등, 그리고 (역사적으로) 유럽의 유대인 중간상 소수민족과 선주민 간의 갈등이 있다.

엔클레이브 사업가들은 그들의 사업체를 동족 집단들이 주로 거주하고 일하는, 지리적으로 집중된 지역에서 운영한다는 점에서 중간상 소수민족과 차이가 있다. 민족 엔클레이브는 보통 '제도적인 완전성을 갖추고(institutional completed)'(Breton 1964) 있는데, 다시 말해 커뮤니티에 필요한 모든 재화, 서비스, 시설들이 엔클레이브 내에서 제공된다. 예컨대 차이나타운 안에는 중국 음식점, 중국 식료품 가게, 중국 의류, 중국 가구, 중국 도서, 중국 음악, 중국 의료진, 중국인 학교, 중국 은행, 중국인 회계사, 중국인 변호사, 중국인 부동산 중계업자, 중국인 보험 중개인 등 중국 민족 집단들이 필요로 하는 모든 것들이 존재한다. 이 지역은 그곳에 사는 민족 주민들의 수요를 모두 만족시킬 수 있고, 엔클레이브 사업가들은 이러한 편의를 제공하는 커뮤니티의 중심이 된다.

민족 소유 경제는 보다 광범위한 경제의 공식적, 비공식적 또는 불법적 영역에서 작동할 수 있다. 민족 소유 경제의 공식적 영역은 합법적인 재화 또는 서비스를 생산하거나 판매하고 세금을 지불하며 공권력에 의해 등록되고 규제되는 사업을 포함한다. 비공식적 영역은 합법적인 재화나 서비스를 생산하거나 판매하는 사업체이지만, 세금을 내거나 면허를 필요로 하지 않는다. 경제의 불법적 영역은 도박이나 마약과 같은 불법적 재화 또는 서비스의 생산 및 판매를 포함한다. 불법적 영역에 관계된 사람들은 합법적인 정부 당국의 경고에서 벗어나려 분명히 애를 쓴다.

민족 경제의 공식적, 비공식적, 불법적 영역은 서로 독립적으로 존재하지 않는다. 민족 소유 경제 내의 자영업과 고용은 주류사회의 노동시장과 자원들 내에서의 불리한 처지에 기인한다고 할 수 있다. 차별이나 언어 능력의 부족과 같은 다른 요소들로 인해 취업에 실패한 소수 집단이나 이민자들은 하나의 해결 방안으로서 자영업으로 전업하기도 한다. 또한 특정 부류의 이민자나 소수 집단은 간혹 역사적으로 지속된 차별로 인해 주요 자원에 접근하는 데 어려움이 있다. 그들에게는 스스로 사업을 시작하는 데 필요한 금융 자본, 사회 네트워크, 문화적 기술과 같은 다양한 자원이 부족하다. 자원이 부족하고 노동시장에서도 불리한, 즉 이중적으로 불리한 상황에 처해 있는 이민자들과 소수 집단은 종종 생계를 꾸리기 위해 민족 소유 경제의 비공식적이고 불법적인 영역으로 돌아선다(Light and Gold 2000). 또한 민족 경제는 주류사회의 노동시장에서 불리한 위치에 놓여 있는 이민자들과 소수 집단에게 필요한 고용을 제공할 수 있지만, 비공식 또는 불법적 경제 영역에서 노동력 착취 및 열악한 작업 환경이 확산되어 있기도 하다는 점에서 양면적이다.

비록 민족 소유 경제 내의 고용이 보통 실업 또는 불완전 고용에 대한 해결 방안으로 여겨지기도 하지만, 어떤 동족 비즈니스(ethnic business)는 두뇌 유출 또는 두뇌 순환 과정과 관련되며, 이주와 정착에 별 어려움이 없어 보이는 사람들에 의해 운영된다. 캘리포니아의 실리콘 밸리 내 사업체 중 대략 3분의 1은 대만인과 인도인이 운영하고 있고, 이들은 종종 자영업으로 전업하기 위해 많은 필수 자원을 소유하고 있는 고숙련 이민자들을 고용한다(Saxenian 1999). 현재 이 집단 내의 많은 사업가들은 대만과 인도로 그들의 사업체를 확장하고, 수익성이 좋은 민족 소유 경제 내에서 초국가적 기업가가 되고 있다.

　이민자와 소수민족들의 사회적 연결 또는 네트워크는 민족 소유 경제와 민족 통제 경제 내의 고용 측면에서 중요하다. 이민자들은 민족 경제 내에서 자영업을 하거나 취업하기 위해 사회적 자본을 필요로 한다. 사회적 자본은 사회 네트워크의 한 구성원으로서 귀중한 자원과 혜택에 접근할 수 있는 개인의 능력을 의미한다(Portes 1998; 2000). 사회적 자본은 직업에 대한 정보에 접근하거나 사업을 시작하기 위해 가족, 친구 또는 다른 동족들로부터 돈을 빌리는 것과 같은 일들과 관련이 있다. 민족 소유 경제에서 사회적 자본은 기업가들이 사업을 위해 고객층을 늘리는 데 도움이 될 수 있다. 사회적 자본은 회사를 운영하거나 누군가를 고용할 때 필요한 지식, 기술, 경험 등의 추가적인 인적 자본을 창출하는 데 필수적이다. 사회적 자본은 금융자본을 형성하는 데 도움을 줄 수 있는데, 보통 동족 집단의 구성원들이 자본을 모으고 각각의 구성원에게 돈을 차례로 빌리는 순환 신용 조합 설립이 그 예이다. 그 집단의 구성원은 각각 공동 기금에 투자하고 순번을 정하여 돈을 수령한 후 일정 기간 동안 갚아 나가기 때문에, 한 사람이 개인 투자자 또는 대출자로서 달성할 수 있는 것보다 더 큰 규모의 벤처사업을 운영할 수 있고, 그 과정에서 공동 기금의 규모는 더욱더 커진다. 순환 신용 조합은 사회적 자본이 민족 경제 내에서 어떻게 기업가 정신을 촉진할 수 있는지를 설명해 준다.

　이민자들은 탁월한 기업가 정신을 바탕으로 간혹 도시 재생 및 경제 활성화에 관련을 맺기도 한다. 예외는 있지만, 일반적으로 기업가 정신을 발휘하는 이민자들은 미국과 유럽의 많은 도시의 선주민들보다 더 높은 비율을 차지한다. 민족 기업가 정신과 민족 경제에 대한 초미의 관심사 중 하나는 이 사업들의 미래에 관한 것이다. 2세대인 이민자의 자녀들이 부모의 사업체를 물려받고 계속해서 운영할까? 미국의 필립 카지니츠(Philip Kasinitz)와 동료들(2008)의 최근 연구는 많은 2세대들이 민족 경제를 벗어나 주류 경제에 진입하고자 하기 때문에 그들의 부모와는 다른 길을 걸을 것이라고 주장한다. 결국, 2세대인 자녀들이 그의 부모들보다 미국인 사회에 더 많이 통합되었고 더 폭넓은 기회를 누릴 수 있게 되는 것이다. 예를 들어 네덜란드에서 일부 이주자 자녀들이 ICT(정보 통신 기술) 산업이나 FIRE(금융, 보험, 부동산)와 같은 비전통적인 분야로 활발히 진출하고 있다는 것을 보여 준 연구가 있는데, 이처럼 유럽에서도 역시 많은 이민자의 자녀들이 부모의 사업체를 물려받지 않는 경우가 늘어나고 있다(Baycan-Levent et al. 2008). 하지만 노동시장에서 불리한 위치에 있다는 점을 계속해서 경험하는 2세대 자녀들에게 민족 소유 경제 내의 취업은 그들 부모의 사업체를 계승한다는 의미보다는 노동시장에서의 어려움을 해결할 수 있다는 측면에서 더 좋은 방안이 될 수 있다.

참고 두뇌 유출/유입/순환; 민족성과 소수민족; 사회적 자본; 2세대; 초국가주의

주요 읽을 거리

Bonacich, E. (1973) 'A theory of middleman minorities', *American Sociological Review*, 38(5): 583-94.

Light, I.H. and Gold, S.J. (2000) *Ethnic Economies*. San Diego, CA: Academic Press.

Min, P.G. (2008) *Ethnic Solidarity for Economic Survival: Korean Greengrocers in New York City*. New York: Russell Sage Foundation.

Portes, A. (1998) 'Social capital: its origins and applications in modern sociology', *Annual Review of Sociology*, 24: 1-24.

Weber, M. (2003[1927]) *General Economic History*. Mineola, NY: Dover Publications.

17.
민족성과 소수민족 · Ethnicity and Ethnic Minorities

> **정의** 민족성은 조상, 신체적 유사성, 언어, 종교, 국가성, 영토 혹은 역사적 경험 등 공통된 특성에 기반을 둔다. 민족 집단은 타인들이 혹은 그들 스스로가, 자신들을 동일한 정체성과 문화를 공유하는 것으로 인식하고 있는 집단을 의미하며, 이에 따라 다른 집단과 경계를 뚜렷이 하고 있는 집단을 말한다.

    민족성이라는 용어는 '국가', '사람' 또는 '부족'으로 번역할 수 있는 그리스 단어인 **ethnos**에서 유래했다. 이 단어는 형용사 형태인 **ethnicus**가 라틴어로 유입되어 '이교도' 또는 '토속 신앙을 믿는'이라는 의미를 갖게 되었으며, 이는 주류 집단의 문화를 공유하지 않는 사람들을 지칭하게 되었디. **ethnic**이라는 용어가 중세 시대에 영어로 편입되면서 기독교인도 아니고 유대인도 아닌, '우리가 아닌' 사람들, '타자'를 의미하게 되었다(Petersen 1981). 고대의 어원에도 불구하고 민족성이라는 용어는 최근에 이르러 일반적으로 사용되기 시작했고, 1972년 옥스퍼드 영어 사전에 등재되었다(Ibrahim 2011). 오늘날 많은 서구사회에서 이 단어는 완곡한 표현으로 백인이 아닌 사람들을 통틀어 말하는 데 주로 사용되고 있다. 그러나 미국과 영국에서 '민족(ethnic)'과 '민족성(ethnicity)' 등의 용어는 비백인이 인종(race)이라는 용어로 묘사되는 것과는 반대로 이주 이전의 백인들의 다양한 배경을 묘사하는 데에 선호된다. 또한 흥미롭게도 이 용어는 (민족 집단, 민족 음식, 민족 갈등 등) 명사보다 형용사로 자주 사용된다.

    민족성이 사회과학에서 주요 관심사로 떠오른 것은 상대적으로 최근의 일이다. 막스 베버(Max Weber)는, 자신의 저서 *Economy and Society*(1968[1922])에서 민족성의 초기 정의를 제시했다. 1920년대와 1930년대 시카고학파에 속한 많은 학자들은 민족성에 초점을 맞춘 분석을 통해 미국 도시들 내에서의 이주자들이 어떻게 통합되는지를 연구하였다. 민족성이 그 자체로서 연구의 주제가 된 것은 1960년대와 1970년대 북미에서였으며 이후 유럽으로 넘어가게 되었다. 이러한 연구는 국제 이주가 현저하게 줄어들었던 1924년부터 1960년대 중반까지의 상황이 어떻게 종료되어 국제 이주가 새롭게 증가하게 되었는지에도 초점을 맞췄다. 1924년 이민법은 당시 우생학자들이 별개의 인종으로 여겼던 이탈리아인, 그리스인, 유대인(지중해인, 슬라브, 히브리인 등) 같이 남부와 동부 유럽 등지의 원치 않는 기원국에서 오는 이주자들의 입국 제한을 정당화하였다(Jacobson 1999). 당시 우생학에 기반한 인종주의적 이데올로기는 해당 지역에서 온 이주자와 그 후속 세대들은 동화에 수십 년이 걸린다고 보았다. 우생학을 근거로 한 극단적인 잔혹 행위로는 의심할 바 없이 나치의 홀로코스트를 들 수 있다. 제2차 세계대전 후 학자와 국제기구들은 우생학자와 인종주의자의 이데올로기에 직접적으로 도전하기 시작했고, 이에 따라 민족 관계의 이슈에 대한 더 섬세한 접근이 필요하다는 것은 분명해졌다. 1950년에 유네스코는 '인종문제(The Race Question)'라는 유명한 성명을 발표했는데, 이 성명에서는 '국가, 종교, 지리, 언어, 문화 집단이 반드시 인종 집단과 동일한 것은 아님'을 주장했으며, '인류를 이야기할 때 "인종"이라는 용어를 폐기하고, "민족 집단"을 함께 사용하는 것이 더 좋을 것'이라고 결론 내렸다.[*]

사회과학에서 민족성의 중요성이 증대되고 있는 것은, 동화의 과정을 통해 정체성이 사라지기보다는 민족성이 정체화(identification)를 지속적으로 강화한다는 관점과 연관되어 있다(Glazer and Moynihan 1963). 실제로, 특히 1980년대와 1990년대 사회계층별 정체화가 별 주목을 끌지 못하는 가운데 민족성이 다양한 방면에서 인종을 대체함에 따라, 민족성은 최근 수십 년 동안 사회를 관통하는 정체화의 주요 범주로 자리 잡고 있다. 이 기간에 전문가들은 선진공업국(그리고 일부 개발도상국들)에서의 분업과 폭력 사건을 설명하기 위해 '민족 갈등'이라든지 '민족 동원'과 같은 용어를 사용하기 시작하였다. 민족성에 관한 많은 연구는 '동화주의의 붕괴'라는 인식에서 기원하였으며, 왜 민족 정체화가 회복되거나 심지어는 되살아나는지를 설명하려고 노력했다.

제2차 세계대전 종전 후 민족성에 대한 지속적인 논쟁들 중 하나는(인종과 민족성을 다루며) 원초주의자와 사회 구성주의자 사이의 관점 차에 관한 것이다. 원초주의(Primordialism)는 1960년대에 출현하였으며 민족성을 '근본적인 집단 정체성(identity)'으로 바라보았다(Isaacs 1975). 원초주의의 관점을 지지하는 피에르 판덴베르허(Pierre van den Berghe) 같은 학자들은, 민족성이 필연적으로 생물학적이거나 자연적인 사람의 특성이라고 주장한다. 같은 관점을 가진 다른 학자들로는 에드워드 실스(Edward Shils)와 클리퍼드 기어츠(Clifford Geertz)가 있는데, 이들은 민족 유대가 우리의 마음과 사회적 상호작용 속에 깊이 착근된 것을 반영한 것이라고 주장한다. 이에 따르면 민족성은 어떤 사람이 태어날 때부터 '주어진 것'이며, 민족 집단 자신들에게 필연적으로 변하지 않고 원초적인 것으로 인식된다. 따라서 민족 정체화는 자연적이며 영속적인 것으로 여겨진다(Mckay 1982).

원초론자들의 주장은 민족 정체화의 특성과 강도가 시간과 맥락에 따라 변할 수 있다는 점을 간과했기 때문에 즉각적으로 비판받았다. 그뿐만 아니라 새로운 형태의 민족 정체성이 새롭게 형성될 수도 있다는 점에서도 비판받았다. 이것은 다양한 상황에서 온 이주자들의 정체성이 하나로 묶

---

[*] 일부에서는 이 문장이 이데올로기 자체를 수정하지 않은 채 하나의 용어를 다른 것으로 대체하는 것(민족성을 인종으로)에 불과하다고 혹평하였다.

이는 미국의 라티노(또는 히스패닉)의 사례에서 분명하게 드러난다(Oboler 1995; Padilla 1985). 다른 정체성들은 점점 희미해지고 결과적으로 사라지거나, '상징적인 민족성'이 될 수 있다. 이는 '일상적 활동에 통합되지 않고도 느낄 수 있는 전통에 대한 사랑과 자부심'(Gans 1979: 205)을 일 컫는다. 예를 들면, 미국 내의 독일인 이주자 후손의 사례(Kamphoefner 1987)와 프랑스의 이탈 리아인 이주자 후손의 사례가 그것이다. 궁극적으로 20세기 남아프리카 아프리카너(Afrikaner) 의 사례와 같이 잠재된 것처럼 보이는 민족 정체성은 강해지게 된다(Thompson 1985). 이러한 변화는 '정체성 급류(identity cascade)'라는 역학에 의해 종종 급격하게 일어날 수 있다(Laitin 1998).

민족 경계의 특성 변화를 탐구하기 위한 두 번째 접근법은 사회 구성주의의 관점에 뿌리를 두 고 있으며, 이는 1960년대와 1970년대에 등장한 '도구주의'와 연결되어 있다. 글레이저와 모이니 핸(Glazer and Moynihan 1963), 아브너 코헨(Avner Cohen 1974), 패터슨(Patterson 1977) 같 은 학자들에 따르면, 민족 정체성은 자원과 권력의 경합에 의해 구성되는 맥락에 따라 사회 집단 이 그들 스스로에 대한 흥미를 고취시키기 위해 사용하는 자원이다. 따라서 민족성은 '근본적으 로 정치적 현상'이다(Cohen 1974: 97). 민족성은 집단적 흥미의 발전과 방어를 위해 사용되는 수 단이며, 그렇기 때문에 조작될 수 있다(따라서 이는 원초론자들이 상상한 것과 같이 고정된 것이 아니다). 그러므로 도구주의자들은 정체성의 창조와 재창조를 이끌어 내는 권력 관계를 강조하며 (Nagel 1994) 이러한 역동성을 만드는 상황에 주목한다. 따라서 루젠스(Roosens 1989)의 고전적 인 연구는 민족 집단의 이동이 미국의 복지 국가 건설 및 인종 정책과 연관되어 있음을 밝히며, 다 음과 같이 주장한다. '민족성이 사람들에게 전략적 이득을 가져오기 때문에 민족 집단이 강력하게 등장하는 것이다'(Roosens 1989: 14). 비슷한 관점에서, 워터스(Waters 1990)는 미국에 거주하는 카리브 지역 흑인 이주자들이 다른 상황에서 그들의 정체성을 전략적으로 유용하게 구성하고 있 음을 보여 준다. 예를 들어, 어떤 상황에서 그들은 아프리카계 흑인으로서의 일반적인 믿음을 강 조하지만 다른 상황에서는 그들 자신을 문화적으로 구분되는 집단으로 정체화한다.

오늘날 대부분의 연구자들은 공동체를 규정짓는 모든 정체화의 경우와 마찬가지로, 민족성 과 민족 집단이 사회 문화적으로 구성된 것이라는 점에 동의한다(Anderson 1983). 민족성은 역 동적인 사회적 상호작용의 결과로 여겨지며 따라서 민족 정체성은 유연하다(Barth 1969; Nagel 1994). 이러한 유연성을 그려내기 위해, 핸들먼(Handelman 1977)은 민족성이 어떻게 조직되는 가에 초점을 맞추었고, 민족적 '편입(incorporation)'의 유형을 제안했다. 그는 민족적 범주, 민 족 네트워크, 민족 연합, 민족 공동체 등이 어떻게 다른지를 밝혀 주었다. 일반적으로 볼 때 민족 성은 어떻게 사람들이 그들 자신을 범주화하며, 어떻게 그들이 외부인에 의해 범주화되는지에 대한 두 가지의 핵심적인 정체성 형성 과정이 교차되는 지점에서 구성된다. 그러므로 범주(화) 과정은 객관적으로 정체화될 수 있는 무엇이라기보다는 일종의 '인식(cognition)'인 것이다. 즉, '그것은 근본적으로 세계 안에 존재하고 있는 그 무언가가 아니라, 세계를 바라보는 관점인 것이다'(Brubaker et al. 2004: 32). 이러한 과정은 상식적 지식, 상징, 도식(schemas), 공공 의례, 엘리트 담론, 조직의 일상적 규칙(organizational routine), 사적 상호작용 등을 포함하며, 그러한 것들을 통해 작동한다(Brubaker 2004).

그러한 과정의 결과로 나타날 수 있는 국가 제도에서는 일반적으로 민족성을 분류 체계로 사용한다. 예를 들어 여론조사나 여권과 같은 수단은 민족(그리고 국가) 구분이 자연스러운 것처럼 보이도록 한다(Nobles 2000; Noiriel 1998). 민간 기업과 미디어의 행위는 이와 비슷한 영향력을 가질 수 있다. 왜냐하면 이러한 조직들은 다른 민족 집단이 구분 가능한 문화나 소비 습관을 지니고 있는 것처럼 나타냄으로써 민족적 차이를 자연스러운 것으로 만들기 때문이다(Hall 1995). 그렇기는 하지만 도구주의자와 구성주의자의 관점은 민족 집단이 단일한 것이 아니며, 개인에 의해 변화할 여지가 있음을 보여 준다. 비록 민족 구분이 상당히 뚜렷하게 존재할지라도 개인은 하나의 민족 정체성에서 다른 것으로 옮겨갈 수 있으며, 그들의 정체성을 다른 방향으로 표현할 수 있고 다중 정체성을 가질 수도 있다(Baumann 1996). 사실, '민족 집단'에 대해 이야기하는 것은, 이것이 항상 동일한 목적을 가지고 있지 않고 단일하지 않은 범주들을 구체화하는 경향이 있어 오인될 여지가 있다(Brubaker 2004). 다른 한편으로 어떤 개인은 다른 사람들에 비해 (정체성을) 바꿀 여지가 더 적다. 일반적으로 고정관념의 대상이거나 차별의 경험이 있는 민족 집단에 속해 있는 개인은 외부 사람들이 그를 그 집단의 구성원으로 강하게 정체화할 것이기 때문에 그의 민족 정체성을 '변경'하는 데에 더 많은 어려움을 겪는다. 따라서 비록 몇몇 정치 지도자들이 우리가 살고 있는 사회가 '탈인종적(post-racial)'이며 차별의 문제에서 민족성이 더 이상 중요한 요소가 아니라고 주장하더라도, (여러) 연구들에서는 여전히 다양한 측면에서 소수민족들이 개인적 혹은 제도적인 차별을 경험하고 있으며, 민족 정체화의 과정이 여전히 두드러지고 있음을 보여 주고 있다(Craig and O'Neil 2003의 영국 사례를 참고할 것).

비록 민족적·인종적 경계가 종종 겹칠지라도 민족성은 인종과 구분될 수 있고, 구분되어야만 한다(특히 오늘날 사용되고 있는 후자의 용어에 대해서). 정의에서 시사했듯이, 민족성의 개념은 사람의 신념에 기원한 것이지, 쉽게 인지되는 물리적 차이에 근거한 것이 아니다. 비록 물리적 유사성이 단일 조상에 대한 믿음을 뒷받침할 수 있더라도, 표현형(phenotypic; 유전자와 환경의 영향에 의해 형성된 생물의 형질) 특징은 민족 경계의 구성에 거의 기여하지 않는다. 민족 경계는 시간이 흐름에 따라 변화할 수 있으며 그 의미는 인종 경계보다 먼저 바뀔 수 있다. 민족성은 주체성이 중요한 정도를 암시한다. 즉, 중요한 것은 사람들이 무엇을 어떻게 믿고 있느냐 하는 것이지 그들이 어떻게 생겼느냐가 아니다. 한편 인종 또한 자연적이라기보다는 구성된 것이라 할지라도, 인종은 (인간이) 인지할 수 있는 표현 형질에 강력하게 연결되어 있으며 따라서 인종의 경계는 다소 닫혀 있다고 할 수 있다. 즉, '알리 지(Ali G)*'는 차치하고서라도 백인이 흑인이 되는 것은 매우 어려우며 그 반대도 마찬가지이다. 그럼에도 불구하고, 많은 연구자들은 민족성과 인종이 모두 같은 정체성이나 문화를 공유한다고 인지하는 사람들의 집단이며, 이를 둘러싼 경계의 형성을 포함하는 역동적인 과정임에는 동의한다. 그러므로 웨어(Ware 2009)가 보여 준 것처럼, '영국다움(Englishness)'이라는 용어는 일반적으로 '백인성(whiteness)'이라는 인종 경계와 연결된다. 그러한 경계와 집단들은 정치적으로는 센서스 범주, 사회 문화적으로는 학교나 미디어, 직장과 예배당, 가족과 같은 사회 내 다양한 층위의 상호작용에 의해 구성된다. 그러므로 민족성과 민족 집단은 관심사와 집단들의 경합에 의한 끊임없는 협상, 수정, 정의의 결과인 것이다.

참고 동화; 다문화주의; 2세대

주요 읽을 거리

Barth, F. (ed.) (1969) *Ethnic Groups and Boundaries. The Social Organization of Culture Difference*. Bergen and London: Allen & Unwin.

Brubaker, R. (2004) *Ethnicity Without Groups*. Cambridge, MA: Harvard University Press.

Glazer, N. and Moynihan, D.P. (1963) *Beyond the Melting Pot; the Negroes, Puerto Ricans, Jews, Italians, and Irish of New York City*. Cambridge, MA: MIT Press.

Shils, E. (1957) 'Primordial, personal, sacred, and civil ties: some particular observations on the relationship of sociological research and theory', *British Journal of Sociology*, 8(1): 130-45.

---

* 역자주: 알리 지(Ali G)는 교외에 거주하는 백인계 영국인 소년을 상징하는 소설 속 캐릭터이다. 그는 자메이카 사투리 표현이 섞인 사춘기 청소년의 어투를 구사하며 힙합, 레게 등 영국-자메이카인의 랩 문화를 모방한다.

18.
가족 이주와 가족 재결합 ·
Family Migration and Reunification

정의 가족 간 연결을 기반으로 촉진된 이주를 의미한다. 이러한 가족 간 연결은 때로는 친척의 이민을 '후원하는' 권한을 만들어 내며 다른 방식으로 이주가 좀 더 용이하게 이루어지게 하기도 한다.

많은 연구에서 이주 현상은 **개인(individuals)**이 실천하는 움직임으로 분석된다. 이러한 가정은 현재뿐만 아니라 과거의 이주 현상에서도 나타나는 중요한 특성을 간과할 수 있다. 개인은 가족에 뿌리를 두고 있기 때문에 (다른 유형의 친족 네트워크에도 마찬가지로) 가족 간 연결은 중요한 방식으로 이주 과정을 만들어 간다. 가족 간 연결에 기반을 둔 이주는 이주 연구에서 가장 핵심적인 주제임에도 불구하고 그동안 부수적인 것으로 여겨졌다. 다시 말해, 경제적인 목적으로 이주를 결정한 사람들의 이주에서 가족 이주는 단순히 부차적인 유형에 불과하다고 생각되기 쉽다. 하지만 이는 몇 가지 측면에서 오해를 불러일으킬 수 있다. 중요한 것은 가족 간 연결로 이루어진 이주 현상이 현대 사회의 이주 흐름에서 (절대다수를 구성하고 있는 것은 아니지만) 가장 중요한 범주를 차지하고 있다는 점이다. 그 예로 서부 유럽과 북미 지역에서는 이러한 모습을 확인할 수 있다. 미국에서는 이민 비자의 절반 이상이 가족 간 연결에 기반을 둔 이주이며, 대부분의 서부 유럽 국가에서는 노동 이주자 모집이 축소된 1970년대 초반 이래로 가족 이주가 가장 지배적인 형태였다. 가족 이주는 정착국의 인구 구성에 있어서 이민자들이 경제적인 부담으로 작용한다는 우려를 불러일으켰다. 하지만 우려하는 부분들이 실제로는 확인되지 않고 있다.

가족 간 연결은 이주를 자족적인 것으로 변화시키는 중요한 네트워크가 된다(Massey et al. 2003; Boyd 1989). 이러한 연결은 일정 부분 거대한 사회·정치적 영향력과는 별개로 독자적으로 작동하기도 하지만, 서로에 의해 강화되기도 한다. 특히 국제인권기구[예를 들어, 국제연합(UN)의 세계인권선언이나 아동권리협약]의 규모가 커지면서 가족을 보호할 수 있다는 기대감이 높아진다. 이러한 기대가 어느 정도까지는 법적인 권리의 보장으로 이어졌는데, 정착국에서 시민권을 갖지 못한 많은 유형의 이주자들도 다른 가족 구성원의 특정 유형의 이민을 도울 수 있다. 다른 측면에서, 이러한 법적인 규정이 의미 있는 이유는 몇몇 사람들은 정착국 사람들이 바람직한 것으로 여기는 특징들(예를 들어, 기술이나 문화적 특성)을 갖추었는지 여부와 상관없이 이주할 수 있는 기회를 가지기 때문이다. 이런 경우에 원칙적으로 이민자들(특히, 귀화시민이 된 경우)은 추가적인 이민자로서 가족들을 데리고 올 수 있으며, 또한 이들도 다른 가족들을 데리고 올지도 모른다.

앞서 서술한 바대로 이러한 규정 때문에 정착국에서는 우려의 목소리가 높아지기도 한다. 무엇보다도 이주를 부분적으로 제한하는 조치를 취하겠다는 정부의 공약이 인권 협약에 저촉된다는 이유로 채택되지 못하고 실패로 돌아갔을 때, 정착국의 사람들은 이주가 '통제 불능'의 상황이라고 인식한다. 대부분의 민주주의 국가에서 시민은 그들이 선택한 사람과 결혼할 수 있고, 그들이 살고 있는 정착국으로 배우자를 데려올 수 있다(다만 권리가 보장되기 위해서는 특정한 조건이 충족되는 것이 중요한데, 일반적으로 최소한 그들이 이성애적 관계라는 것이 전제되어야 한다). 이처럼 정착국은 가족에 대한 몇 가지 기본적인 사실들(즉, 가족 자체의 권리에 대한 복잡한 사회학적 주제들)에 의해 우려가 커지기도 한다. 서로 다른 (사회적) 맥락에서 '가족'이 다양한 의미를 가지기 때문이다. 현대의 핵가족은 많은 정착국에서 '당연'하다고 여겨지지만 다른 유형의 친족 관계까지 가족의 개념이 확장되어 있어서, 누군가에게는 '진짜' 가족으로 보이지 않을 문화에서 오는 이민자들도 있기 마련이다. 한편 중매결혼이라는 관습도 염려되는 부분이다. 낭만적인 사랑을 강조하지 않는 (사회적) 분위기에서 두 사람이 결혼을 할 때, 전형적인 서구의 관점에서 그 관계가 진짜가 아니라 단지 이민 사기에 불과하다고 비춰질 수 있다.

원칙적으로 타당한가와는 별개로, 경험적으로 고려해 볼 때 그 우려들이 두드러질 정도로 과장된다는 점은 분명하다. 국제인권기구들이 수립한 가족 재결합의 '권리'라는 개념이 있음에도 불구하고, 이러한 권리의 보장은 제한적이다(Lahav 1997; Perruchoud 1989). 많은 국가에서 귀화는 가족 재결합을 위한 최소한의 조건이 되는데, 상당수의 경우 가족 재결합의 권리는 시민권으로 이어지기 때문이다. 시민권이 없는 이민자가 가족을 데려오려면 적어도 영주권을 가져야 한다. 이러한 여건에서 외국인 유학생이나 임시직 근로자들은 그들의 가족을 데려올 수 없다. 이와 더불어, 정착국은 이주자(가 될) 자신이 중요하다고 여기는 관계들을 거부함으로써, 어떤 친족관계가 가족으로 인정되는지 결정한다. 일반적으로, 인권은 국권을 능가하지 않는다. 국가 단위의 정부에서는 논의되고 있는 다양한 법률 문서(선언, 협정 등)를 채택할지 또는 채택하지 않을지를 결정하며, 일부의 경우 대부분의 국가에서 전혀 강제력을 발휘하지 못한다. 예를 들어 이주 노동자와 그들 가족 모두의 권리를 보호하고자 하는 국제협약이 국제연합에 의해 채택되었지만, 소수의 이주자만을 받아들인 몇몇 국가에서 비준하는 데에 그쳤다. 비준할 때조차도, 이러한 규정들은 구체적인 요구사항이 아니라 일반적인 권고사항에 불과하며, 그것을 이행할지 여부는 각 국가의 정부가 결정할 사안이다(Lahav 1997). 누구나 예상할 수 있듯이, 국가 정부는 일상적으로 가족 재결합의 달성을 용이하게 하기보다는 어렵게 만드는 조항과 제약을 도입한다.

'급증'하는 이민자에 대해 다음과 같은 통계적 수치가 밝혀졌다. 연쇄 이주를 다룬 장에서 살펴볼 내용과 같이, 자소와 로젠츠바이크(Jasso and Rozensweig 1986)는 고용을 전제로 한 비자를 통해 미국으로 들어온 이민자가 10년 후에 평균적으로 1.2명의 가족을 데려온다는 점을 발견하였다. (합법적으로 가족의 이주를 후원한 이후에도 더 많은 가족 구성원을 데려온다는 의미에서) 연쇄 이주 그 자체의 범위가 훨씬 제한적이라는 것을 알 수 있으며, 이는 가족 초청 이민의 형태로 이주하는 0.2명과 비슷한 수치를 보여 준다. 그 원인을 이해하기 위해 지금까지 언급되었던 제약들 그리고 (예상과는 다른) 더 일반적인 특성을 상기해 보면, 사람들은 부유한 국가로 이주하는 것을 원하지 않는다. 덧붙여, 부유한 국가의 이주자들은 가족을 데려와서 함께 사는 것보다는 화폐의 구매력이 더 큰 기원국으로 송금하는 것을 더 선호한다(Kofman 2004).

이와 더불어 염려되는 사항은 가족 연계로 들어오게 된 이주자의 경제적 기여와 관련이 있다. 이민자가 취업 허가증을 가지고 있거나 특정한 일자리에 채용되었을 때, 그들은 입국하여 특별한 기술을 제공하거나 그 국가에 수요가 있는 직종에 종사할 것이라는 기대를 받는다. 반면, 가족 재결합일 경우에는 이민자가 일하지 않고 복지 수당에만 의존할지도 모른다는 우려를 보내기도 한다. 자소와 로젠츠바이크(1995)는 이러한 우려가 특히 다음과 같은 측면에서 잘못되었다고 설명한다. 미국으로 이주하는 취업 이주자들은 주로 아래로의 직업 이동을 하는 반면, 가족 단위의 이주자들은 일반적으로 이주한 그 이듬해에 위로의 이동을 한다. 그들은 또한 취업 이주자들이 스스로의 장기적인 직업적, 경제적 성공에 도움이 되는 가족 구성원과 미래의 배우자를 '가려내는' 일을 특히 잘한다고 주장한다.

본 장에서는 지금까지 이주자들이 그들의 가족 구성원의 이민을 지원할 수 있는 합법적인 권리로서의 가족 재결합에 대해 논의하였으나, 가족 재결합은 불법의 형태로 이루어지기도 한다. 앞서 언급한 바와 같이 가족 간 연결은 이주자 네트워크를 구성하는 핵심적인 요소이고, 때때로 정부의 허가 없이도 이주자들이 입국하거나 취업하는 것을 가능하게 한다. 덧붙여, 많은 이주자의 가족들이 사실상 이주자가 되지 않는다는 점을 고려하여, 이주 연구가 초국가주의의 관점을 바탕으로 '재결합한' 가족이 아닌, 국경을 초월하여 친밀한 관계를 유지하고 있는 가족을 조사하는 데에도 관심을 가져야 한다(Baldassar 2007).

'가족 **재결합(reunification)**'이라는 말은 이주 이후의 가족이나 재결합한 가족이 이주하기 이전의 가족과 동일하다는 것을 암시하는 것처럼 느껴질지도 모른다. 낸시 포너의 연구(Nancy Foner 1997a를 참고할 것)는 이러한 생각에 오해의 소지가 있다고 설명한다. 이주자는 지속적으로 이주하기 이전 지역의 사회·문화적 영향을 받지만, 이주로 인해 정착국의 문화와 사회적 패턴에 노출됨으로써 가족 형태와 관계에 변화를 초래하기도 한다(Dumon 1989를 참고할 것). 포너는 뉴욕에 살고 있는 자메이카 여성을 사례로 이들이 남성의 불륜을 용인하지 않는 경향이 있다는 점을 발견하였다. 왜냐하면 이들은 경제적으로 더 독립적이며, 일부일처제나 '가족 간의 유대'와 같은 미국적 이념의 영향을 받았기 때문이다. 일반적으로 많은 서구사회에서 가족이라는 말은 핵가족을 의미하는 반면, 사회학적 관점에서 가족은 보다 넓은 사회적 관계를 포괄한다. 그리고 이주 연구는 이주라는 경험을 통해 '재결합'이라는 단어가 애매할 정도로, 가족 관계 그 자체가 특정한 방식으로 변화함을 보여 준다.

가족 재결합과 관련해 주로 아내가 남편을 따라간다는 오해도 있다. 가장인 남성은 경제적 이유로 이주하며 반면 여성은 가족적인 이유로 이주한다는 것이다(Kofman 2004). 이러한 생각은 완전히 잘못되었고 시대에 뒤처진 것이다. 경제적 이주는 오래전부터 '주요' 이주자로 여성을 포함하고 있었고(Ehrenreich and Hochschild 2003을 참고할 것), 여성이 남성과 함께 이주하는 것은 이후의 일이다. 그렇기는 하지만 이주는 젠더에 따라 차별적으로 나타나고, 여성은 보통 다양한 이유로 남성과는 다른 선택을 한다. 이와 관련해 미국으로 이주한 남편과 결혼한 멕시코 여성이 미혼이거나 이혼한 여성에 비해 미국으로 이주할 가능성이 **낮다**는 연구결과가 있다(Kana-iaupuni 2000). 즉 때로는 이주가 독립된 개인에 의한 결정이 아닌 가족에 의해 이루어지는 결정인 것이다(Stark and Bloom 1985).

가족 재결합은 이주자와 정착국에 다양한 방식으로 중요한 결과를 초래한다. 단기간의 해외 이주를 계획했던 이주자가 가족 구성원을 만나서 이주의 목적을 변경하고 '영구적인' 정착자가 되기도 한다(Piore 1979를 참고할 것). 이주자 본인의 연령이 낮거나 정착국에서 자녀를 출산한 경우에는 정착 가능성이 더 높고, (엄격하게 제한적인 노동 이주의 경우에는 발생하지 않았을) 교육 문제를 비롯한 수많은 쟁점이 발생한다. 정책 입안자들은 표면적으로 가족 재결합에 의해 일시적인 이주가 빈번히 발생한다는 사실을 그 현상이 반복될 때마다 간과하였다. 정착국에서 많은 이주자들은 단지 경제적인 측면에서만 고려되지만, 사실상 그들도 복잡한 사회관계 속에 있는 사람이다. 가족과 관련된 이주의 어떠한 측면은 아직 연구 중이며, 동성애 파트너와 같은 기존의 가족과 전혀 다른 구성원 사이에서 발생하는 이주에 대한 관심은 증가할 것이다.

참고 연쇄 이주; 이주자 네트워크

주요 읽을 거리

Boyd, M. (1989) 'Family and personal networks in international migration: recent developments and new agendas', *International Migration Review*, 23(3): 638-70.

Kofman, E. (2004) 'Family-related migration: a critical review of European Studies', *Journal of Ethnic and Migration Studies*, 30(2): 243-62.

Massey, D.S., Durand, J. and Malone, N.J. (2003) *Beyond Smoke and Mirrors: Mexican Immigration in an Era of Economic Integration*. New York: Russel Sage Foundation.

19.
강제 이주 · Forced Migration

정의 행복이나 생존에 대한 위협 혹은 어떤 강요로 인한 이주를 말한다. 이는 폭력적인 갈등에서부터 극심한 경제적 곤란에 이르기까지 다양한 상황에서 발생한다.

기본적으로 강제 이주는 자유롭게 선택한 이주가 아닌, 강요의 결과로 나타나는 이주의 형태라고 손쉽게 정의내릴 수 있을 것 같다. 그간 정작 무엇이 강제적인 것인지 확실히 구분하는 것이 어려웠으나, 최근 들어 진행된 수많은 연구를 통해 강제 이주의 개념이 보다 명확해짐과 동시에 확장되었다(Castles 2003a를 참고할 것). 그 결과로 많은 이주학자들은 더 이상 경제적 이주자와 난민 간의 전통적인 이분법이 적절하거나 타당하다고 보지 않는다. 수많은 사례를 통해 볼 때 '경제적 이주'는 완전히 자발적으로 이루어지기보다 다양한 방식의 강요로 인해 발생하는 것으로 여겨진다. 특히 경제적 빈곤은 경제적 이주의 가장 직접적인 원인으로 지적되는데, 그러한 빈곤은 더 부유한 국가의 정부, 기업, 개인이 내는 목소리와 행동에 의해 좌우되는 심층적인 사회−경제적 구조에서 기인한 것이다. 강제의 개념은 학대와 폭력적인 정치적 갈등으로부터 도망치는 난민의 범주에만 한정되지 않고, 이주를 강요하는 환경 문제(지구온난화와 같은)에서 개발 계획에 이르는 넓은 범주를 아우른다. 강제적인 것이 이주 흐름에서는 상당히 중요한 역할을 하기도 하지만 다른 부분에서는 덜 중요한 역할을 하기도 한다는 점에서 난민과 경제적 이주자는 이분적으로 구분되기보다는 동일선상에 위치하고 있다(Turton 2003; Richmond 1994).

강제 이주의 전형적인 사례는 폭력적인 갈등, 학대, 고의적인 추방으로 발생하는 난민의 이동 또는 이재 이주(displacement)이다. 총이나 산탄형 폭탄과 같은 무력에 의해 '이주자'가 발생하기도 하는데, 이러한 요인은 사람들이 터전을 떠날 수밖에 없도록 유도하는 명백한 사례로 보인다. 그럼에도 불구하고 대다수 난민들이 처한 상황에 관한 본질적인 요소는 여전히 모호하다[졸버그 외(Zolberg et al. 1989)는 이에 대해 직접적으로 다루지는 않았지만, 앞으로 제시할 내용과 관련됨]. 어떤 경우에 난민들은 개종할 것을 강요받거나 특정 정치적 활동을 금지하는 사람들에게 복종함으로써 박해나 추방을 피할 수 있었다. 이러한 논의는 분석적인 동시에 규범적이다. 즉, 근대적 개념으로서 종교의 자유와 양심은 누군가에게 개종을 강요하거나 정치적 활동을 금지하면 안된다는 것을 의미하고, 이러한 박해는 인권을 무시하는 것이라고 여긴다. 그렇기 때문에 강제 이주 개념은 보이는 것보다 더 복잡하다. 예를 들어 일부 난민들은 스스로의 인권을 위한 '자발적인' 주장을 펼쳤다고 추방되기도 한다. 이러한 논의는 비호 신청을 승인해야 할 범위를 확장하는 데에 유용하다. 개인의 (동성애적인) 성적 취향 표출을 학대하고 억압한다는 것은 있을 수 없는 일이며, 이러한 이유로 박해받는다면 그들의 비호 신청은 받아들여져야 할 것이다.

난민들은 '강제적 대 자발적' 연속선상의 한쪽 끝에 위치할 수밖에 없다. 또 다른 끝에 있는 이주 자들의 경험을 효과적으로 표현하는 용어를 찾아내는 것은 더 어렵다.* 예를 들어 '경제적 이주'는 특히 이 같은 이주가 완전히 자발적이라는 의미를 함축한다는 점에서, 그 용어가 나타내는 것보다 더 많은 것을 감추고 있다. 어떤 사람들은 그들의 생존 가능성에 대한 심각한 도전에 맞서지 않고, 경제적 측면에서 그들의 삶을 향상시키기 위한 전략으로 이주를 선택한다. 하지만 다른 경우에 사람들은 최소한 잠재적으로 '강제 이주'와 관련된 개념을 만들어 내기에 충분히 중요한 도전과 마주한다. 베이컨(Bacon 2008)은 북미자유무역협정(NAFTA) 채택으로 생계를 위협받는 멕시코 남부 오아하카 지역 옥수수 농부들의 상황을 제시한다. 북미자유무역협정은 멕시코의 옥수수 보조금을 철폐하면서, 대규모로 기계화되고 정부의 보조금 지원을 받아 생산되는 미국의 옥수수와 경쟁하도록 시장을 개방했다. 오아하카의 농부들은 자신과 가족을 부양할 수 있을 만큼의 충분한 옥수수 가격을 받을 수 없었고, 사실상 이주를 하는 것 말고는 다른 방법이 없었다. 비록 베이컨은 그들이 **미국으로** 이주하는 것 외에 다른 선택을 할 수 없었던 것에 대해서는 명쾌하게 설명하지 못했다. 그들의 이주는 어떤 의미에서 강제적인 것인데, 군대나 민병대의 손에 죽을지도 모르는 것과 마찬가지로 기아로 인한 죽음에 직면하였기 때문이다.

하지만 몇몇 사례에서 명확한 결론을 내리는 것은 더 어렵다. 어떤 이주자들은 죽을 만큼은 아니지만 생활 수준의 급격한 저하에 직면하는 것과 같은, 중요하지만 덜 심각한 어려움으로 인해 떠난다. 이 같은 사례에서 이주는 강요된 것으로 볼 수 있는가? 이에 대한 답은 어느 정도는 이주에 대해 개인이 가지고 있는 일반적인 태도, 그리고 특히 특정 정착국이 잠재적인 이주자들을 받아들일 의무를 가지고 있다고 생각하는지에 따라 다르다. 전술한 바와 같이 오아하카의 옥수수 농부들에 대해 설명하는 실증적인 인과관계를 규명하는 것이 가능할 때, 그리고 그들이 미국에 입국하는 것에 성공하였을 때, 비록 그들이 완전한 기아가 아니라 '단지' 빈곤하게 되는 다른 선택을 할 수 있었다고 해도 그들의 이주를 강제적이었다고 보는 것이 합당하다. 언제나 노골적으로 드러나는 것은 아니지만, 여기서의 논점은 미국의 강력한 힘이 그들의 강제 인구 이동에 책임이 있고, 따

---

* '라이프스타일 추구 이주(lifestyle migration)' (Benson and O'Reilly 2009)라는 표현이 적절하겠지만, 이 말은 연속체의 양 극단에서 이와 관련되어 보이는 극히 일부분만을 나타내는 것이다.

라서 미국은 이주자로서 그들을 받아들일 의무가 있다는 것이다.

그러므로 여기에서 핵심 문제는 다음과 같다. 다른 선택들이 얼마나 제한적이고 바람직하지 않아야 다른 선택을 거부하고 이주를 선택하는 것이 합당하다는 결론을 정당화할 수 있을까? '거부'나 '선택'이라는 단어는 강요가 아니라 행위 주체성을 암시한다. 그러나 강제 이주의 대안이 죽음인 경우가 아니라면, 관념적인 결정은 합리적인 판단력에 상당히 의존한다. 이는 앞서 말한 바와 같이, 인권을 행사하고자 하는 주장과 유사하게 여겨질 수도 있다. 어쩌면 사람들은 출신지에 남아 있는 대가로 생활 수준의 급격한 저하를 겪지 않아도 된다. 경제적 강요는 보통 박해를 하는 행위 주체자와 관련되지 않는다는 점에서 명백한 차이가 있다. 그러나 빈곤으로 이끄는 사회-경제적 과정이 항상 불가피하거나 이해가 어려운 것은 아니고, 때때로 명확한 행위 주체자가 있다. 대신에 어떤 사람들은 빈곤이 불가피하다는 점을 수용하고, 그들이 들어오는 것을 원하지 않는 다른 국가에 가는 것보다 그들이 있는 거기에서 최선을 다했어야 한다고 생각할 수도 있다.

아무튼 이 개념의 적용 가능성에 대한 결정은 필연적으로 규범적인 판단에 달려 있고, 판단을 분명히 하는 것이 그것을 숨기는 것보다 낫다. 다시 말해서 이주가 강제된 것이라고 여겨진다면, 정착국은 그 이주자들을 관습적인 의미에서의 난민이라고 인정하고 받아들여야 한다. 그러나 중요한 점은 역사적인 맥락에서 많은 정착국들이 그들을 받아들일 때, 심지어 전형적인 난민을 수용할 때조차 마지못해 수락한다는 점이다.

비록 관습적인 난민의 경우에서처럼 박해나 물리력에 의한 문제가 아니라고 할지라도, 어떠한 경우들은 강제 이주의 개념을 적용하기에 용이하다. 방글라데시와 같은 저지대 국가의 해안 지역으로부터 해수면 상승으로 인해 대규모 이주가 '강제될' 것이 분명하다. (해수면 상승으로) 사람들이 익사하기 훨씬 전에 이미 농작물 재배가 어려울 것이기 때문이다(기후 변화와 이주에 대한 보다 광범위한 논의는 *Forced Migration Review* 31호, 2008을 참고할 것). 가뭄으로 인해 부르키나파소에서 코트디부아르로 이주한 경우(Sachs 2007)와 같이, 지구온난화로 인해 이미 발생한 강제 이주의 사례를 찾는 것은 어렵지 않다. 이러한 이주의 경향이 코트디부아르 시민전쟁 이후에 발생한 난민들의 이주 물결에 기여하는 점은, 하나의 강제 이주 흐름이 또 다른 이주를 이끌어낼 수 있다는 것을 보여 준다. 그럼에도 불구하고 지구온난화는 이러한 이주를 촉발하는 유일한 원인이 아니며, 이주가 강제적이었는지에 대한 판단은 논쟁이 될 만한 많은 근거들의 타당성에 달려 있다. 이것이 또다시 의미하는 바는 '강제 이주' 그 자체의 개념은 불가피하게도 논쟁을 초래한다는 점이다. 이주 연구에서의 다른 개념들과 마찬가지로, 강제 이주는 정치적인 목적에서의 서사를 구성하는 데 이용될 수 있다(Hartmann 2009를 참고할 것). 따라서 다음과 같은 질문을 해 볼 필요가 있다. 누가, 어떤 이유로, 이 개념을 적용하는 것을 지지하는가?

강제되었을지 모르는 이주의 또 다른 유형은 댐 건설과 같은 개발 계획으로 인해 단시간에 집과 삶의 터전이 수몰되어 버린 사람들의 이주이다. 그러나 오아하카의 사례와 마찬가지로 중국 싼샤 댐의 경우(Heming et al. 2001을 참고할 것), 좀 더 깊숙이 들어가면 **다른 국가**(another country)로의 이주가 강제된 것이었는지 판단하기가 모호해진다. 개인의 선택은 어느 정도는 중국 내에서의 또 다른 경제적인 기회에 달려 있을 수도 있다. 이주자가 되는 것을 강요받은 사람들이 그들이 거주했던 곳에 계속 머무르기를 선호했음에도 불구하고, 이 시기 동안 중국의 높은 경제 성장률은 많은 사람들에게 경제적 기회가 되었을지도 모른다. 이러한 관점에서 우리는 또다시 다음과 같은 질문에 직면한다. 어떤 상황에서 이민을 제외한 다른 선택을 거부하는 것이 합당한가?

어떤 이주자들의 상황은 폭력이나 학대의 문제가 아니라고 해도 강제적인 요소가 분명하게 드러나기도 한다. 강제 이주에 대한 해석을 보다 확대하기 위해서는 사회학 또는 더 일반적인 사회과학의 기본적인 개념과의 관련지을 필요가 있다. 사람들의 삶은 부분적으로 그들이 통제할 수 없는 구조와 힘에 의해 결정된다. 개인은 항상 그들의 선택에 대한 제약에 직면하며, 이러한 제약은 시간과 장소에 따라 다양하게 나타난다. 그 제약이 커질수록 강제 이주라고 주장할 수 있는 타당성 또한 커진다. 강제 이주의 개념에 대한 이러한 측면은 논쟁이 되는 많은 사례들에 대해 이주 연구의 다른 어떤 개념보다 더 광범위한 범주화를 가능하게 한다.

참고 이재 이주 및 국내 이재민; 난민과 비호 신청자

주요 읽을 거리

Bacon, D. (2008) *Illegal People: How Globalization Creates Migration and Criminalizes Immigrants*. Boston, MA: Beacon Press.

Castles, S. (2003a) 'Towards a sociology of forced migration and social transformation', *Sociology*, 37(1): 13-34.

Zolberg, A.R., Suhrke, A. and Aguagyo, S. (1989) *Escape from Violence: Conflict and the Refugee Crisis in the Developing World*. New York: Oxford University Press.

20.
젠더화된 이주 · Gendered Migration

> **정의** 특정한 젠더를 바탕으로 강력하게 이루어지는 이주, 즉 여성뿐만 아니라 남성에 의해서도 발생하는 이주의 유형을 말한다. 이러한 이주는 젠더 역할에 대한 뿌리 깊은 이해를 바탕으로 이루어진다.

일반적으로 이주 과정을 떠올릴 때, 이주자들은 지역적이고 전 세계적인 경제 시스템(경제적 이주) 또는 기원국에서 직면하는 위험이나 학대(강제 이주)와 관련된 구조적인 이유로 이주한다고 여겨진다. 이주를 이러한 방식으로만 이해한다면 심지어 사회과학 연구에서도, 종종 이주 과정에서의 젠더 관계나 역할에 대한 연관성이 간과될 수 있다(MoroKvasic 1984). 또한 주류 언론이 이주에 대해 다룰 때에도 일반적으로 젠더 문제는 무시되거나 왜곡된다. 이주가 가진 전형적인 이미지는 젊은 남성의 이주이다(Andall 1992). 이주가 비젠더화된 과정이라거나 남성에 의해서만 발생한다고 착각할 때 우리는 여성을 이주에서 배제하고, 남성을 쫓아간다는 수동적 역할만을 강조하는 오류를 범하게 된다(Kofman et al. 2000). 그러나 가족 재결합의 사례만 보더라도 여성은 이주 과정에서 자신의 권리를 행사하는 행위자이며, 젠더 관계는 이주 과정의 '핵심적인 구성 요소'라 할 수 있다(Hondagneu-Sotelo 2003: 9).

젠더에 관한 많은 선행 연구에 따르면 젠더 역할과 특성을 구성하는 사회·문화적 구조가 근본적으로 개인에게 주어지는 기회와 개인에 대한 기대를 형성한다. 비록 그들의 다른 경험과 중첩되기는 하지만, 젠더화된 이주에 초점을 두고 보면 남성과 여성이 종종 서로 다른 이유로, 그리고 서로 다른 과정을 거쳐 이주한다는 점을 알 수 있다. 여성은 남성의 뒤를 이어 이주에 참여하는 것이 더 일반적이지만, 반대의 경우도 존재한다. 간단히 말해서 젠더는 나가고 들어오는 이민이 어떻게 조직되는지를 결정한다. 반대로 이주가 젠더 관계를 변화시킬 수도 있다. 이러한 관계는 상식적인 것처럼 보이지만, 최근에서야 학자들은 이주 연구에서 젠더를 중요한 요소로 고려하고 있다(Mahler and Pessar 2006).

이민을 조직하는 법과 행정 절차가 남녀 간의 분명한 구분을 하는 것처럼, 남성과 여성이 직면할 수 있는 서로 다른 이주 체제를 설명하기 위해 젠더에 대한 정교한 이론을 적용해야 하는 것은 아니다. 이러한 구분은 '젠더화된 고용(gendered labour recruitment)'을 발생시킨다(Repak

1994). 예를 들어, 1950년대와 1960년대 유럽의 이주 노동자 프로그램은 특히 남성을 대상으로 운영되었다. 1940년대와 1950년대에(1964년 종료) 미국이 멕시코인 노동자를 초청했던 브라세로(Bracero) 프로그램도 마찬가지였다. 이 프로그램은 주로 남성에게 취업 기회를 제공하였기 때문에 초창기에는 남성 위주의 이주 흐름이 이루어졌다(Hondagneu-Sotelo 1994). 오랫동안 개별 국가들은 가족 전체가 이주해 새로운 공동체를 형성하는 것을 금지하려 했고, 오늘날도 몇몇 국가들은 이주 노동자가 배우자를 동반하여 이주하는 것을 금하고 있다. 한편 20세기 중반까지도 이러한 규제는 주로 여성에게만 적용되었다. 그리고 이러한 정책으로 인해 이주자 가정 내에서 남성과 여성의 역할이 엄격하게 구분되었다. 남성은 (벌어들인 수입을) 정착국에서 기원국으로 송금하는 반면, 여성은 기원국에서 가정을 돌보는 책임을 맡았다. 과거 유럽에 건너왔던 이주 노동자들이 시간이 지나도 여전히 유럽에 머무른다는 것이 명확해지자 정부는 비로소 1970년대에 이르러 여성의 이민을 가능하게 하는 가족 재결합법을 승인하였다. 이것으로 말미암아 성별 분업은 강화되었는데, 그 이유는 주로 먼저 이민한 남성에 의해 여성의 이민이 결정되었기 때문이다. 더욱이 1970년대 유럽 대부분의 국가에서 배우자를 따라 이주한 여성들은 일할 수 있는 권리조차 갖지 못했다(Kofman et al. 2000).

비록 가족 재결합을 규제하는 법이 1990년대 이래로 점점 더 까다로워지긴 했지만(Kofman et al. 2000; GISTI 2011, for France), 가족 재결합은 여전히 여성들이 개발도상국에서 선진국으로 이주하는 주요 경로라고 할 수 있다(Boyd and Pikkov 2005). 한편 경우에 따라 여성의 이주는 비공식적인 방식으로 일어나기도 한다. 여성들은 종종 비공식적인 네트워크를 통해 선진국에서 보모나 가사 도우미로 일하고 있는데(Chang 2000; Repak 1995), 그들 중 대다수는 거주 자격과 복지 프로그램에 대한 혜택을 받지 못하고 살아간다(Calavita 2006). 반면에, 몇몇 중동 국가에서는 남부 아시아나 동남아시아로부터(특히 필리핀에서) 오는 가사 노동자에 대한 젠더화된 고용이 합법적으로 이루어지고 있다(Huang et al. 2005). 이와 유사한 경향이 남부 유럽, 특히 이탈리아나 스페인과 같이 급속히 고령화된 국가에서도 나타나고 있다. 이들 국가에서는 연간 이주자 수를 제한하는 쿼터제를 통해 가사 노동자로 이주할 필리핀과 남미 여성의 선발에 우선순위를 부여한다(Calavita 2006). 또한 정책 입안자와 고용주는 젠더 가치관을 반영하여 특정 업무에 대한 남성 혹은 여성의 적절성 여부를 판단하고, 이에 따라 조건과 규제들이 결정되고 이주에 대한 허가가 결정된다.

최근 수십 년간, 여성의 노동 이주는 가사 노동을 넘어서 다른 분야로 확산되었다. 여성들은 개발도상국에서 선진국으로 이주하여 (일부를 언급하자면) 케이터링, 관광, 제조업, 농업을 포함한 다양한 산업에 종사하고 있다. 그뿐만 아니라 인신매매와 섹스 관광이 발달함에 따라 여성들은 때

때로 자신의 의지와 상관없이 이주하여 성 산업에 종사하기도 한다(Ehrenreich and Hochschild 2003). 이렇게 젠더화된 관행은 정착국의 남녀 역할 구분에 관한 문화적 인식뿐만 아니라 실용주의적인 경제적 이유로 인해 형성된 것이다(Piper 2006). 구조적인 요인 또한 여성의 특정한 이주 경향을 설명하는 데 도움이 된다. 현재 여성들의 노동 이주는 선진국에서의 대규모 경제적 변화, 특히 대도시에서 나타나는 서비스 경제로의 전환과 밀접한 관련이 있다(Sassen-Koob 1984). 대부분 이러한 경향에 따라 전문직 종사자가 감소하게 된다. 전문직종이든 아니든 이주 여성은 특히 노동시장에 참여하기가 어려워, 비숙련 노동을 하거나 자영업에 종사한다(Kofman et al. 2000).

좀 더 미시적인 수준에서 젠더화된 이주의 개념은 이민자 가족의 내부 전략과 더불어 친족 관계, 사회 네트워크의 핵심적인 특성과도 관련된다. 이주를 해야만 하는지, 가족 구성원 중 누가 이주하는 것이 좋을지, 이주 기간은 일시적일지 또는 영구적일지에 대한 가족의 결정에 따라 이주의 젠더화된 패턴이 나타난다(Pedraza 1991). 도미니카 공화국 출신의 이주자들에 대한 그라스무크와 페서(Grasmuck and Pessar 1991)의 연구에서 밝혀진 바와 같이, 이러한 가족의 결정은 남성과 여성 사이의 권력 관계에 의해 좌우된다. 가족의 전략을 통해, 이주의 젠더화된 패턴과 가정 내 남녀 역할에 대한 사회문화적 정의 간의 관계를 살펴볼 수 있다. 그라스무크와 페서(1991)는 일반적으로 남성의 이민이 가정의 사회-경제적 지위를 향상시키는 수단으로 여겨진다는 점을 밝혔다. 반대로, 미혼 여성의 이민은 경제적 이득에도 불구하고, 종종 부모들에게 가족의 명예를 실추하는 것으로 여겨져 문제시되기도 하였다. 디종(Dejong 2000)은 태국의 시골지역 출신 이주자들에 대한 분석을 통해, 이주를 결정할 때 때때로 젠더에 따라 서로 다른 이유로 동기 부여된다는 점을 보여 주었다. 어린이나 더 성장한 자녀를 둔 남성은 이주하고자 하는 의사가 높은데, 이는 경제적 자원이 더 많이 필요하기 때문이다. 그러나 이 경우에, 가정에서의 책임이 증가함에 따라 여성의 이주 의사는 감소한다. 문화에 좀 더 초점을 둔다면 드리비(Dreby 2009)는 이주에 대한 인식이 젠더에 따라 다름을 보여 준다. 멕시코의 시골지역에서 미국으로 이주하는 많은 남성들은 이주가 남성성을 강화한다고 생각하는데, 그 이유는 이주에 내포되어 있는 위험이나 희생의 의미가 자신의 남성다움을 증명한다고 여기는 것이다.

이주의 젠더화된 패턴은 기원국에서의 지배적인 젠더 관계와 정착지의 젠더화된 고용 이주 정책에 따라 다를 수 있다(Hondagneu-Sotelo and Cranford 1999). 말리(de Haan et al. 2002), 케냐, 레소토, 남부 아프리카(Francis 2002)의 농촌 공동체의 경우, 농업 활동을 담당하는 여성의 역할로 인해 이주가 주로 남성에 의해서 일어난다는 것을 알 수 있다. 일반적으로 여성은 농촌에 남겨지고 농사와 가사를 책임지기 때문이다. 또한 이러한 시스템은 순환 이주(circular migration)나 계절 이주(seasonal migration)가 유지되도록 한다. 비교적 최근에 여성들은 가족 재결합을 위해서 또는 독자적으로, 주로 가사 노동 분야에 종사하기 위해 이러한 국가들로부터 대거 이주하기 시작했다. 한편, 말레이시아(Ong 1987)의 농촌이나 필리핀(Hondagneu-Sotelo and Cranford 1999)의 사례에서는 전통적으로 여성들이 남성보다 더 많이 조립 작업에 동원되었고, 그래서 남성보다 도시로 이주하기가 용이했다. 또 1960년대와 1970년대에 중앙아메리카의 국가들로부터 워싱턴 DC로의 이주는 대부분 여성들이 주도하여 이루어졌는데(Repak 1995), 이는 여성을 대상으로 한 가사노동과 건강 관리 부문에서 비공식적 고용 네트워크가 발달한 것으로 설명할 수 있다.

이민 과정은 다양한 젠더 관계에 의해 형성되며, 반대의 경우도 마찬가지이다. 이민은 특히 가정 내에서의 젠더 관계에 영향을 미친다. 남성이 이주를 하면, 여성은 종종 새로운 역할을 부여받는다. 예를 들어 여성들은 가정에서 더 많은 책임을 지게 되고, 대체로 가정의 예산과 재산을 관리하는 데 더 큰 권력을 갖게 된다. 그뿐만 아니라 권위와 사회적 지위가 상당히 향상되기도 하는데, 이는 인도 남부지방으로부터 이주한 사례들에서 분명하게 나타난다(Zachariah et al. 2002). 어떤 경우에 여성은 가족의 더 나은 수익을 위해 농사일을 그만둘 수도 있다(Grasmuk and Pessar 1999). 반면 그들은 더 큰 고립감을 경험하기도 하며(Afsar 2011), 남성이 떠난 후에 더 넓은 고용 기회를 접할 수 있어 자율성이 증가하기도 한다(Hondagneu-Sotelo and Cranford 1999).

개인적이든 가족 전체와 함께하든 간에 여성의 이주는 젠더 관계의 재조정을 유도할 수 있다. 이러한 결과에 대한 일반화가 가능한 범위에서, 때때로 여성은 이주를 통해 권력을 획득하는 반면, 남성은 여성에 대한 권력을 상실하기도 한다. 물론 반대의 경우도 비일비재하다. 이주에 관련한 다양한 역학을 통해 이러한 권력 관계의 변화를 설명할 수 있다. 이주 여성이 유급 노동에 종사하는 것은 이주 초기에 훨씬 더 필요하고, 이에 따라 여성은 정착국에서의 사회 네트워크를 구축하는 데 만전을 기하게 되며, 더 영향력 있는 공적 역할을 획득할 수도 있는 것이다(Hondagneu-Sotelo 1994).

일부 시골 출신 여성들은 자신이 처한 환경의 원치 않는 사회적 압력에서 벗어나기 위한 수단으로 이주를 고려하기도 한다(Dreby 2009). 특히 미혼모나 젊은 미혼 여성의 경우에 그러하다. 그러나 정착국에서 취업의 기회가 쉽사리 주어지지 않는 경우, 남성에 대한 의존성이 커지고 더욱 고립감을 느낄 수 있다(Wilkinson 1983). 한편 젠더 관계의 재조정은 가족 내부에서 갈등의 소지가 되기도 한다(Grasmuk and Pessar 1991). 이는 때때로 남성과 여성이 이민의 과정을 다르게 인식하는 이유를 설명하는 데에도 도움이 된다. 남성들은 이주를 일시적인 것으로 인식하고 언젠가는 돌아갈 마음을 가지고 있는 반면, 여성들은 특히 이주를 통한 해방을 경험한 경우, 본국으로 돌아가는 것을 갈망하지 않을 가능성이 크다(Pessar 1999). 그렇다 할지라도, 개인 간 정도의 차이와 개인의 삶을 형성하는 구체적인 상황에 주목함으로써 이주와 젠더에 대한 광범위한 일반화를 경계해야 할 것이다. 예를 들어, 소말리아 무슬림 여성이 프랑스로 가는지 캐나다로 가는지에 따라 상당히 다른 경험을 할 수 있다(Bassel 2012).

주요 읽을 거리

Calavita, K. (2006) 'Gender, migration, and law: crossing borders and bridging disciplines', *International Migration Review*, 40: 104-32.

Grasmuck, S. and Pessar, P.R. (1991) *Between Two Islands: Dominican International Migration*. Berkeley, CA: University of California Press.

Hondagneu-Sotelo, P. and Cranford, C. (1999) 'Gender and migration', in J. Saltzman Chafetz (ed.), *Handbook of the Sociology of Gender*. New York: Kluwer, pp.105-26.

Kofman, E., Phyzacklea, A., Raguram, P. and Sales, R. (2000) *Gender and International Migration- in Europe. Employment, Welfare and Politics*. London: Routledge.

Pedraza, S. (1991) 'Women and migration: the social consequences of gender', *Annual Review of Sociology*, 17: 303-25.

21.
초청 노동자 · Guestworkers

> **정의** 일시적인 체류를 전제로 주로 공식적인 모집 프로그램을 통해 입국과 고용이 허가된 이주자를 말한다. 때로는 그러한 전제가 잘못된 것임이 밝혀지기도 한다.

노동 이주의 한 형태인 초청 노동자는, 일시적으로만 체류해야 한다는 엄격한 조건하에 수용국에 거주하며 노동에 종사하고 있는 사람을 말한다. 이러한 일시적인 체류 조건은 수용국에 의해 부여되는데, 처음에는 노동자들이 스스로 체류 조건을 잘 지키곤 한다. 그러나 한시적인 기간을 설정한다는 가정 자체가 현실에서는 불가능한 것임이 밝혀지는 경우가 적지 않으며, 이는 로즈메리 로저스(Rosemary Rogers)의 저서 '초청자들은 결국 머무르게 된다(*Guests Come to Stay*, 1985)'라는 제목이 상기하는 바와 같이 그 용어 자체가 잘못된 것이라고 간주되기도 한다. 많은 국가들의 경험을 통해, 우리는 초청 노동자의 이주가 매우 열악한 조건하에서 영구 정착으로 이어지는 이주의 한 형태가 되고 있음을 확인할 수 있다. 왜냐하면 이들 이주자의 영구 정착은 예정된 것이 아닐뿐더러 바람직하지도 않다는 생각이 주류사회에 널리 퍼져 있기 때문이다. 또한 일반적으로 그들이 처음 일할 때에는 정해진 고용주에 의해 채용되거나 특정한 직종에만 제한적으로 투입되는데, 이러한 환경에서 고용주들은 초청 노동자들에게 시장의 통상적인 임금 수준보다도 더 적은 돈을 지급하곤 한다(Amir 2002).

미국 초청 노동자의 역사를 살펴보면, 1800년대 후반 중국인과 일본인 계절 노동자를 활용했던 것에 그 뿌리를 두고 있다. 이후 제1차 세계대전이 끝날 무렵에는 브라세로(Bracero) 프로그램이 실시되면서 농장에 고용된 멕시코인들이 공식적인 초청 노동자가 되었다(Martin 2009). 이러한 추세는 제2차 세계대전 중에도 이어졌고, 1942년부터 1964년까지 브라세로 프로그램이 널리 알려지면서 초청 노동자의 유입은 더욱 확대되었다(Craig 1971). 이를 통해 미국의 농장에 고용될 450만 명 이상의 멕시코인 노동자들이 유입되었고, 이는 멕시코에서 유입되는 다양한 형태의 이주의 근간이 되었다(Massey et al. 1987). 최근 수십 년간 제정되고 개정된 일련의 관련 법안들은 새로운 초청 노동자 프로그램을 만들어 냈는데, 이후 노동자들은 '초청자(guest)'라는 명시적 신분으로 유입되어 컴퓨터 프로그래밍과 같은 고급 기술직을 포함한(Espenshade 2001) 다양한 경제

부문에 종사하고 있다(Griffith 2006). 이들 전문직 노동자들 중 상당수는 그들의 '초청자' 신분을 영주권으로 전환하기가 상대적으로 용이하다.

한편, 유럽에서 일시적 체류의 엄격한 조건으로 외국인 노동력을 활용하기 시작한 것은 1800년대 후반으로 거슬러 올라간다. 초창기인 이 당시의 노동 이주의 흐름은 정부의 체계적인 정책으로 시작된 것이 아니라 고용주들에 의해 촉발된 것이다. 이후 많은 노동자들은 추방되었고, 나치 독일의 경우를 제외하면 제1, 2차 세계대전 사이에 모집된 외국인 노동자는 소규모에 불과했다(Hahamovitch 2003; Castles and Kosack 1985). 대부분의 서부 유럽 국가들은 제2차 세계대전 이후에 서서히 초청 노동자들을 활용하였는데, 그중 몇몇 국가들은 제2차 세계대전이 끝나자마자 바로 초청 노동자들을 활용하기 시작했다. 당시 영국 정부는 유럽 자원(自願) 노동자 제도(European Voluntary Workers scheme)를 통해 폴란드와 이탈리아의 노동자들을 모집했으나, 이후 다른 방법을 통해 이루어진 유입 이민의 대부분은 남부 아시아 및 영연방 이외의 지역에서 이루어졌다(Kay and Miles 1992). 프랑스와 네덜란드 역시 다른 유럽 국가들로부터 노동자를 모집했을 뿐만 아니라 과거 식민지에서 유입 이민을 받아들였다. (통일 이전의) 서독은 1950년대 후반부터 초청 노동자를 본격적으로 활용하였는데, 특히 자동차 제조업과 같은 특정 분야에서의 노동력 부족을 해소하기 위해 터키와 이탈리아 출신 노동자들을 대거 들여왔다(Herbert 1990). 미국에서의 경우와 마찬가지로, 공식적인 초청 노동자 모집 프로그램은 대부분 다른 방식의 이주 노동자 유입과 함께 작동되는데, 가령 비정규(불법) 고용을 위해 관광 비자를 활용하여 입국하는 이주 노동자가 이에 포함된다(Castles et al. 1984).

1973년 제1차 OPEC 석유 위기가 발생하면서, 초청 노동자 이주의 장점이라고 여겼던 것들이 잘못된 전제 조건에 기반하고 있었다는 인식이 유럽 전역에 널리 퍼졌다(Miller and Martin 1982). '순환' 원칙에 따라 처음에 초청 노동자들에게는 한정된 기간의 비자가 주어졌는데, 이는 그들이 정착하기 전에 집으로 돌려보내고, 이어서 새로운 대체 인력을 초청하는 것을 가장 핵심적인 내용으로 삼았기 때문이다. 그러나 일부 이주자들은 예상보다 훨씬 빨리 뿌리를 내렸고, 고용주의 입장에서도 이미 업무에 숙달된 노동자들을 굳이 새로운 노동자로 대체할 이유가 없었다. 그 결과 정부는 이들을 쫓아내는 것이 애당초 생각했던 것보다 어렵고 비용이 많이 드는 일이라는 것을 깨닫게 되었다.

석유 위기 이후 경기 불황으로 인해 대부분의 부유한 국가들은 더 이상 초청 노동자를 모집하지 않았다. 많은 사람들이 떠난 후에도 여전히 남아 있던 상당수의 노동자들은 결국 영주권을 획득하여 영구적인 이민자가 되었다(Rogers 1985). 어떤 사람은 획득한 영주권을 가지고 가족 재결합의 권리를 행사하였는데, 이는 보편적으로 인정된 분명한 권리이다. 초청 노동자의 대부분이 남성이었으므로 일반적으로 이들의 가족 재결합은 아내와 아이들을 데려오는 것을 의미했고, 어떤 경우에는 중매결혼 이주로 이어지기도 했다.

그러나 서두에 언급한 바와 같이 이 '새로운' 영구 이민자들은 처음부터 그러한 계획을 가지고 정착지로 이주해 온 것은 아니었고, 일부 국가에서는 이들에게 영주권을 부여하는 과정을 아주 천천히 진행했기 때문에 아직도 해결되지 않은 경우도 있다. 특히 '민족적 국가주의(ethno-nationalist)'를 지향하는 국가들에서는 오랫동안 가족 계승을 통해 시민권이 부여되는 **혈통주의(a jus sanguinis)** 모델을 유지해 왔는데, 그 대표적인 국가인 독일의 경우 다른 곳에서 온 사람이 독일인이 된다는 것을 쉽게 용납하지 않았다. 독일의 귀화 조건은 몹시 까다로웠다. 독일에서 살고 있는 이민 2세대, 3세대 사람들은 모국어로 독일어를 사용하고 있고, 심지어 부모의 고향인 소위 '본국'에는 전혀 가 본 적도 없는 데도 불구하고 독일 시민권에서 배제되었다. 결국 초청 노동자 이주 제도는 정착국 내에서 하위 민족을 배제하기 위한 도구적 장치였던 것이다(Martin and Miller 1980). 즉, 정착국의 주류 집단은 자신들의 국가가 단일민족국가라고 상상하고 있으며, 이주 노동자를 영구 이민자로 받아들이는 것은 그러한 상상을 깨뜨리는 위험한 시도인 것이다.

만약 이주자들이 여러 권리를 행사할 수 있고 강한 지역 소속감을 지니게 되는 영구 거주자로 전환하게 된다면, 일반적으로 그들은 이주 초기에 구직할 때와는 달라진 상황 속에서 다른 입장을 갖고 경제활동에 종사하게 된다. 지역의 다른 주류 집단 노동자들과 마찬가지로 지위가 낮은 일을 꺼리게 될 것이고, 보다 안정적인 고용을 원하게 되는데(Piore 1979), 그렇게 되면 애당초 고용주와 정책 입안자들이 초청 노동자를 받으려고 했던 이유인 노동력 부족 문제가 다시 발생하게 된다. 그런 점에 착안하여 마틴과 밀러(Martin and Miller 1980)는 초청 노동자에 대한 의존성이 결국 계속해서 초청 노동자를 받아들여야 하는 자기 지속성을 갖게 되었다고 주장한 바 있다('누적적 인과론'을 참고할 것).

1980년대에 초청 노동자라는 아이디어 자체는 '폐기되어야 할 것'으로 거론되었지만, 그럼에도 불구하고(Castles 1986) 이 아이디어는 여전히 부유한 국가의 정책 입안자들의 주목을 받고 있다(Castles 2006; Martin 2009). 일부 정치가들은 사람이 아니라 노동자를 들여오는 것이 가능할 것이라고 확신한다[Max Frisch(1967)의 유명하고 진부한 문구를 인용함]. 1990년대 중반 이스라엘은 유럽의 사례를 익히 알고 있었고, 그런 초청 노동자 제도가 이스라엘에서는 더 나쁜 결과를 초래할 수 있음을 우려하는 반대의 목소리가 크게 울려 퍼지고 있었다. 그럼에도 불구하고, 이스라엘은 최근 인구 대비 많은 수의 노동자들을 루마니아, 태국, 필리핀 등지에서 들여왔다(Bartram 2005). 1990년대 독일에서는 자체적인 초청 노동자 프로그램을 재개하였다(Martin 2004). 그리고 2013년 미국에서는 수많은 미등록 이주자들에 대한 문제를 해결하기 위해 일련의 조치들이 고안되었고, 그중 하나로 새로운 초청 노동자 프로그램을 계획하고 있다.

민주주의 원칙과 인권에 대한 확고한 신념이 부족한 국가에서는, 초청 노동자 프로그램의 운영에 있어 앞에서 기술한 역기능이 심하게 나타나지는 않았지만 다른 측면의 문제를 양산하였다. 싱가포르나 사우디아라비아 같은 국가에서는 기간의 제한이나 그 밖의 노동자들의 권리를 제한하는 규정을 더 강력하게 적용해 왔다. 리비아나 나이지리아 등의 국가 노동자들을 집단적으로 강제 추방해 버리기도 했다. 초청 노동자 제도의 딜레마는 특히 민주주의 국가가 심하게 겪고 있는 문제라고 볼 수도 있다. 하지만 쿠웨이트와 같은 곳에서 초청 노동자의 활용은 단지 경제적 현상이 아니라 사회·정치적인 측면을 내포하고 있다(Birks et al. 1986). 초청 노동자 제도와 관련하여 다른 주목할 만한 최근 경향은 초청 노동자 프로그램의 '여성화'인데, 이를 잘 보여 주는 사례가 '가정부 교역(Maid Trade)'이라고 불리는 현상이다(Chin 1998을 참고할 것).

지금까지 논의에서는 초청 노동자 이주의 부정적인 측면을 주로 조명해 보았는데, 일부 학자들은 이와 다른 견해를 보이기도 한다. 초청 노동자 이주가 좋은 것인지 아닌지는 이론적으로 적절하게 답할 수 없는 질문이나, 대신에 다른 가능한 대안들과 비교해 보는 깃은 가능할 것이다. 그 하나의 대안은 그야말로 '초청자'의 신분인 이들 노동자가 처음부터 상당히 자유롭게, 보다 우호적인 조건하에서 입국하도록 하는 것이다. 그러나 이 대안은 대부분의 정착국에서 정치적인 이유로 인해 실현 가능성이 희박하다. 또 다른 대안은 부유한 국가에서 초청 노동자임을 명확히 인정하는 대신 잠재적인 이주를 전혀 허락하지 않는 것이다.

이러한 대안을 주장하는 일부 학자들은 초청 노동자 이주만을 승인하고 영구 이민은 전혀 승인하지 않는 것이 초청 노동자들에게 가혹한 처사가 아니라고 본다. 오히려 이주자들이 갖게 되는 이익을 고려했을 때 차라리 이 편이 윤리적으로 더 낫다고 주장한다(Ruhs and Chang 2004). 초청 노동자들에게 정착 가능성을 제한하는 것과 적절한 수준의 소득을 제대로 보장하는 것을 비교해 보았을 때, 오히려 후자의 이익이 더 클 수 있기 때문에 이들은 초청 노동자라는 신분이 가지는 제한된 권리를 감수할지도 모른다.

참고 거주자; 노동 이주

주요 읽을 거리

Castles, S. (2006) 'Guestworkers in Europe: a resurrection?', *International Migration Review*, 40: 741-66.

Martin, P.L. (2009) *Importing Poverty? Immigration and the Changing Face of Rural America*. New Haven, CT: Yale University Press.

Piore, M.J. (1979) *Birds of Passage: Migrant Labor and Industrial Societies.* Cambridge: Cambridge University Press.

22.
인신매매와 밀입국 · Human Trafficking and Smuggling

> **정의** 인신매매와 밀입국은 불법적인(하지만 수익을 가져다주는) 활동을 통해 이주를 알선해 주는 것을 말한다. 인신매매자는 이주자들을 강압적으로 대하거나 기만하기도 하며, 밀입국 알선자는 미등록(혹은 '불법') 이주자들이 국경을 넘을 수 있도록 도와준다.

인신매매와 밀입국 개념은 타인의 이주를 돕거나 강제함으로써 이익을 얻는 개인 또는 단체의 활동을 포함한다. 이 두 개념은 밀접하게 연관되어 있지만, 중요한 차이점이 있다. 이 장에서 두 개념을 함께 다루는 것은 그 차이를 분석하기 위함이며, 이를 통해 지금까지의 연구에서 간혹 드러났던 혼돈을 극복하고자 한다.

'인신매매'는 이주자들이 인신매매자들에 의해 일종의 물건처럼 취급된다는 의미를 갖는다. 전통적인 의미에서 인신매매는 아무것도 모르는 여성과 소녀들을 강제로 납치하여 매춘하도록 강요하는 것과 관련된다. 인신매매자들은 이들에게 여종업원이나 모델 일을 약속하며 꾀어내지만, 도착하자마자 이들은 강제로 매춘에 동원되고, 폭력을 동반한 협박이나 이주 과정에서 발생한 '빚'을 갚으라는 요구에 내몰리기도 한다. 해외 입양과 관련된 인신매매의 경우에도 이주자들은 노예 취급을 받으며 일하거나 심각한 착취를 당한다(Scarpa 2008).

반면, '밀입국'은 이주자들이 정착국에 불법적으로 입국하도록 돕는 사람들의 활동을 말한다. 밀입국의 전형적인 사례에는 '코요테(coyote)*'와 같이 이주자들['포요(pollos)', 닭]을 이끌고 국경을 따라 사막을 지나 애리조나의 변경지역으로 안내하는 사람들의 활동, 혹은 초만원의 소형 보트를 타고 지중해를 건너 스페인이나 이탈리아로 이주자들을 나르는 사람들의 활동 등이 있다. 인신매매와의 중요한 차이점은 이주자들이 밀입국 알선자들에게 빚을 진 채로 안내를 받는 것이 아니라, 이주에 소요되는 비용을 미리 지불한 후 이주가 끝나고 나면 더 이상 그들과 접촉하지 않는다는 점이다(Lee 2007).

형제들에 의해 이집트에 노예로 팔려간 성경 속 요셉의 이야기처럼 인신매매는 아주 오래전부터 이루어졌지만, 최근에 들어서 정부나 국제이주기구(IOM)와 같은 비정부기구의 지대한 관심

---

* 역자주: 멕시코 국경 부근에서 밀입국을 알선하는 불법 브로커 조직을 일컫는다.

을 끌고 있다. 2000년에 국제연합(UN)에서는 초국가적 조직범죄방지협약(Convention Against Transnational Organized Crime)을 채택한 바 있다. 본 협약은 인간(특히 여성과 아동)에 대한 인신매매를 방지, 억제, 처벌하기 위한 의정서, 이주자의 밀입국 방지를 위한 의정서 등으로 구성되어 있는데, 이를 한꺼번에 묶어 흔히 '팔레르모 의정서(Palermo Protocols)'라고 부른다. 또한 유럽연합(EU)과 같은 다른 기구에서도 독자적인 방안을 마련한 바 있다. 이러한 협약들은 인신매매와 밀입국이 전 지구적으로 중요한 문제라는 인식이 자리 잡고 있음을 보여 준다.

그러나 인신매매와 밀입국이 얼마나 심각한 문제인지를 명확하게 판단하는 것은 쉬운 일이 아니다. 이는 문제시되는 활동이 불법적인 것이며, 관련된 사람들이 겉으로 드러나지 않고 배후에 숨겨져 있다는 점에서 비롯된다(DiNicola 2007). 그럼에도 불구하고 여러 기관들은 관련 통계를 제공하고 있어 그 심각성을 조금이나마 파악할 수 있는데, 가령 2007년 미국 사법부는 매년 평균 80만 명의 사람들이 인신매매를 당하고 있다고 발표하였다(Scarpa 2008을 참고할 것). 이러한 통계는 간혹 근거 없는 추정치에 불과한 경우도 있는데, 이런 문제점에도 불구하고 마치 전적으로 사실에 기반을 둔 것처럼 발표되기도 한다. 웡(Wong 2005)은 몇몇 기구들, 특히 국제이주기구(IOM)가 과장된 통계를 제공할 수도 있음을 주장한다. 왜냐하면 비영리 국제기구들의 특성상, 특정 현상의 심각성을 보여 주는 수치는 사람들의 관심을 불러일으킬 수 있으며, 그에 대한 대응이 필요하다는 점을 근거로 자신들의 활동과 예산을 정당화할 수 있기 때문이다. 개별 연구 논문이나 연구 보고서들은 자신 있게 연구결과를 내놓고 있지만, 문헌 자료들을 전체적으로 분석해 보았을 때 인신매매와 밀입국 관련 주제에 대한 근거 자료와 관련 지식은 여전히 많은 한계를 드러내고 있다(Dowling et al. 2007).

그런데 이 두 개의 개념은 경험적인 측면과 개념적인 측면 모두에서 명확하게 구분해 내는 것이 매우 어렵기 때문에 혼란을 더한다. 앞서 논의했던 개념적 차이가 상대적으로 간단하다고 생각할 수도 있지만, 이것은 기본적으로 해당 이주자가 믿을 만한 정보를 바탕으로 이주하는 것을 자유롭게 선택했느냐의 여부에 따라 달라진다. 만약 이민자들이 자유롭게 선택했다면, 특히 도착하자마자 '거래'가 완전히 끝났다면, 이 경우는 밀입국으로 분류하는 것이 적절하다. 그러나 이민자들이 알선자들의 거짓된 약속에 속아서 어떻게 발생했는지도 모르는 빚을 빌미로 강압적인 일을 해야만 했고 착취를 당했다면 그것은 인신매매라고 할 수 있다. 그렇지만 이러한 구분의 핵심 요소인 '착취', '자유로운 선택', '믿을 만한 정보'를 판별하는 것은 역시 쉽지 않은 일이다(O'Connell Davidson 2005; Plant 2012). 누군가가 인신매매나 밀입국과 관련된 특정 사건을 속임수와 관련이 있는 것으로 결론짓고자 한다면 그 정보는 대단히 신뢰할 만한 것이어야 한다. 하지만 사건 현장에서 실증적인 조사를 하는 것이 어렵기 때문에, 많은 경우에 있어서 인신매매인지 밀입국인지를 구분하는 것은 사실상 불가능하고, 따라서 인신매매를 당한 사람의 수를 추정하는 통계는 상당히 부정확할 수 있다.

물론 인신매매와 밀입국을 위와 같은 방식으로 구분하는 것에 모두가 동의하는 것은 아니다. 많은 이주자들이 결국은 마지막에 가서 매춘이나 '섹스 노동'에 종사하게 된다는 사실로 인해 페미니스트학자들과 다른 관점의 학자들 간의 논쟁이 더욱 확대되어 인신매매를 구성하고 있는 것이 무엇인지에 관한 논쟁으로 번져 갔다(Outshoorn 2005; Scarpa 2008). (매춘) 폐지론의 관점에서는 여성이 매춘에 종사할지 말지를 자유롭게 선택할 수 있다는 주장을 받아들일 수가 없다. 그러므로 이들은 처음부터 매춘부로 일할 작정으로 이주를 단행한 이주자의 경우도 인신매매의 희생자로 보는 것이다. 이러한 관점은 팔레르모 의정서가 강압의 한 형태로서 '취약성의 남용'을 포함하고 있다는 점에 따라 더욱 강화된다(Malpani 2009). 최소한 여성의 제한된 경제적 기회가 취약성의 한 부분을 구성하고 그 결과로 밀입국 알선자들이 여성들을 매춘에 참여시킴으로써 이득을 취한다면, 그 밀입국 알선자는 사실상 인신매매자라고 볼 수 있다는 것이다.

매춘에 대해 다른 견해를 가지고 있는 사람들은, 많은 '선주민(native)' 여성들과 마찬가지로 이주 여성들도 매춘이 자신이 할 수 있는 일 중 최선의 일이라고 결론 내리고 대단히 의도적으로 매춘을 선택한다고 주장한다(Agustín 2005). 이러한 관점에서 인신매매 담론은, 특히 그들을 '피해자'라고 지칭하는 주장은 여성을 수동적 객체로 묘사하며, 추방을 비롯하여 실제로 이주자들이 원하지 않는 '해결책'을 상정하고 실천에 옮기게 만든다(Parreñas 2011을 참고할 것). 아구스틴(Agustín)은 인신매매와 매춘을 반대하는 입장이 섹스 노동 **이주자(migrant)**가 직면한 구체적인 문제를 포착하지 못하고 있다고 강조한다. 그들의 주된 우려는 매춘 그 자체가 아니라, 이러한 이주자들이 매춘 알선업자, 채권자, 고객, 경찰 등에게 곤란을 겪을 수밖에 없는 상황, 즉 합법적이지 않은 지위와 관련이 있다(O'Connell Davidson 2006; Andrijasevic 2010; Dwyer et al. 2011을 참고할 것). 문제의 매춘부가 아이인 경우에는 문제의 본질과는 무관해 보이는 미세한 부분들까지 고려해야 할 수도 있다(Ebbi and Das 2008을 참고할 것). 오코넬 데이비드슨(O'Connell Davidson 2005)은 어린이들에게는 활동가나 정부가 가진 흑백의 도덕적 또는 법적 범주로 설명할 수 없는 경험의 차이가 있음을 주장하였다. 그 밖에도 인신매매는 동성애자나 트랜스젠더인 사람들과도 연관될 수 있으므로, 모든 섹스 노동자는 여성이고 이들은 이성애자인 남성에게 서비스를 제공한다는 가정에서 탈피해야 함을 주장하는 사람들도 있다(Mai 2012).

불법 이민에 대한 상이한 관점들과 이를 방지하기에 적절하다고 여겨지는 다양한 조치들을 함께 고려한다면, 인신매매 혹은 밀입국에 관한 논쟁은 보다 다채로운 양상으로 전개될 수 있다. 불법으로 밀입국한 사람들의 존재와 설사 합법적으로 입국했다고 하더라도 매춘과 같은 허가받지 않은 일에 종사하는 인신매매 피해자들의 존재는 정착국에 의해 최소한 '공식적으로' 바람직하지 않게 여겨진다. 인신매매 담론에서 보자면, **이주자들 스스로** 거기에 있는 것을 원하지 않는다고 쉽게 결론을 내릴 수 있으며, 따라서 그들의 추방은 쉽게 정당화될 수 있다.

국가 정부가 밀입국에 분명한 반대 입장에 서 있으면서 동시에 인신매매의 관점을 수용하여 이 문제의 여러 차원들을 강조하고자 하는 것은 어쩌면 당연한 일일 것이다. 앞서 논의한 바와 같이 이 용어들은 중립적이지 않으며, 상당히 정치적이기 때문이다. 인신매매에 초국가적 범죄 조직이 연루되는 것이 강조되는 경향(Truong 2003; Vermeulen et al. 2010을 참고할 것)은 (이주 관련) 법의 집행력을 강화하는 것을 정당화한다. 웡(Wong 2005)은 인신매매의 실제 규모는 보고서들이 제시하는 것보다 더 작다고 주장한다. 반대로 셸리(shelley 2007)는 마약 거래에 대한 지속적 단속 강화에 직면한 초국가적 범죄 조직들이 수익이 높고 상대적으로 위험성이 적은 인신매매로 눈을 돌리고 있다고 주장한다.

인신매매와 밀입국 논쟁에 대한 이러한 두 가지 영향력은 기존 정부의 대응에 대한 비판으로 수렴한다. 정부는 인신매매를 '희생자'라고 말하지만, 희생자인 그들을 돕는 것보다 불법 이주자인 그들을 추방하는 데에 더 관심이 있다. 팔레르모 의정서는 협약을 체결한 국가들이 피해자들의 인권을 회복하는 데 노력을 기울일 것을 촉구하고 있지만, 그 조항들은 강제력이 없고 명확하게 정의되어 있지도 않다. 그럼에도 불구하고 팔레르모 의정서를 채택한 몇몇 국가들은 피해자를 보호하는 조건으로, 국가가 인신매매자를 기소하고자 할 때 피해자의 협력을 요구한다(Malpani 2009를 참고할 것).

인신매매와 밀입국에 관한 연구 중에는, 위에서 주로 논의하였던 도덕적이고 현실적인 문제보다 경제적이고 사회적인 측면에 의도적으로 초점을 맞춘 연구도 있다. 예를 들어, 카일과 시라쿠사(Kyle and Siracusa 2005)는 밀입국을 '이주자 수출 계획(migrant-exporting schemes)'으로 묘사하며, 국제통화기금(IMF)의 '구조 조정' 프로그램이나 불공정 무역 체제와 같이 전 지구적 권력에 의해 결정되는 시장 및 사회 서비스의 노동력 수요에 부응하기 위해 조직된 사업이라고 보았다. 이러한 사업은 이주자를 수출하는 기원국에게는 외화 획득의 수단이 되고 있지만, 정착국의 입장에서 이는 완전히 불법적인 활동이다. 기원국 입장에서는 그러한 활동을 제한할 의도가 거의 없다고 볼 수 있다. 따라서 이를 통해 우리는 이주 문제가 주로 부유한 정착국의 학자와 정치인 그리고 유권자들에게 연구 대상과 관심거리가 되고 있지만, 빈곤한 기원국 사람들의 입장에서는 전혀 다르게 조명될 수 있다는 점을 상기할 필요가 있다.

참고 강제 이주; 미등록(불법) 이주

주요 읽을 거리

Andrijasevic, R. (2010) *Migration, Agency and Citizenship in Sex Trafficking*. Basingstoke: Palgrave.

O'Connell-Davidson, J. (2005) *Children in the Global Sex Trade*. Cambridge: Polity.

Scarpa, S. (2008) *Trafficking in Human Beings: Modern Slavery*. Oxford: Oxford University Press.

van Schendel, W. and Itty, A. (eds) (2001) *Illicit Flows and Criminal Things: States, Borders, and the Other Side of Globalization*. Bloomington, IN: Indiana University Press.

23.
통합 · Integration

> **정의** 이민자들이 사회적 성원권(social membership)을 얻고 정착국의 핵심 제도에 참여할 능력을 발전시키는 과정을 말한다.

일반적으로 통합이란 이민자들이 정착지에 도착한 후에 경험하는 변화를 의미한다. 최근에는 이 용어가 정착지에서뿐만 아니라 기원지에서의 변화를 지칭하는 것으로 그 의미가 확장되어 왔으며, 따라서 통합은 쌍방의 과정이라고 할 수 있다. '도착한 후'라는 표현은 이주에 대한 많은 연구들이 가지고 있는 이분법적 구분선을 잘 보여 준다. 즉, 많은 연구가 (정착지 도착 이전의) 이주 결정 요인에 주목하거나, 혹은 (도착 이후) 정착지 사회에서 이민자들의 경험에 주목한다. 캐슬스와 밀러(Castles and Miller 2009)는 이러한 구분이 인위적인 것이며, 전체적인 이주 프로세스와 맞물리는 개별 사례 연구가 이루어져야 한다고 주장한다. 이러한 주장은 설득력을 지니고 있으나, 이주 연구 분야를 이분법의 관점에서 인식하는 것이 덜 복잡하고 편하다는 사실 자체는 통합 개념이 대단히 광범위하며 이 책에서 다루는 많은 개념들과 뒤얽혀 있다는 점을 그대로 보여 준다(다문화주의, 시민권, 민족 엔클레이브를 참고할 것).

다른 이주 관련 개념들이 완전하지는 않더라도 대체로 합의된 의미를 지니는 것에 비해, '통합' 개념은 보편적으로 통용될 수 있는 의미의 합의가 별로 이루어지지 않은 상태이다. 실제로 이 용어는 확실하게 정의되지 않은 채 사용되거나, (서로 다른 사람들에 의해) 상호 모순적인 용어처럼 사용되는 경우도 있다. 최소한 이 용어는 통합과 동화를 어느 정도 중첩하고 있다. 블루므라드 외(Bloemraad et al. 2008)는 이 두 단어가 서로 대안적인 것이며[또 다른 대안적 용어는 편입(incorporation)이다], 서로 동등한 것으로 보아도 큰 문제가 없다고 보았다.

통합의 핵심적인 의미는 정착국의 이민자들이 지닌 사회적 성원권(social membership)이 확장되는 것과 관련 있다. 적어도 분석적인 의미를 놓고 보았을 때 통합과 동화는 구분이 가능한데, 특히 문화적 관점에서 통합은 이민자들이 선주민과 아주 유사해지지(동화하지) 않더라도 발생할 수 있다. 가령, 엔칭어(Entzinger 1990)는 이민자들이 문화적 동화라는 전제 조건 없이도 평등한 기회를 성취할 수 있다는 관점에서 통합 논의를 전개하고 있다(Brochmann 1996을 참고할 것).

이 관점은 선주민들이 이민자의 민족적 문화적 차이를 인정하고, 이를 바탕으로 이민자들이 소속감/성원권을 획득하는 '다문화 통합'이라는 개념을 촉발했다(Kymlicka and Norman 2000을 참고할 것). 그러나 일부 정착국에서는 그러한 다문화주의를 배척하면서, 이민자들로 하여금 정착지 국가의 '삶의 방식'에 필연적이라고 여겨지는 가치와 전통을 수용할 것을 요구(혹은 요구하려고 시도)한다. 그렇게 되면 위에서 이미 언급한 바와 같은 분석적 구분이 가능할지라도 특정한 상황에서 통합은 동화와 비슷해질 수 있다.

만약 통합이 '이민자가 지닌 사회적 성원권의 확장'이라고 한다면, 이와 관련된 여러 가지 측면과 지표들이 중요해진다(Ireland 2004를 참고할 것). 경제적 차원에서 통합은 이민자들이 적절한 자질과 능력을 발휘하여 직업을 얻고, 선주민과 동일한 노동시장에 참여함을 의미할 것이다(다만 어떤 이민자들의 경우 초기에 더 높거나 더 낮은 자격요건을 가지고 정착하게 될 것이기 때문에 종합적인 관점에서 임금 수준은 동일하지 않을 수 있다). 이와 유사하게 정치적 차원에서의 통합은, 선주민들과 동일한 수준의 정치 참여(투표, 선거운동 등)를 통해 그들과 유사한 정치 참여 패턴을 보이는 것을 의미한다(Wright and Bloemraad 2012를 참고할 것). 이는 단순히 차별이 없어졌다는 것을 뜻하지 않는다. 예를 들어 교육의 측면에서 통합이 미진하다면 그것은 선생님이나 다른 안내자가 행하는 차별로 인해 만들어지는 것이 아니라, 이민자 자녀나 그 부모의 선택의 결과에 따라 만들어지는 것이다. 즉, 이민자 자녀나 그 부모에게 교육적 기회가 제공되었지만 그 기회를 활용하는 방법을 배우지 못했던 것이다. 이러한 관점에서 통합은 기원국의 사회 제도와는 상당히 다르게 작동하는 정착국의 사회 제도를 잘 다루는 능력을 고취하는 것을 포함한다. 항상 그렇듯이 언어 능력은 통합에 있어 핵심적인 역량이다. 물론 두 개 이상의 언어를 주요 언어로 사용하는 정착국에서는 이 부분이 다소 애매하다고 볼 수 있지만 말이다(이처럼 두 개 이상의 언어가 사용되는 것도 과거 대규모 이민의 결과일 수도 있다). 시민권을 획득하는 것도 통합의 중요한 과정이다. 다양한 차원에서의 통합은 귀화의 전제 조건이지만(가령, 언어시험 등), 역으로 귀화 역시 통합의 한 메커니즘이 될 수 있다. 이는 공식적인 시민권에서 배제될 때 일반적으로 사회적 배제가 더욱 심화된다는 점을 통해 분명히 알 수 있다(Hansen 2003).

이민자들이 '통합되었다'는 것은 이민자로서의 신분이 드러나도 배제를 경험하지 않는 상황을 말한다. 통합의 어떤 측면은 주로 노동시장, 교육적 성취와 같은 간단한 지표를 통해서 쉽게 확인된다. 그런데 통합은 공통된 소속감 및 정체성의 발달과도 관련이 있다. 여기서 중요한 것은 이민자가 스스로를 외국인이 아니라고 느끼면서 마치 미국인, 영국인, 네덜란드인과 같은 의미를 가지게 되는지의 여부이며, 선주민들도 이민자들을 그러한 관점에서 받아들이고 있는지의 여부이다.

그러한 이슈는 이민자 통합에 관한 어떤 일반적인 가정이 꽤나 깊이 있는 수준에서 작동한다는 것을 보여 준다. 요프케와 모라브스카(2003)가 주장한 것처럼 통합에 관한 많은 논의의 핵심 전제는 이민자 스스로가 선주민과 잘 통합(화합, 연대)하여 높은 수준의 소속감을 향유하는 것이다. 이러한 틀에서 이민자의 정착은 항상 불안정한 상태에 놓여 있는데, 그들이 적절한 상태로 안정화되기 위해서는 특히 국가 정책과 중재를 통한 **통합이 이루어져야 한다**(Favell 2005를 참고할 것). 실제로 복잡한 현대사회에서는 기존 구성원들 간 다양한 층위의 차이, 분열, 갈등이 드러나곤 한다. 이민자들이 막 새로운 곳에 도착했을 때조차, 그들은 이미 다른(각각의) 지표상에서 다양한 수준의 통합을 경험한다. 예를 들어 어떤 사람들은 특정 유형의 선주민들과 다를 바 없는 높은 학력 수준을 공유하기도 하며, 또 어떤 사람들은 배제와 불이익을 경험하면서 다시 특정 유형의 선주민과 비슷해지기도 한다. 통합 논의에 있어 또 다른 핵심적인 전제는 이민자와 선주민 간에 '차이'가 이미 존재한다는 것인데, 이러한 전제는 모든 선주민들이 기본적으로 동일한 특성을 지니고 있다고 보는 비현실적인 사고를 기반으로 한다(Banton 2001을 참고할 것). 환상에 불과한 그러한 사고는 국가 정체성과 관련지었을 때 맞는 경우도 있지만, 사실상 선주민들에게조차 공통된 국가 정체성이라는 것은 존재하지 않는 경우가 대부분이며, 사회의 '구성물(content)'은 국가 정체성 수준을 뛰어넘어 다양하게 확장되며 때로는 이민자와 선주민이 별반 다르지 않은 차원들까지도 포함하게 된다. 그렇다면 우리는 이제 다음과 같은 의문을 갖게 된다. 통합은 공유된 국가 정체성을 발전시킨다는 관점에서 중요한가? '미국인', '영국인', '네덜란드인' 등이 되고 싶어 하지 않는 이민자들에게 통합을 강요하는 것은 과연 얼마나 정당한가?

이러한 의문이 제기되는 이유는 규범적으로 부과된 통합에 대한 기대, 특히 동화주의적 관점에서의 통합에 대한 기대가 주로 자민족중심주의에 뿌리를 두고 있기 때문이다. 부유한 정착국의 많은 선주민은 예로부터 이민자가 유입되는 것을 환영하지 않았고, 지금 현재는 이민자들이 '우리처럼' 되거나 '우리의' 전통이나 가치를 수용함으로써 결국 (고유한 특성을 잃고) '사라질' 수 있기를 바라고 있는 듯하다. 그런데 적어도 유럽에서는 많은 사람들이 정당한 것이라고 여기고 있는 통합이 과연 옳은 지향점인지에 대해 일련의 우려가 퍼져 있는 것 같다. 이러한 우려는 주로 (유럽 같은) 개방적 민주주의 사회에서 살고 있는 일부 무슬림의 상황에 초점을 맞추고 있다. 수많은 무슬림 이민자들은 폐쇄적인 국가로부터 유입되었고, 그중 일부는(2세대와 이후 세대를 포함하여) 정착지의 핵심적 자유주의 원리들과 충돌하는 이슬람 교리(version of Islam)를 고수하고 있다. 가령, 성 평등과 공공 생활에서 종교의 역할 등에 있어서 양쪽의 원리는 첨예한 대립을 이룬다. (우리는 '이슬람이 자유민주주의에 적합하지 않다'고 주장하는 것이 아니다. 선주민들이 다른 종교를, 이를테면 미국에서의 과격 기독교 종파를 신봉함으로써 야기되는 문제들에 대해서도 마찬가지로 우려의 시선을 갖고 있다.) 요프케(Joppke 2012)가 언급한 것처럼, 선주민과 이주민 간의 대립이 나타나면 어떤 모순과 딜레마가 시작된다. 도대체 어떻게 종교와 양심의 자유를 존중하면서 동시에 자유주의적 핵심 가치를 고수할 수 있단 말인가? 요프케의 주장에 따르면 합리적인 접근법의 가장 핵심적 부분은, 더욱더 급진적인 이슬람의 출현을 조장하는 사회-경제적 배제에 주목하는 것이다. 이 점은 미국과 같이 무슬림이 불이익을 덜 받고 덜 급진적인 곳에서는 그런 이슈를 다루는 것이 그리 어렵지 않다는 것에 주목함으로써 강조될 수 있다. 반면 유럽의 사례에서는 통합이 지닌 또 다른 핵심적 특징을 부각하는데, 이에 따르면 통합의 과정은 선형적인, 다시 말해 일방향적 과정이 아니다('동화' 개념을 다룬 장에서 '분리된 동화'와 관련된 내용을 참고할 것).

또 다른 주요한 이주 연구 주제는 국가 수준에서 시민권 '제도(regimes)'의 유형을 파악하거나 구성하고, 그런 제도가 이민자 통합에 어떤 결과를 가져왔는지를 분석하는 것이다. 잘 알려진 사례로는 브루베이커(Brubaker 1992a)의 연구가 있는데, 그는 프랑스와 독일의 상이한 패턴을 규명해 냈다. 이 연구에 따르면 프랑스는 '시민-영토적(civic-territorial)' 모델을 구현한 반면, 독일은 '민족-문화적(ethno-cultural)' 모델을 구현하였다. 캐슬스와 밀러(2009)는 이러한 분석 방식을 확장하여 보다 넓은 범위의 국가들을 다루면서, 미국과 캐나다 같은 국가에 더욱 지실한 다문화주의를 세 번째 모델로 분류하였다. 프리먼(Freeman 2004)은 여러 종류의 이러한 모델과 분류 유형들이 이민자 편입* 정책과 실천을 특징짓는 사회적 합의의 정도를 과장하고 있다고 주장한다 (Bertossi 2011을 참고할 것). 이민자의 통합에 영향을 끼치는 여러 정책과 실천들을 그러한 목적을 달성하기 위해 채택하는 것이 아니며, 특별히 이민자들에게만 적용하는 것도 아니다. 이런 점에 주목해 볼 때, 여러 정책과 실천들은 통합 제도를 위한 의식적인 요소라기보다는 거의 우연적인 것이다. 일례가 복지 혜택의 문제인데, 이민자를 포함하도록 자격 규정을 확대하는 것이 때로는 정책의 문제로서가 아니라 법리에 따르는 법정에 의해서 결정되며, 따라서 정책 입안자의 의도와 모순을 일으키기도 한다. 더군다나 일부 국가에서는 국가, 시장, 복지, 문화 등 다양한 영역에서 매우 일반적인 편입 과정을 구성하는 여러 요소들이 서로 모순되고 불일치하는 모습을 보이고 있다. 프리먼이 주장한 바와 같이, 기껏해야 우리는 [제도(regimes) 대신에] '일단의 유관 사건들 (syndromes)'을 구별해 낼 수 있을 뿐이다. 하지만 이에 대해 만들어진 분류마저도 어쩔 수 없이 논란의 대상이 된다. '국가 모델'에 대한 또 다른 비판적 논의를 전개한 요프케(Joppke 2007)는 자유민주주의 국가들의 통합 정책은 대체로 공통적인 방식으로 수렴되어 있다고 주장하였다.

이주 연구의 다른 주제들과 마찬가지로, 통합에 대한 연구는 대부분 부유한 정착국인 북미와 서유럽에 초점을 맞추고 있다. 선행 연구에 대한 논평에서도 개발도상국의 이주자 통합 문제에 대

---

* 프리먼은 '편입(incorporation)'이 통합과 동등하다는 이 문단의 전제를 인정하지 않을 수도 있다.

해서는 거의 논의하지 않고, 오직 몇 개의 연구만이 개발도상국으로 그 범위를 명확하게 한정하여 다루고 있을 뿐이다(이외 선진국을 다룬 연구결과는 '일반적'이라고 지칭하고 있다). 이와 관련하여 한 논문(Klugman and Medalho Pereira 2009)은 개발도상국의 통합 문제를 초보적인 수준에서 논의하면서 이곳의 이민자가 교육과 복지 혜택을 얼마나 누리는지 확인한 바 있다. 사디크(Sadiq 2009)는 인도 같은 국가에서 어떻게 이민자들이 관료체계의 취약점을 악용하여 정식 시민권(혹은 시민권을 입증하는 최소한의 문서)을 얻는지 밝혔다. 이처럼 일련의 국가 제도가 아직 미약하게 정립되어 있는 국가에서는 오히려 이민자 통합이 보다 쉽게 이루어지고 있다. 이와 견주어 볼 때, 부유한 선진국에서 통합 문제와 관련된 국가 제도를 정립하는 하나의 목표는 결국 이주자를 배제하고 경계를 유지하는 것이라고 볼 수 있다. 하지만 이에 관한 연구는 극히 드문 실정이고, 따라서 이 분야에서 확실한 주장은 아직 초보적인 단계에 머물러 있다.

일부 이주 연구자들은 통합 문제 연구의 전반적인 의제가 많은 결점이 있다고 여기며, 심지어 그중 몇몇은 이를 아예 폐기해야 한다고 주장하기도 한다. 전문가들이 지적한 대로(예를 들어 Favell 2005), 통합은 정치가들이 늘상 우려하는 문제이며, 관련 학술 연구는 그러한 우려와 관심에 응답하고 있는 것 같다. 가령, 어떤 연구는 정부의 지원을 받기 때문에 정부가 주목할 만한 관련 이슈들을 선제적으로 강조하곤 한다. 그런데 통합의 문제는 국민국가보다 상위 수준(즉, 초국가주의)에서, 그리고 국민국가보다 하위 수준(즉, 도시 내에서의 통합, Banton 2001) 모두에서 다루어질 수 있고, 또 다루어져야만 한다(Price and Benton-Short 2008을 참고할 것).

만약 이민자가 유입된 후 정착지와 이민자들 자신이 어떤 경험을 하는지를 설명하기 위해 광범위한 수준으로 통합의 개념을 활용하고자 한다면, 이민자들에 관한 대중적 담론과 공공 정책에서 분명하게 드러나는 여러 한계점을 극복하기 위해서 이 개념을 포기할 것이 아니라 적극적으로 이를 다시 조형해 보는 작업이 필요하다. 위에서 언급한 정착국 제도와 관련하여 통합이 제도적 역량의 계발을 필요로 하고 있는 한, 정부 중심적인 통합 문제 연구 의제에 대한 비판이 크게 확대되어 자유방임적 시민권 제도를 지향하는 주장으로 변질되는 것은 바람직하지 않다(Bloemraad 2006을 참고할 것). 달리 말하자면, 정부는 이주자의 통합에 있어 건설적인 역할을 수행할 경우가 많으며, 따라서 통합이 어떤 경우에는 이루어지고 다른 경우에는 이루어지지 않는지 그 과정과 이유를 밝히는 연구는 대단히 유용하다. 또한 파벨(Favell 1998)이 주장한 것처럼 통합은 보다 일반적인 의미를 지니고 있는데, 이는 홉스(Hobbes)가 제기한 '어떻게 복잡한 사회가 차이를 봉합하고 폭력 없이 갈등을 해결하는가'라는 사회 질서에 대한 근원적인 질문과도 연결된다. 그러한 질문은 모든 사회에서 지속적으로 제기하고 있는 걱정거리이며, 이민 현상은 사회적, 문화적 다양성을 높여 주면서 간혹 그러한 우려를 선명하게 드러나게 한다. 그런데 이것은 이민자가 정착지에

도착하는 것 그 자체로부터 나오는 문제이기도 하지만 일부 선주민들이 다양성을 싫어하는 것으로부터 가중된 문제이기도 하다는 점을 유념해야 한다.

참고 동화; 시민권; 사회적 결속

주요 읽을 거리

Bloemraad, I. (2006) *Becoming a Citiizen: Incorporating Immigrants and Refugees in the United States and Canada*. Berkeley, CA: University of California Press.

Freeman, G.P. (2004) 'Immigrant incorporation in Western democracies', *International Migration Review*, 38: 945-69.

Joppke, C. and Morawska, E. (2003) Integrating immigrants in liberal nation-states: policies and practices', in C. Joppke and E. Morawska (eds), *Toward Assimilation and Citizenship: Immigrants in Liberal Nation-states*. Basingstoke: Palgrave Macmillan, pp.1-36.

Portes, A. and Rumbaut, R. (1996) *Immigrant America: A Portrait*. Berkeley, CA: University of California Press.

24.
국내 이주 · Internal/Domestic Migration

정의 국내의 한 지역에서 다른 지역으로의 이주를 뜻한다. 많은 국가에서 국내 이주(도시 간 이주 등)는 매우 일반적인 현상인데 개발도상국에서는 흔히 농촌지역에서 도시지역으로 이주가 발생한다.

전 세계적으로 국내 이주는 국제 이주와 비교해 보았을 때 훨씬 더 큰 규모로 이루어지고 있다 (다만 국내 이주의 규모를 국제적 수준에서 파악한 추정치가 없기 때문에 반드시 그런지에 대해서는 논란이 있을 수 있다). 2000년에 국제이주기구(IOM)는 전 세계 인구의 3퍼센트에 해당하는 약 1억 7500만 명이 국제 이주자라고 보았고, 같은 시기에 중국과 인도에서는 약 4억 명(중국에서 1억 명, 인도에서 3억 명)의 국내 이주자가 발생하였다고 추정하였다. 이는 두 국가에서만 발생한 국내 이주자 수가 전 세계의 국제 이주자 수의 두 배 이상이라는 것을 의미한다(King and Skeldon 2010). 2001년 인도에서는 전체 인구의 30퍼센트에 달하는 사람이 국내 이주자였다. 아시아와 아프리카, 라틴아메리카 지역의 도시화 과정에서 인구 증가의 40퍼센트는 국내 이주가 차지한다(Skeldon 2006). 하지만 정책 입안자와 대중들은 여전히 국제 이주에만 관심을 보이고 있으며 국내 이주의 중요성을 인식하지 못하고 있다. 그러한 상황은 학계에서도 마찬가지이다. 이처럼 '이주를 국내와 국제의 두 가지로 분리하여 살펴보는 방식'은(Skeldon 2006) 일반적으로 국내 이주와 국제 이주가 서로 다른 개념과 방법에 의해 분석될 수 있는 다른 차원의 이주인 것처럼 간주될 수 있는데, 흔히 이 경우 우리는 국제 이주에 더욱 초점을 맞추고 있다. 그러한 경향은 (국내, 국제의 수식어를 빼) '이주'라는 용어가 보통 국제 이주를 지칭한다는 점, 그리고 '이주자'라는 용어는 오로지 국경을 가로지르는 개인을 지칭한다는 점 등을 비추어 보았을 때 더욱 분명해진다.

용어의 정의로만 보자면 국내 이주는 국경을 넘는 이주를 지칭하지는 않는다. 국내 이주자들은 국제 이주자와는 다르게 일반적으로 법적 조항에 제한받지 않고 이동한다. 국내 이주자들은 이주와 관련하여 관할권의 변화를 경험하지 않으며 시민권을 유지하면서 이에 대한 권리(투표할 권리, 일할 권리, 건강 관리에 대한 권리 등)를 보장받는다. 그뿐만 아니라 보통의 국내 이주자는 국제 이주자에 비해 문화적, 언어적 적응에 있어서 어려움을 덜 겪게 된다.

그럼에도 불구하고 국내 이주와 국제 이주가 아주 분명하게 서로 다른 것이라고 할 수 없으며,

경우에 따라서 이 두 가지의 이주는 상당한 관련성을 지닌다. 실제로 국내 이주도 국제 이주와 마찬가지로 법적으로 관리되고 통제받는 경우가 있다. 중국(Solinger 1999)과 베트남(Dang et al. 1997)의 경우 정부는 국내 인구이동을 통제하고 있으며, 농촌에서 도시로 이주하는 저숙련 근로자의 권리를 도시 출신자의 권리와는 다르게 여기며 차별한다. 그러므로 중국 내 시골에서 도시 지역으로 이동하는 이주자는 외국인 노동자와 마찬가지로 반드시 공식적인 도시 체류 허가를 취득해야 하고 노동 허가도 받아야만 한다. 이들은 또한 임시 거주를 허가받기 위해 일정액의 비용도 지불해야 한다(Solinger 1999). 국내 이주에 대한 이러한 규제는 1980년대 말까지 아파르트헤이트 체제의 남아프리카공화국과 알바니아에서도 시행되었다(King and Skeldon 2010). 한편 국내 이주자들의 경우도 상이한 문화, 언어로 인해 종종 차별을 받기도 하는데, 이러한 사례는 1950년대와 1960년대(Sonnino 1995)에 이탈리아 남부 농촌지역에서 북부 도시지역으로 이주한 국내 이주자들과 최근 중국의 국내 이주자들의 경우에서 찾아볼 수 있다(Solinger 1999).

한편 일부 국제 이주의 경우 여러 특징들이 국내 이주와 연관되어 나타나기도 한다. 가령, 국경 근처에 살고 있는 사람들의 경우 국내의 다른 지역으로 이주하는 것보다 국경을 넘어 이주하는 것이 더욱 쉽고 유리할 수 있다. 유럽연합 시민들의 경우도 특별한 어려움 없이 국경을 자유롭게 넘나들며 이주할 수 있다. 또한 국제 이주가 국내 이주로 전환되기도 하며, 그 반대의 경우가 발생할 수도 있다. 즉, 국경은 시간이 지남에 따라 변하기도 하는데, 특히 이러한 현상은 분쟁이 많은 지역에서 빈번하게 일어난다. 이에 다른 지역으로의 국내 이주가 갑작스럽게 국제 이주로 전환되는 경우가 있다(Adepoju 1998).

국내 이주는 장기적인 사회경제적 변화와 관련되기도 한다. 19세기 유럽의 산업화 시기 취업 기회의 증가는 급속한 도시로의 국내 이주를 촉진시켰다. 이러한 도시화의 과정은 농업 분야의 고용을 감소시켰고, 아울러 도시는 더욱 매력적인 삶의 장소로 인식되어 갔다. 이에 따라 국내 이주는 지속적으로 증가하게 되었다. 현대사회에서 국내 이주는 (국제 이주와 마찬가지로) 지역 간의 사회경제적 불평등 문제와 밀접하게 관련된다. 이러한 지역 간의 경제 불평등은 1950~1960년대에 대거 발생했던 이탈리아 남부지역에서 북부지역으로의 국내 이주를 설명하는 기본적인 요인이 되었다(Bonifazi and Heins 2000). 또한 국내 이주는 자체적으로 누적적 인과론의 역학을 창출할 수도 있다(누적적 인과론이라는 용어는 원래 국제 이주와 관련이 높다). 농촌과 도시 간 사회적 네트워크는 긴 시간에 걸쳐 지속가능한 이주 흐름을 형성하는데, 이러한 사회적 네트워크를 통해 잠재적 이주자는 이주를 용이하게 하는 사회적 자본을 제공받는다(하지만 일반적으로 국내 이주는 이런 자본이 상대적으로 덜 필요하다)(Davis et al. 2002).

국내 이주와 국제 이주는 경쟁적인 또는 상호 보완적인 전략이나 선택이 가능하다. 토머스

(Thomas 1954)에 따르면 이주자는 목적지에서 일할 기회가 있음을 알게 되었을 때 그곳으로 이주하게 되는데, 특히 외국에서 풍부한 일자리를 구할 수 있다면 국제 이주를 단행하게 된다(이는 반대의 경우도 마찬가지이다). 한편 국내 이주는 국제 이주를 위한 과정이 될 수 있다. 즉, 다른 나라로 이주하기 위한 자본과 경험 등 자원을 축적하기 위해 국내 이주가 국제 이주의 첫 단계가 될 수 있다(Cornelius 1992). 이러한 이주의 연속 과정은 몇 단계를 걸쳐 이루어지기도 한다. 이주자는 다른 나라로 이주하기 전 자국의 몇몇 도시들을 돌아다니기도 하고(Lozano Ascencio et al. 1999), 국경 근처의 지역으로 이주하여 지내다가 월경을 단행하는 경우도 빈번하게 발생하곤 한다(Cornelius and Martin 1993). 처음부터 다른 국가로 이주하려는 의도가 없었다 하더라도 이와 유사한 과정을 거쳐 국제 이주로 연결되기도 한다. 즉, 농촌에서 도시로 들어온 이주자들이 도시의 구조적 변화로 인해 실업자가 되는 경우가 발생하기도 하며, 이러한 경우 그들은 기원지인 고향으로 돌아가기를 꺼려 결국 새로운 일을 찾아 다른 나라로 이주를 하게 되는 것이다.

잘 알려져 있다시피, 젤린스키(Zelinsky 1971, 1983)의 '인구이동 변천(mobility transition)' 모델은 시간의 흐름에 따라 국내 이주가 국제 이주로 어떤 단계를 거쳐 진화하는지를 잘 설명해 준다. 각 단계별로 구분된 인구이동 가설에 따르면, 농촌에서 도시로의 이주는 '초기 변천사회'에서 주로 발견할 수 있다. 그리고 좀 더 진전된 사회에서는 도시 간·도시 내 이주가 증가하게 되는데, 특히 농촌–도시 간의 국내 이주는 점차 그 이주 주체가 개발도상국으로부터의 저숙련 이주자로 대체된다고 설명하고 있다. 많은 경험적 연구에 따르면, 선진국에서는 1970년대 이래로 국내 이주에 있어서 도시 내·도시 간 이주가 차지하는 비중이 점점 더 증가하고 있다. 따라서 2000년 미국 센서스 자료를 분석해 보면, 도시 거주자가 농촌, 교외 거주자들에 비해 평균적으로 더 높은 이동성을 보이고 있음을 알 수 있다(Schachter et al. 2003).

1970년대 중반 이후에 나타난 이러한 현상은 역으로 도시에서 교외, 농촌으로 이동하는 국내 이주의 증가와 결부되어 나타났다(Beale 1977; Halliday and Coombes 1995). 이와 같은 '역도시화*'는 주로 개발도상국에서 발생하며, 이는 중상위 계층이 거주 비용이 낮으면서도 도시에 비해 상대적으로 삶의 질이 높다고 판단되는 교외지역을 선택하면서 이루어진다. 또한 역도시화는 도시의 규모와 상관관계가 있는데, 도시의 크기가 클수록 도시와 농촌 간의 이주 흐름은 더욱 강하게 나타난다(Fielding 1982). 예를 들어 이탈리아의 북부 대도시는 1950~1960년대 주요 인구 밀집지역이 되었고, 1980년대에는 반대로 순유출이 가장 크게 발생하는 지역이 되었다(Bonifazi and Heins 2000). 미국에서는 역도시화가 선별적으로 일어나는데, 중상류층 백인들의 이주와 관련이

---

* 역자주: 도시화(urbanization)의 반대 개념으로 탈도시화라고도 부르며, 대도시지역에서 비도시지역으로 인구의 전출이 전입을 초과함으로써 대도시의 상주인구가 감소하는 것을 말한다.

깊다(Barcus 2004). 이는 프레이(Frey 1966: 760)가 설명한 '인구의 발칸화(demographic bal-kanization)', 즉 '인종과 민족, 계층, 연령에 따라 도시와 그 일대 넓은 지역에서 인종과 민족, 계층, 연령에 따라 차별화되어 나타나는 인구의 공간분화'로 이어질 수 있다.

참고 국경

주요 읽을 거리

Skeldon, R. (2006) 'Interlinkages between internal and international migration and development in the Asian region', *Population Space and Place*, 12(1): 15-30.

Solinger, D.J. (1999) 'Citizenship issues in China's internal migration: comparisons with Germany and Japan', *Political Science Quarterly*, 114(3): 455-78.

Zelinsky, W. (1971) 'The hypothesis of the mobility transition', *Geographical Review*, 61(2): 219-49.

25.
노동 이주 · Labour Migration

정의 주로 다른 국가의 고용 전망에 따라 발생한 이주를 말한다.

노동 이주는 다른 이주의 개념과 비교해 보았을 때 비교적 단순한 개념이라고 할 수 있다. 하지만 많은 일반인들은 단순한 논리를 바탕으로 국제 이주에 대한 오해에 빠져 있곤 한다. 즉, 이주자들은 대부분 외국에서(더 부유한 국가에서) 일함으로써 자신들의 경제적 상황을 개선해 보고자 하며, 바로 그러한 동기에 자극받아 이주를 단행한다는 것이다. 하지만 (그것만이 전부는 아니며) 우리는 **다양한** 방식과 동기에 의한 이주(가령, 가족 재결합, 난민, 은퇴자/라이프스타일 추구 이주 등)도 중요한 부분을 차지한다는 점을 인식할 필요가 있다. 어찌 되었건 노동 이주(이와 연관된 용어가 경제적 이주이다)는 가장 핵심적인 유형의 이주이며, 이 개념을 활용하여 묘사될 수 있는 이주의 흐름에서 대단히 복잡한 양상을 드러내고 있다.

전통적으로 노동 이주는 선진국의 저임금, 저숙련 직종에 선진국 출신의 사람들이 일하기를 꺼려 공백이 생기고, 가난한 국가 출신의 사람들이 이 공백을 채우기 위해 이동하는 현상이라고 이해되었다. 초청 노동자 프로그램은 이러한 노동 이주의 전형적인 예라고 할 수 있다. 그런데 때로는 노동 이주가 영구적인 이주가 되기도 하고(가령, 정착국의 정부나 고용주, 그리고 이주자 자신이 처음부터 그런 의도를 가지고 이주를 단행하는 경우가 그러하다), 동시에 노동 이주에 있어 초청 노동자 프로그램에 적용되는 체류에 대한 규제가 없음에도 불구하고 오히려 일시적으로 진행되기도 한다(이러한 경우 이주자들은 원래의 의도가 무엇이든지 간에 귀환을 선택하게 된다). 노동 이주자들은 정착국에 취업 비자로 들어올 수 있을 뿐만 아니라 미등록(불법)의 형태로도 입국이 가능하다(Marfleet and Blustein 2011).

마이클 피오레(Michael Piore 1979)의 노동 이주에 대한 분석은 이러한 이주 형태의 핵심적 동학을 잘 보여 주고 있는데, 여기에서 강조된 내용은 이주와 관련된 자격 조건이라고 할 수 있다. 즉, 일반적으로 사람들은 보수가 상대적으로 좋다고 하더라도 저급한 부류의 직종에 종사하는 것을 꺼리게 된다. 특히 사업의 특성상 고용의 수요가 불안정한 2차 노동시장*의 경우, 대부분의 종사자가 직업의 안정성을 추구하기에 그런 불안정한 일들을 꺼리게 되고, 따라서 기업들은 노동력 수급이 더욱 어려워진다. 그리고 이러한 상황 속에서 이주 노동자는 노동력 부족을 해결하는 데 매우 이상적인 존재로 부각된다(특히 정책 입안자들에게 있어 이주 노동자는 노동력 부족 문제의 해결책으로 여겨진다). 이주자들은 비록 본국에서는 자신들의 사회경제적 지위와 맞지 않아 부적절한 일자리로 여겼던 일이라 할지라도, 정착국에서는 높은 수준의 임금을 받을 수 있기 때문에 비슷한 저급 일자리라 하더라도 기꺼이 종사하고자 한다. 또한 이주 노동자들에게 있어 고용의 안정성 여부는 크게 문제가 되지 않으며 본국으로의 송금 및 귀국만이 가장 중요한 관심사가 된다. 한편 이주 노동자에 대한 이러한 인식과 선호는 시간에 따라 변화하기도 하며, 이로 인해 이주 노동자들이 돈을 모으는 데는 예상보다 더 시간이 걸리기도 한다. 그리고 이주 노동자도 점차 시간이 흐르면서 선주민 노동자와 유사해지기도 하는데, 다시 말해 선주민 노동자가 처음에 고용되었던 직종이 시간이 흘러 그들에게 그다지 적합하지 않은 직종으로 바뀌게 되듯이 이주 노동자도 유사한 과정을 거치기도 한다.

일반적으로 이주 노동자가 많이 종사하고 있다고 알려진 직종은 남성 노동력의 비중이 높게 나타나는 제조업 부문과 농업 부문이며, 이에 반해 여성 이주자는 주로 가족의 재결합을 위해 연쇄적으로 이주하게 된다고 알려져 있다. 하지만 최근 더욱 다양해져 가는 이주 흐름을 볼 때, 이러한 이미지는 부정확한 것이라고 할 수 있다. 이제 여성은 주요 이주 주체가 되고 있으며, 보다 다양한 범위의 산업 및 직종에서 이주 노동자로서 종사하고 있고, 특히 (집을 청소하거나 어린아이 혹은 노인을 돌보는 일과 같은) 가사노동 분야에서도 그 수가 지속적으로 증가하고 있다. 이런 이주 흐름의 전형적인 예로는 홍콩과 사우디아라비아에서 가사 노동자로 일하고 있는 필리핀과 인도네시아 여성들과, 미국에서 다양한 직종에서 일하고 있는 필리핀, 멕시코의 여성들을 들 수 있다(Constable 2007; Hochschild 2003; Parreñas 2001을 참고할 것). 한편, 섹스 노동자의 이주도 노동 이주의 한 예로 여겨지는 경우가 있는데, 이는 전통적인 노동 개념에서 벗어난 입장을 반영한다. 또한 노동 이주는 반드시 빈곤한 국가에서 부유한 국가를 향해 일방향적으로 진행되는 것은 아니며, 가난한 국가들 사이에 진행되는 이주가 점점 더 증가하고 있다(Ratha and Show 2007). 이주와 관련된 관습적인 이해로부터 벗어나게 해 주는 또 하나의 경우가 있는데, 그것은 기술 관련 전문직의 고숙련 노동자의 이주도 최근 크게 증가하고 있다는 점이다(Espenshade 2001).

노동 이주 유입국의 정책 입안자들은 자국의 저숙련 또는 저학력 계층의 실업률(그리고 복지 의존도) 증가를 우려하여 외국으로부터의 저숙련 이주 노동자의 유입을 조절한다. 아울러 고숙련 노

---

* 역자주: 노동시장 이중구조론에 따르면 노동시장은 고임금, 고용안정, 양호한 근무환경을 보장하는 1차 노동시장과 저임금, 고용불안, 나쁜 근무환경을 특징으로 하는 2차 노동시장으로 구분된다고 보았다(Doeringer and Piore 1971).

동력 부문의 경우, 자국의 수요에 맞추어 연관된 직종에 적합한 노동력을 유치하기 위해 적극적인 정책(예를 들면, 쿼터제와 같은)을 펼치고 있다(Martin et al. 2006; Menz and Caviedes 2010). 하지만 이와 같은 정책적 노력에도 불구하고 실제로는 미국을 포함한 많은 국가들이 저숙련 이주 노동자의 증가 및 미등록 이주 노동자의 증가로 인해 고충을 겪고 있는 것이 사실이다.

이와 같은 사실은 이주 연구에서 다음과 같은 의문을 제기한다. 과연 어떠한 종류의 자료가 노동 이주를 파악하는 데 실질적인 도움을 줄 수 있을 것인가. 이러한 의문은 물론 미등록 이주 노동자에 대한 파악이 어렵다는 사실 이외에도 노동 이주 그 자체의 개념적 정의가 쉽지 않다는 사실과 연관된다(Salt et al. 2005). 즉, 개인(이주자)은 이주 유형 분류에서 2개 이상의 유형에 동시에 해당될 수 있기 때문이다. 예를 들어, (급격한 증가를 보인) 유학생의 경우 파트타임의 단시간 노동을 하며 생활을 유지하는 경우가 많은데(유학생 거주 비자가 종종 노동 허가를 포함하고 있기도 하지만) 이는 곧 노동 이주의 증가를 의미하기도 한다. 또한 학생증을 오로지 국경을 넘는 데 활용하는 유학생이 증가하고 있는데 그렇게라도 하지 않으면 국경을 넘을 수가 없기 때문이다. 이러한 경우 학교 기관은 유학생들의 학생증 발급을 위한 기관에 지나지 않으며, 이렇게 이주한 많은 수의 학생들은 노동을 하며 시간을 보내고 있다(Liu-Farrer 2011). 이와 유사한 경우가 다른 이주자들에게도 발생하는데, 가족의 재결합을 위해 단행한 이주가 노동 이주로 이어지거나, 난민 또는 난민 신청자가 노동 이주자로 전환되는 경우가 이에 속한다고 볼 수 있다. 그러므로 우리는 이주자들의 체류 자격, 비자의 종류 등과는 별도로 다양한 경우를 고려하여 노동 이주와 관련된 자료들을 다루어야만 할 것이다.

이상에서 살펴보았듯이 노동 이주가 오직 경제적 요인에 의해 발생한다고 이해하는 것은 한계를 지닌다. 사실 노동 이주가 임금 상승을 위해 개인이 선택한 행위라고 이해되는 경우가 많다. 하지만 최근에 활발하게 논의되고 있는 노동 이주의 신경제학(new economics of labour migration) 관점에서 살펴본다면, 노동 이주를 둘러싼 좀 더 현실적인 특성들을 제대로 이해할 수 있다(Stark and Bloom 1985; Stark 1991). 요컨대 노동 이주는 개인에 의해서 선택된 행위가 아닌 가구 단위에서 행해지는 위험 분산을 위한 한 가지 방편이라고 해석된다. 즉, 빈곤한 국가들에서는 종종 국내의 일자리가 대부분 매우 불안정한 경우가 많으며, 이러한 경우 가족의 안위 확보를 목표로 가족 중 한 사람이 안정된 수입을 위해 외국으로 이주하게 된다. 극심한 장마 또는 흉작으로 인해 가족의 생계가 위협받을 경우, 해외로부터의 송금은 가족의 생계를 유지하는 데 중요한 수단이 된다. 또한 빈곤 국가에서는 은행에서 대출하는 것이 매우 어렵기 때문에 송금이 그 해결책이 되기도 한다. 이상의 상황에서 볼 때 노동 이주는 단순히 개인의 임금 상승을 위한 선택이라고 보기는 어렵다. 다시 말해, 많은 사람들은 단지 그들의 탐욕과 포부를 달성하기 위해 이주하는 것이 아니라 어떤 절박한 필요에 의해 이주하는 것이다.

　노동 이주에 관한 개인주의적인 가정들은 수정될 필요가 있다는 견해에 대해서도 주목해 보자. 개인이나 가족 단위의 노동 이주는 다양한 층위(예를 들어 지역적, 국가적, 세계적)에서 작동하고 있는 구조들에 착근되어 있다. 노동 이주가 한 개인이 원한다고 해서 자기 마음대로 실행할 수 있는 것이 아니라는 점은 너무도 명백하다. 정부의 이주 제한 정책들로 인해 그러한 선택은 쉽게 좌절될 수 있다. 하지만 또 다른 구조는 이주를 조장하거나 심지어는 적극 추동하기도 한다. 세계 시스템의 관점에서 살펴본다면(Sassen 1988을 참고할 것), 주변 지역의 세계 경제로의 편입은 종종 개인의 생존 전략을 방해할 수도 있으며, 반대로 특정 국가와의 연결성을 높여 주는 '다리'를 놓아 주기도 한다. 또한 상이한 상황에 처해 있는 이주자들은 목적국에서 다양한 위치에 놓이게 되는데, 다시 말해 어떤 이주자들은(예를 들어, 프랑스에 살면서 매일 국경을 넘어 스위스의 제네바 또는 바젤로 통근하는 경우) 현지 노동자와 크게 다를 바 없는 경험을 하지만, 다른 이주자들은 현대 자본주의 사회의 논리와는 상반된 과거 시대의 상황을 마주하게 되는 경우도 있다. 로빈 코헨(Robin Cohen 1987)은 노동 이주에 대한 현재의 분석들은 기본적으로 자본주의 경제의 구도 내에서 이루어지고 있는데, 이는 과거의 마르크스주의적 이해와는 상충된다는 점을 지적한 바 있다. 다시 말해, 대다수의 '선진'국에서 실행되고 있는 자본주의는, '자유로운' 노동보다는 주로 이주자들에 의해 공급되는 상당수의 자유롭지 않은 노동을 필요로 하며, 이는 시장 이론과는 맞지 않다고 지적하였다. 노동 이주는 이주자들이 자유롭게 선택한 단순한 결과는 아니라는 것이다.

　국제 이주 문제와 관련하여 일반적으로 사람들이 관심을 가지는 것은 아무래도 유입국 입장에서 노동 이주가 의미하는 바일 것이다(Castles 2010을 참고할 것). 하지만 노동 이주는 이주자 송출국 또는 이주자 기원국에 더욱 큰 영향을 미칠 것으로 보이는데, 특히 숙련 노동력의 유출은 두뇌 유출이라는 측면에서 우려의 목소리가 높다. 가령, 의료 산업 관련 분야에서 일부 국가들은 교육적 투자를 통해 자국 시민들을 그 분야의 전문가로 육성하고자 노력하지만, 원하는 만큼의 좋은 결과로 이어지지 않고 있음을 발견하게 된다. 그러한 교육적 투자의 혜택은 결국 이주자 자신에게, 그리고 더 나아가 그들이 이주해 간 부유한 국가에게 돌아가게 되는데, 왜냐하면 기원국에서 높은 비용 투자를 통해 훈련된 고숙련 노동자들이 더욱 많은 보수를 받을 수 있는 다른 부유한 국가들로 빠져 나가기 때문이다. 마틴 외(Martin et al. 2006)의 연구는 이들 해외 고숙련 노동자들에게 기원국의 세금을 부과하는 것으로 이러한 손해를 보상받는 방안을 제시하기도 하였다. 한편, 노동 이주는(숙련 노동력이든 저숙련 노동력이든 상관없이) 송금과 귀환 이주를 통해 기원국의 미래 개발 가능성을 높여 줄 수 있는데, 그 지역적인 차이는 매우 크게 나타나고 있다(Verduzco and Unge 1998). 더욱이 송출국과 목적국 사이의 분명한 구분은 더 이상 불가능해졌는데, 왜냐하면 많은 국가들이 이제 양쪽 범주에 모두 속하는, 다시 말해 송출국이면서 동시에 목적국으로서의 특징을 동시에 지니게 되었기 때문이다(Thailand, on which Martin et al. 2006을 참고할 것).

참고 초청 노동자; 두뇌 유출/유입/순환

주요 읽을 거리

Martin, P.L., Abella, M.I. and Kuptsch, C. (2006) *Managing Labor Migration in the Twenty-first Century.* New Haven, CT: Yale University Press.

Parreñas, R.S. (2001) *Servants of Globalization: Women, Migration, and Domestic Work.* Stanford, CA: Stanford University Press.

Piore, M.J. (1979) *Birds of Passage: Migrant Labor and Industrial Societies.* Cambridge: Cambridge University Press.

Sassen, S. (1988) *The Mobility of Labor and Capital: A Study in International Investment and Labor Flow.* Cambridge: Cambridge University Press.

Stark, O. (1991) *The Migration of Labor.* Oxford: Basil Blackwell.

26.
이주자 네트워크 • Migrant Networks

> **정의** 사회 네트워크는 다양한 사회 연결망으로 구성된 사회적 관계성이라고 할 수 있다. 이주자 네트워크는 이주자의 다양한 경험에 따라 형성된 사회 연결망으로, 국가의 경계를 넘어 형성·유지되는 특성이 있다.

모든 사람은 사회 네트워크를 가지고 있다. 우리는 모두 가족, 친구, 이웃, 공동체, 학교, 교사, 동료, 근로자, 종교집단, 그리고 관료, 정부와 관계를 맺고 있다. 이주자도 마찬가지로 다양한 관계를 맺고 있다. 하지만 이주자들의 네트워크는 선주민들의 네트워크와는 사뭇 다를 수 있으며, 이로 인해 이주자들의 삶은 다른 방식으로 전개될 수 있다.

사회 네트워크는 '결점/교점(node)'이라 불리는 개인 또는 단체들로 구성되어 있으며, 다양한 친구, 공통의 관심사, 가치관, 경제적 관계, 영향력 등을 바탕으로 한 다양한 종류의 관계들로 엮여 있다. 한 개인은 친인척, 이웃, 공동체, 학우, 동료, 고용주 등은 물론이고 종교기관, 정치조직, 교육기관, 정부기관 등과 연결되어 있는 하나의 교점(node)으로서 자기 자신을 생각할 수 있다. 이와 관련하여 사회 네트워크는 이러한 결점/교점과 관계들로 인해 만들어진 사회적 구조라고 할 수 있다. 각 개인은 다양한 종류의 관계들로 구성된 사회구조의 일원이라는 점에서 사회 네트워크를 지니고 있다. 가족, 공동체, 사회조직, 도시, 국가 등과 같은 다양한 스케일의 기관들도 사회 네트워크를 구성하고 있는데, 그런 사회 네트워크 내에서 사람들은 공통의 관심사, 경제적 활동, 상호 간 영향력, 적대감 등등으로 연결되어 있다. 네트워크는 폐쇄된 가시적인 경계를 갖고 있지 않으며, 따라서 집단 혹은 공동체에 따라 상이한 모습을 보인다. 원천적으로 네트워크는 다른 사회적 형성물과는 달리 다양한 집단과 공동체를 아우를 수 있는 열려 있는 관계들의 구성체(configurations)이다.

더글러스 매시와 동료들(Massey et al. 1998) 같은 이주 연구가들은 이주자 네트워크를 기원지와 목적지에 위치하고 있는 친척, 친구, 공동체 구성원들을 이어 주는 인간 대 인간의 연결이라고 정의하였다. 또한 몇몇 이주 연구가들은 이주자들에게 다른 종류의 사회적 연결 관계도 존재한다는 점을 밝혀 주었다. 가령, 많은 이주자들은 자신들의 이주와 일자리 획득, 그리고 새로운 사회에의 적응을 다른 방식으로 지원해 주는 여러 단체와 기관들에 조직적으로 연결되어 있다(Poros

2011; Portes 1995). 이러한 단체는 대학, 동창회, 디아스포라 단체, 난민 공동체, 정부 대행 기관, 비정부기구, 개인 고용업체, 기업, 종교단체, 문화기관 등 다양한 것들이 존재한다. 이러한 연계들 중 어떤 것들은 보다 복잡한 관계를 반영하고 있는데, 예컨대 초국적 기업의 경우에도 간혹 가족 경영 기업에서와 마찬가지로 개인 대 개인의 관계와 조직적 차원의 관계가 결합되어 나타나기도 한다(Ong 1999; Poros 2011). 이러한 개인 대 개인의 관계와 조직적 차원의 관계는 이주 연구가들이 이주자 네트워크를 기술하는 데 있어서 가장 일반적으로 다루고 있는 방법이다. 그러나 이주자 네트워크에 대한 연구는 여전히 한계를 극복하지 못하고 있는데, 특히 네트워크가 이주자들의 다양한 삶의 측면들에 얼마나 깊게 영향을 미치고 있는지에 대한 연구는 제한적으로 이루어졌다. 예를 들어 특정 목적지로의 이주, 일자리와 주택의 모색, 자영업의 시작, 모국 발전에의 기여, 의료 지원 획득 등과 관련하여 네트워크가 어떻게 작동하는지에 대한 구체적인 연구가 부족한 실정이다.

이주자들 개개인은 네트워크의 교점으로서, 여러 가지 면에 있어서 선주민들이 지니고 있는 것과 마찬가지의 연계관계를 지니고 있다. 즉, 동족이건 선주민이건 외래인이건 상관없이 여러 조직들과 다른 개인들에 연계되어 있는 것이다. 그런데 이주자들이 지니고 있는 여러 종류의 연계들은 국경을 넘어 이동하고, 일자리를 찾고, 새로운 도시와 마을에 정착하고, 새로운 정착지에서 일상생활의 자원들을 획득해 가는 등 일련의 이주 과정들을 겪으면서 (선주민들과는 달리) 이주자들만이 갖게 되는 여러 가지의 제한적 조건들을 수용하게 된다. 그러므로 이주자 네트워크는 선주민 네트워크와는 매우 다른 양상으로 전개될 수 있으며, 특히 한 개인의 이주 과정, 이주 이전 기원지와 목적지에서 형성되어 있던 연계, 기원지와 목적지에서의 체류 기간 등에 따라 크게 달라질 수 있다.

이주자들의 사회 네트워크에서 가장 특징적인 점은 국경 너머 다양한 국가에 걸쳐서 그 연계가 형성되어 있다는 사실이다. 이러한 이주자들의 관계와 네트워크는 잠재적 이주자들에게 새로운 지역에서의 일과 거주의 기회를 높여 주는 역할을 하면서, 또 다른 이주를 가능하게 한다. 따라서 이주자들은 선주민들에 비해 훨씬 제한적으로 특정 기관들과의 관계를 맺게 된다고 볼 수도 있다. 이주자들 중 특히 시민권을 갖지 못한 사람들에게는 정치적 기관은 물론이고 취학, 임대 등과 관련된 기관으로의 접근성은 크게 떨어진다. 물론 이러한 상황은 귀화 시민이 될 수 있는 가능성을 포함한 국가 지자체별 이주자 수용 정책에 따라 다르게 나타나고 있다.

이주자 네트워크는 전 세계에 걸쳐 이주의 흐름이 매우 선별적으로 전개되도록 영향을 미치고 있다. 우리는 전체 이주 현상의 절반가량이 개발도상국 간에 발생하고 있다는 사실에 주목해야 한다. 이주자는 자신을 둘러싼 세계를 그저 단순한 시각으로 바라보지 않으며, 더군다나 이동 여부 및 방향에 대해서는 신중한 판단을 내리게 된다. 이주는 위험을 감수하는 행위이며, 따라서 난민과 국내 실향민을 포함한 대부분의 잠재적 이주자들은 이주를 단행할 때 발생할 수 있는 위험을 최소화하기 위해 자신을 도와줄 수 있는 지인 또는 단체가 소재한 곳을 선택하기 마련이다. 그러므로 이러한 사회적 연계는 이주를 가능하게 하는 동인이라고 볼 수 있는 것이다. 이러한 사회적 구조는 기원지의 잠재적 이주자와 정착지에 이미 적응한 이주자들을 연결해 준다. 또한 그러한 사회적 구조는 잠재적 이주자들과, 그들을 고용하고자 하는 기관이나 조직을 연결시켜 주기도 한다. 정착지에서 활동하는 그러한 조직의 또 다른 사례가 바로 난민 공동체 조직이다. 이 조직은 동일한 민족 혹은 국가 공동체 출신의 난민들을 지원하여 정착시에서의 적응을 용이하게 해 주는 역할을 하고 있다. 물론 이러한 조직은 기원지에도 존재할 수 있는데, 이것도 역시 잠재적 이주자가 고향을 떠나 이주를 용이하게 진행할 수 있도록 지원하고 있다.

하지만 단순히 이주 네트워크가 형성되어 있다고 해서 그러한 상황이 실제로 이주를 발생시키기에 충분하다고 볼 수는 없다. 이주를 위해서 이주자들은 사회자본을 가지고 있어야 하는데, 사회자본이란 이주자들의 사회적 연계에 접근할 수 있는 실제적 잠재 자원들을 말한다(Bourdieu 1986; Portes 1998, 2000). 예컨대 모로코의 농업 노동자들은 남부 스페인의 농장에서 같은 농장주에 고용되어 일하기 위해서 이미 그곳에서 일하고 있는 가족 및 친지들과의 사회적 연계에 의존하게 된다(Calavita 2005). 샹뱌오(Xiang Biao 2006)가 언급했듯이 인도에서 이주한 전문직 종사자들은 IT 기업에서 일하기 위해 오스트레일리아와 미국 등과 같은 국가의 '인력 파견 도급업자(bodyshopper)'에게 영입되기도 한다. 중동의 무역업자들은 자신의 사업 영역을 확장시키기 위해 거래처의 도움을 받아 베네수엘라, 브라질 사이를 오고 간다(Romero 2010). 또한 사람들은 가족 재결합을 위해 부모, 친척, 자녀들을 초청하기도 한다(이러한 사례는 대부분의 정착국에서 발생한다).

이주자 네트워크에 착근된 사회자본은 수용국의 이주 정책과 규제에도 불구하고 이주를 발생시키는 데 중요한 역할을 한다. 중요한 자원들(정보, 자본, 구호자원 등)은 이주가 발생하게 되는 그러한 사회적 연계를 통해 활발히 **교환**된다. 사회자본에 내재된 관계는 그러한 자원들이 분배되는 독특한 메커니즘을 구성한다. 따라서 사회 네트워크는 그 구성원들에게 기회와 자원을 결코 균등하게 제공하지는 않는다. 많은 연구들을 통해 우리는 이주자 네트워크 관계에서 일어나는 거래에서 부정행위, 약속 불이행 등도 발생하고 있으며, 이러한 상황에서 종종 이들 간에는 범죄나 약속 파기로 인한 긴장, 갈등, 저항, 강압적 굴복 등의 문제가 흔히 발생하고 있음을 알 수 있다(Menjívar 2000; Poros 2011; Portes and Sensenbrenner 1995를 참고할 것).

이주자들의 경제 법인 단체는 이주자 네트워크가 얼마나 유익할 수 있는지, 혹은 해악을 줄 수 있는지를 잘 보여 주는 사례이다(Waldinger and Lichter 2003). 많은 이주자들이 구직을 위해 그들의 사회적 네트워크를 활용한다. 동족 경제(ethnic economies)는(Light and Gold 2000을 참고할 것) 이주자들이 주로 동족 공동체를 대상으로 운영되는 사업체에서 고용을 찾기 위해 사회 네트워크와 민족 내 사회자본을 어떻게 활용하고 있는지를 잘 보여 준다. 특히 차이나타운이나 코리아타운, 리틀이탈리아와 리틀인디아 등과 같이 도시지역에서 뚜렷하게 자리 잡고 있는 동족 엔클레이브 경제에서 그런 모습을 분명히 확인할 수 있다. 이러한 민족 엔클레이브 안에 존재하는 사업체들은 생존을 위해 가족(무급으로 일할 때도 있다) 또는 동족 노동력에 의존하기도 하며, 때로는 노동력 남용으로 인한 갈등을 겪기도 한다.

동족 경제를 보다 넓은 렌즈로 들여다보면, 글로벌 수준에서의 네트워크를 확인할 수 있고, 또한 그것이 이주자들의 경제조직과 연결되어 있음을 확인할 수 있다. 최근 주목받고 있는 디아스포라 기업가들(Newland and Tanaka 2010을 참고할 것)은 외국에 살고 있는 자국 국민들의 기업을 키워 주려고 노력하는 국가들에 기대어, 즉 그런 국가들이 펼치고 있는 디아스포라 정책과 그 관련 단체를 적절히 활용하면서 사업을 발전시켜 가고 있다. 그런 유의 경제 발전은 조직적 차원에서 정부, 제도, 대행 기관 등과 연계되는 것을 기반으로 한다. 그 효과는, 동족 경제의 효과가 일반적으로 로컬 수준에서 나타나는 것과는 대조적으로 글로벌이나 초국가적 차원에서 나타나게 된다. 디아스포라 기업인들은 자신의 모국에 위치한 단체와 현재 거주하는 국가의 단체를 연계해 주는 다리의 역할을 담당하는 것이다. 그리고 멕시코 전문직 이주자 네트워크(Mexican Talent Network), 남아프리카 디아스포라 네트워크(the South African diaspora network), 스코틀랜드인 비즈니스 네트워크(GlobalScot, 글로벌스코트), 아르메니아 2020(Armenia 2020), 에티오피아 현물거래소(Ethiopia Commodity Exchange), 칠레 재단(Fundación Chile) 등과 같은 다양한 단체들은 디아스포라 이주자들에게 네트워킹, 멘토링, 훈련, 벤처 자본 계획 등을 추진하며 기원국의 발전을 도모하고 있다. 이러한 조직적 차원의 연계는 더욱 큰 스케일에서의 경제적, 사회적인 발전을 촉진할 수 있으며, 이는 로컬적 혹은 지역적 수준의 동족 경제를 운영하는 소규모 혹은 중규모 비즈니스의 효과와는 대조적이다.

송금 경제 또한 국제 이주에 의해 형성된 결과물로서 이주자 네트워크 내에서의 개인 간 연결을 통해 이루어지는 이주자들의 재정적 지원을 말한다. 송금 경제는 이주자와 이주자의 가족, 친구, 공동체 간에 형성된 경제적 교환이다. 세계에서 가장 큰 규모의 송금 경제를 가진 국가는 인도와 중국이다. 2009년 이 두 국가의 송금액은 각각 인도가 약 550억 달러, 중국이 약 510억 달러인 것으로 추정되는데, 이는 전 세계의 3분의 1을 차지하는 액수이다(World Bank 2011).

초국가적 형태의 이주는 이주자의 기원지로 송금이 유입되고 발전이 이루어지는 계기가 되고 있다. 초국가적 사회 네트워크는 국경을 넘어 이루어지고 있는 '이중의 삶(dual lives)', 즉 한 가지 이상의 언어를 구사하고 2~3개 국가에 걸쳐 거주지를 소유하면서 지속적인 관계를 유지하고 있는 사람들에 의해서 구성된다(Portes et al. 1999). 초국가적 활동은 경제적, 정치적 또는 사회적으로 전개될 수 있으며, 예를 들어 국제무역, 비즈니스 엘리트들의 활동, 국외 거주자들의 정치적 활동, 기원국의 학교 지원 활동 등을 들 수 있다. 그리고 이러한 활동은 개인 간 연계와 조직적 형태의 연계를 근간으로 하고 있다. 한 예로 자인 인디언(Jain Indian) 다이아몬드 딜러들은 앤트워프, 홍콩, 봄베이, 뉴욕 등 광범위한 지역에 걸쳐 디아스포라를 가지고 있는데, 그런 곳들에서 다이아몬드의 생산과 거래가 이루어지고 있다. 또한 정치적 초국가주의의 다른 사례로서 1898년 미국이 스페인과의 전쟁 동안 쿠바에 개입했던 것을 들 수 있는데, 이는 쿠바 혁명당이 뉴욕시에 거주하는 쿠바 추방인들을 대상으로 한 정치적 캠페인의 뿌리가 되었다. 초국가적 관리영업직 엘리트들은 기업 내에서 전근을 통해 국경을 넘나드는 고용인으로 일하고 있으며, 이러한 국경 넘나들기는 최근 매우 두드러진 현상이 되고 있다. 또한 더욱 많은 이주자들이 기원국과 정착국 간을 사회적 관계나 종교적인 이유 또는 인프라 구축 프로젝트 등의 목적으로 섬섬 더 사주 왕래하는 것을 볼 수 있다. 이러한 모든 초국가적 활동은 근본적으로 이주자 네트워크와 그 사회적 연계 안에서 발생하는 상품과 자원들의 교류에 의존하고 있다.

마지막으로 우리는 사회 네트워크가 이주자들에게 미치는 영향을 확인할 수 있는 또 다른 주제 중 하나인 이주자 건강 문제를 살펴보고자 한다. 미국의 한 연구에 따르면, 미국사회에 동화된 이주자들의 경우 역설적이게도 비만율, 사망률, 육체적 또는 정신적 질환 발생률이 더욱 높은 것으로 밝혀졌다(Rumbaut 1999). 이주자들의 네트워크는 건강 관련 서비스와 이주자들을 유용하게 연결해 주고 있으며, 이주자들의 건강을 유지, 회복하는 데 도움을 주고 있다. 때로는 이주자 네트워크가 이주자들로 하여금 기원국으로 돌아가 의료 서비스를 받을 수 있도록 도움을 주기도 한다. 이러한 네트워크는 미국의 의료 방식보다 훨씬 유용하다고 여겨지는 기원국의 전통적인 치료 방식들을 장려하기도 하며, 이주자들에게 필요한 안정과 음식을 제공하는 데 도움을 주기도 한다. 물론 이주자 네트워크는 건강에 관한 교육 정보들을 확산시켜 이주자들의 건강 증진에 도움을 준다.

사회 네트워크는 이주 과정과 이주자들의 삶에 중요한 영향을 미친다. 개인 간, 단체 간의 사회적 연계는 이주자와 이주 국가를 결정하는 것뿐만 아니라 정착국에서의 이주자의 취업에도 영향을 미친다고 할 수 있다. 또한 이주자 네트워크는 송금 경제를 통해서 기원국의 개발에도 기여할 수 있다. 즉, 이주자 네트워크는 초국가주의의 매개체인 것이다. 이들은 새로운 사회에서 난민들에게 도움을 줄 수 있으며, 이주자들의 건강을 유지하게 하는 역할도 한다. 하지만 이주자 네트워크가 이러한 확실한 장점들을 가지고 있다 하더라도 동족 간의 자원에만 그들의 접근성이 제한될 수밖에 없다는 단점이 있다. 또한 그 테두리 안에서 노동력 착취, 남용 등이 발생할 가능성이 높다는 것도 문제점이라고 할 수 있다. 그럼에도 불구하고 이주자 네트워크는 일상적인 자원들과 연계된 이주자들의 삶에 있어서 매우 중요한 구성요소임에 틀림없다.

참고 디아스포라; 민족 엔클레이브와 민족 경제; 송금; 선별성; 사회자본; 초국가주의

주요 읽을 거리

Massey, D.S., Arango, J., Hugo, G.,Kouaouci, A., Pellegrino, A. and Taylor, J. E.(1998) *Worlds in Motion: Understanding International Migration at the End of the Millennium*. Oxford: Clarendon Press.

Poros, M.V.(2011) *Modern Migrations: Gujarati Indian Networks in New York and London*. Standford CA: Standford University Press.

Portes, A(1995) 'Econnomic sociology and the sociology of immigration: a conceptual overview', in A. Portes (ed.), *The Economic Sociology of Immigration: Essays on Networks, Ethnicity and Entrepreneurship*, New York: Russell Sage Foundation, pp.1-41.

Portes, A. (1998) 'Social capital: its origins and application in modern sociology', *Annual Review of Sociology*, 24: 1-24.

Waldinger, R. and Lchter, M. (2003) *How the Other Half Works: Immigration and the Social Organization of Labor*. Berkeley, CA: University of Califonia Press.

27.
이주 규모와 이주 흐름 • Migration Stocks and Flows

> **정의** '규모'와 '흐름'은 특정 국가와 지역에서 이주의 과정을 이해하고 분석하기 위해 사용되는 인구학의 기초적인 개념이다. 이주 규모는 특정한 시점에 한 국가 혹은 지역에 살고 있는 이주자의 수를 의미한다. 이주 흐름은 특정한 시기 동안 한 국가 혹은 지역으로 유입되거나 유출되는 이주자의 수를 말한다.

이주 규모와 이주 흐름은 국민국가(nation-states)가 시작된 이후 국민국가 내 영토에 살고 있는 인구 특성을 파악할 필요성이 생기면서 대두된 개념이라 할 수 있다. 이는 18~19세기 무렵 유럽과 북미의 국가에서 개인의 신원을 파악하는 방법(예를 들어, 여권, 거주 허가증, 출입국 관리증)과 통계적 조사 방법(센서스, 인구 등기부)과 연관되어 있다. 이러한 조사는 근대 국민국가가 건설되면서 복지 혜택의 대상과 납세자를 구분하기 위해서 정부에서 활용하였다. 또한 이는 19세기 유럽에서 벌어진 수많은 전쟁의 맥락에서 외국인을 감시하기 위한 목적으로도 사용되었다(Noiriel 1998; Torpey 2000). 일반적으로, 이주 규모와 흐름의 개념은 외국인과 시민을 구별하는 데 그 목적을 두고 있으며 '국민국가의 실체(the national)'를 건설하는 것과 관련이 깊다. 프랑스는 유럽 국가들 중 가장 먼저 영토 내의 외국인 '명부'를 만들기 위한 자료를 구축한 국가이다. 최초로 공식적인 이주자 규모가 측정된 것은 1851년 센서스였는데(Silberman 1992), 당시 프랑스령에 거주하는 인구의 1퍼센트가 이주자로 나타났으며, 미국의 경우는 1850년 센서스를 통해 영토 내 거주자의 9.7퍼센트가 이주자인 것을 알 수 있다(Thernstrom 1992).

오늘날 이주 규모와 흐름에 대한 측정은 한 국가에 거주하는 인구의 증감을 비롯해 인구 구성의 변화를 파악하기 위해 사용된다. 한편 이러한 조사 통계는 정치적, 이데올로기적 이슈와 관련이 있다. 매시(Massey)에 따르면 이주의 특성을 파악하는 문제는 구성원들의 '정체성, 시민권, 소속감, 자격' 등의 문제들과 관련이 있다. 또한 '국제 이동은 인구학적 측면 이상의 것을 의미하며, 이주가 어떻게 정의되고 측정되는가는 강력하고 때로는 경쟁적인 관심을 일으키는 사회적, 경제적, 정치적인 사건'이다(2010b: 216). 이주 규모와 흐름에 관한 수치는 이주와 시민권 관련 정책의 방향을 설정하는 데 중요하다. 이러한 지표는 (한 국가에 특정 국가 출신의 이주자가 대규모로 유입될 때) 외교 정책에 영향을 주거나, 혹은 이러한 정책을 이행하는 국가 내의 차별 철폐 정책에 영향을 줄 수 있다. 누적적 인과론에 따르면, 이주 흐름의 방향과 세기는 이주 규모의 특징과 연결되어 있다. 특정 지역에서 발생하는 일정 수준 이상의 큰 규모의 이주는 대체로 자체적인 이주 흐름을 지속적으로 생산해 내는 자기영속성(self-perpetuation)을 만들어 낸다. 그러므로 이주 규모에 관한 수치는 한 국가의 향후 이주 규모의 특징을 예측하는 데 사용되고 있으며, 궁극적으로 장기간 인구 변화량을 분석할 수 있다.

이주 규모와 흐름을 측정하는 것은 이주를 어떻게 정의하느냐에 따라 달라진다. 왜냐하면 정의의 방식에 따라 누구를 이주자로 보느냐가 결정되기 때문이다. 이러한 사안은 인구통계학자들과 이주를 '측정'하려는 사람들에게 많은 어려움을 준다. 예를 들어 어떻게 이주자를 여행객과 구분할 것인지, 이주자를 국경 노동자(border worker, 국경을 매일 넘나들며 다른 국가에서 일하는 노동자)와 구분할 수 있는지, 외국에서 태어나 귀화한 시민들도 이주자에 포함시킬 것인지 등의 문제들과 관련하여 이주자에 대한 정의는 시대와 국가에 따라 달라진다. 경제협력개발기구(Organization for Economic Cooperation and Development, OECD)에 포함된 대다수의 국가는 출생지에 따라서 이주자를 정의하며, 여기에는 오스트레일리아, 캐나다, 네덜란드, 영국, 미국 등이 포함된다. 프랑스, 독일, 일본, 스페인의 경우에는 시민권과 국적을 중요한 기준으로 여긴다. 이러한 차이는 이주자의 규모를 파악함에 있어 많은 함의를 가진다. 가령, 첫 번째 부류의 국가에서는 시민이 된 이주자도 이주자의 범주에 포함된다. 반면 두 번째 부류의 국가에서는 귀화한 시민을 이주자 범주에 포함시키지 않는다. 시민권과 귀화에 관한 법에 따라 두 번째 부류의 국가는 (만일 그들이 시민권을 획득하기 어렵다면) 1세대 이주자의 자녀와 손자까지도 이주자 범주에 포함시킬 수 있다. 다시 말하지만, 이러한 접근법은 변화할 수도 있다. 독일에서는 1990년까지 독일로 이주한 사람들의 후손은 독일 시민권을 획득하지 못하였다(심지어 독일에서 태어난 사람들조차 시민권을 획득하지 못했다). 대신 그들은 이주자에 포함되었다. 그러나 점차 그들이 독일 시민권을 획득하는 일이 용이해지자 이주자 현황 자료에도 직접적인 영향을 주었다.

이주 규모와 흐름에 관한 심도 있는 분석에서는 이주자들을 다양한 범주로 분류하고자 한다. 이 범주에는 이주 노동자, 난민, 국제학생, 장기 및 단기 이주자 등이 있다. 이러한 세분화된 분류는 인구통계학자들로 하여금 새로운 과제를 던져 준다. 예를 들어, 만일 유학생이 시간제로 일을 하다가 공부가 끝난 후에도 계속해서 그 국가에서 일하고 싶어 한다면 이를 이주 노동자로 분류할 것인지 이주 학생(migrant student)으로 분류할 것인지의 문제에 봉착하게 된다. 또한 장기 이주자와 단기 이주자를 분류하기 위한 기준에 대한 문제는 시대와 국가에 따라 계속 변화해 왔다. 예를 들어, 1980년 말을 기점으로 대다수의 유럽 국가는 '난민'에 대한 정의를 변경하였으며, 난민 신분을 주기 위한 조건을 새롭게 하였다. 결과적으로 많은 비호 신청자들(asylum seekers)이 난민으로서 입국하지 못하게 되었고, 결국 특수한 형태의 난민 관련 이주는 줄어들게 되었다

(Legoux 2012). 이러한 어려움은 여러 국가의 이주 흐름을 비교하려는 연구자에게도 부여되었고, '외국인 노동자들(foreign workers)'을 어떻게 정의할 것인가에 대한 문제에서 분명하게 드러난다(Bartram 2012).

국제연합(UN)과 유럽연합(EU)과 같은 국제기구는 국가들마다 차이를 보이는 이주 규모와 흐름에 대한 정의를 일치시켜 보려고 많은 노력을 기울여 왔다. 1976년 UN 통계 부서는 **국제 이주 통계에 대한 권고**(Recommendations on Statistics of International Migration, 1998년 개정)를 발표하였다. 그리고 표준이 될 만한 기본적인 정의들을 제공하였다. 여기서는 '국제 이주자란 상시 거주 국가를 바꾸는 사람을 일컫는다(United Nations 1988: 84).'라고 정의하고 있으며, 이주자를 정의할 때 시민권에 따라 정의하는 것보다 거주 국가를 기준으로 정의하도록 권고하고 있다. 이러한 의미에서 이주 규모는 다음과 같이 정의된다.

상시 거주 국가를 바꾼 사람들의 집단으로, 즉 거주지 조사 시점에 있어 원래 살고 있던 국가와는 다른 국가에서 최소한 1년 이상 거주해 온 사람을 의미한다(United Nations 1998: 18).

이주 흐름을 정의하기 위해서는, 장기 이주자(12개월 이상 상시 거주 국가에서 벗어난 사람)와 단기 이주자(3개월 이상 12개월 미만의 기간 동안 상시 거주 국가에서 벗어난 사람)를 구별해야 한다. 이러한 정의에 의거해서 국제연합은 1990년 이주 규모를 1억 5551만 8065명, 2005년에는 1억 9524만 5404명으로 산정했으며, 이는 각각 세계 인구의 2.9퍼센트와 3.1퍼센트를 차지한다 (United Nations 2009). 이주 규모는 1990년부터 유럽과 북미 등지에서 많이 증가해 왔다. 1990년에 유럽인구의 6.9퍼센트가 이주자였으며 2005년에는 그 비율이 8.8퍼센트로 증가하였다. 북미에서는 1990년 9.8퍼센트에서 2005년 13.6퍼센트로 증가하였다(United Nations 2009).

이주 규모와 흐름을 정의하는 것뿐만 아니라 자료 수집에 있어서 발생하는 어려움도 있다. 예를 들어, 많은 나라에서는 이주자 유입 정보가 이주자가 입국할 때 국경에서 수집된다. 그러나 이렇게 수집된 정보에 기재된 거주지는 단지 자의적으로 명기된 거주지일 뿐 실제 거주지와는 다를 수 있다. 가령, 한 이주자가 학생의 신분으로 그 국가에 거주하기 희망한다고 명기할 수는 있으나, 이후 공부를 포기하고 구직 활동을 할 수도 있다. 또한 이주자는 여행객이나 단기 이주자로 입국했다가 법적 체류 가능 기간이 지난 이후에도 계속 머물 수도 있다. 이러한 문제점은 국내에서 수집된 자료에서도 드러난다. 특히 어떤 이주 형태에 대한 추정치[가령, 밀입국 프로젝트(Clandestino project) 같은]를 확보하고 있다고 해도, 국내에서 살고 있는 미등록 이주자의 수를 실제에 딱 맞추어 정확히 파악해 내기란 무척 어렵다.

이주 규모와 흐름에 대한 정의는 연구자와 정부기관 외의 다른 매체들을 통해 상당 수준 달라질 수 있다. 대중매체나 정치 지도자, 그리고 다양한 사회집단이 이주를 언급할 때, 그 정의가 명확하지 않은 채 논의되는 경우가 많다. 가령, 영국의 대중매체에서는 종종 '이주자', '민족적 소수자(ethnic minorities)', '비호 신청자' 등의 용어들을 명확히 분간하지 않고 교차적으로 사용한다(Baker et al. 2008). 또한 공공 담론에서는 특정 부류의 이주에 초점을 맞추는 경향이 있는데, 예를 들어 비호 신청자, 저숙련 노동자, 미등록 이주자에 대한 관심과 주장이 학생 이주자나 고숙련 노동자에 비해 상대적으로 더 '중요'하게 다루어지는 경향을 보인다(Anderson and Blinder 2011). 또한 산업화된 국가에서 이주해 온 사람들을 '이주자'라는 용어 대신 '국외 거주자(expatriates)'로 지칭하기도 한다. 그러나 이 용어는 상대적으로 가난한 국가에서 이민해 온 사람들에게는 결코 사용되지 않는다. 여론조사 또한 이 혼란을 가중시키는데, 어떤 여론조사의 경우 이주자에 대한 정의를 명시하지 않고 있으며, 불분명하거나 잘못된 정의를 사용하기도 한다(Anderson and Blinder 2011).

참고 이주 네트워크; 미등록(불법) 이주

주요 읽을 거리

Massey, D.S. (2010b) 'Immigration statistics for the twenty-first century', *Annals of the American Academy of Political and Social Science*, 631: 124-40.

Pedersen, P.J., Pytlikova, M. and Smith, N. (2008) 'Selection and network effects -migration flows into OECD countries 1990-2000', *European Economic Review*, 52(7): 1160-86.

Silberman, R. (1992) Trench immigration statistics: in D.L. Horowitz, and G. Noiriel (eds), *Immigrants in Two Democracies: French and American Experiences*. New York: New York University Press, pp.112-23.

United Nations Population Division (2009) *Trends in International Migrant Stocks*. New York: United Nations.

28.
다문화주의 · Multiculturalism

> **정의** 이민(이주)의 '본질'에 있어 다양성과 차이를 포괄하는 개념으로, 이는 이주자들이 정착국에 동화되어야 한다는 기대와는 정반대의 입장을 가진다.

　이주자를 대규모로 받아들인 국가는 이른바 다문화적이라고 말할수 있다(비록 대량 이민이 발생하기 전 이미 그 사회가 문화적 다양성을 지니고 있었다 하더라도 말이다). 하지만 다문화**주의**란 다양한 문화가 존재한다는 사실을 단순히 인정하는 것만을 의미하지는 않는다. 즉, 다문화주의는 일종의 '정향(orientation)'과 이데올로기이며, 따라서 이는 특정 목적국에서 어떻게 이민자를 통합할 것인가, 그리고 이민자는 어떻게 통합되어야 한다고 기대되는가 등의 문제를 확정하는 독특한 방식인 것이다. 다문화주의적 접근 방식이 우세한 국가에서는 이민자들이 자신의 '기원지' 문화를 버리고 정착지의 문화를 받아들일 것이라고 기대하지 않는다. 오히려 이민자들은 자신들의 문화를 유지할 수 있도록 관련 기관의 지원(교육기관으로부터의 지원 등)을 받기도 한다. 다문화주의 개념의 핵심은 집단 차원의 정체성을 정당화한다는 점이다. 이는 모든 개인의 평등성을 강조하는 고전적 자유주의의 입장에는 부합하지 않는 것이다. 즉, 이민자들의 기원지에서 유래된 민족 정체성은 개인과 국가 사이의 중간적 수준에서 계속 유지되며, 이민자들이 자신의 문화를 정착지 문화의 용광로에서 동화시키는 것이 아니라 기원지 문화와 정착국 문화가 각각 고유성을 유지한 채 '모자이크' 또는 '샐러드 볼(Salad bowl)'로 어우러지게 되는 것이다.

　초기 이민자들은 사회적으로 정착국 문화에 동화될 것을 요구받았다. 이러한 동화에 대한 기대는 다음의 두 가지 이데올로기에 토대를 둔다. 먼저 민족중심주의적 관점인데 이는 정착국의 문화는 출신국의 문화에 비해 우월하다는 믿음(또는 가정)에서 시작된다. 종종 이러한 우월성은 서구 문화와의 관계에서 규정되는데, 특히 비서구사회로부터의 이주자(특히 유색인)들은 단순히 민족중심주의가 아니라 오히려 인종차별주의와 가까운 우월주의에 근거한 차별을 자주 경험하게 된다. 물론 서구국가들 간에도 이러한 업신여김과 차별이 종종 있어 왔는데, 미국의 이탈리아 이민자와 영국의 아일랜드 이민자들의 경우가 그러하다. 동화를 바람직하다고 보는 두 번째의 이데올로기적 토대는, 논란의 여지는 있지만, 좀 더 중립적인 모습을 보인다(물론 이것이 더 정당하거나 합리적이라는 뜻은 아니다). 모든 사람은 자신과 유사한 문화를 가진 사람들로 둘러싸이기를 원한다(문화적 차이를 보이는 사람들이 반드시 열등하다는 것을 의미하는 것은 아니지만 말이다). 사실 특정 정체성과 문화가 왜 현저하게 '차이'를 보이는지는 정확히 밝혀지지 않았음에도 불구하고, 특히 문화적 동일성이 바람직하다고 규정되는 사회에서 이민자들은 기존의 인지된 차이를 손쉽게 확인하고 강조해 주는 존재들로 간주되곤 한다.

이 같은 문화적 동질성에 대한 열망은 이후 여러 가지 맥락을 통해 보았을 때 다양성이 동질성보다 오히려 더 유리하고 적절하다는 믿음으로 대체되어 왔다. 이는 이민자들이 그동안 동화주의적 접근이 자신들에게 부여해 온 열등한 위치를 더 이상 받아들일 수 없다고 인식함으로써 시작되었다. 다시 말해, 이민자들의 문화를 등한시했던 사회적 관념에 반기를 들면서부터 나타나기 시작한 것이다. 1960년대 미국의 시민운동에 의한 인종차별주의의 쇠퇴와 함께 많은 미국계 흑인들이 정치적 과정에 참여하게 되는 사회적 분위기는, 그 외의 소수민족 집단의 동화주의에 대한 저항, 즉 민족중심주의에 기반을 둔 동화주의에 대한 저항에도 영향을 미치게 되었다. 이민자 또는 소수민족 집단들의 인종차별 반대 운동은 캐나다와 오스트레일리아와 같은 국가에서도 일어나게 되었고 다문화주의는 이제 정부 차원에서의 '공식적 정책(official policy)'으로 수용되었다(Kivisto 2002).

현대사회의 다문화주의는 다양성을 유지하고 이민자와 선주민의 차이를 부정하지 않고 오히려 긍정적인 것으로 받아들인다. 키비스토(Kivisto 2012)는 다문화주의의 정책적 특징을 면제(exemption), 수용(accommodation), 보호(preservation), 교정(redress), 포섭(inclusion)의 5가지로 정리하였다. 이상의 5가지를 기본으로 한 정책에서는 이중 언어 학교 교육을 실시하고 대중매체, 학교기관, 고용 또는 공공 서비스에 있어 이들이 경험할 수 있는 편견과 희롱으로부터 이민자를 보호하고 차별 철폐를 위해 이민자 집단의 대표를 각 정치적, 교육적 제도에 포함시키고자 한다(Kymlicka 2001a). 영국에서의 다문화주의는 기독교인과 유대인에게 제공했던 선례에서와 같이 종교적 소수 집단을 위한 학교를 지원하고 무슬림과 힌두교인을 위한 학교를 설립하였다. 또한 다문화사회에 대한 대중적 인식을 높일 수 있도록 하는 조치들도 실행되었는데, 가령 국내 유력 인사들이 디왈리(Diwali)* 같은 다양한 소수민족 행사에 참여하고, 특히 소수민족별 복장 규율에 맞추어 예의를 갖춘 모습을 보여 주는 등의 이벤트들이 진행되곤 하였다.

때로는 다문화주의가 과거의 관행들로부터의 획기적인 전환이라고 제시되기도 한다. 일부 전문가들은(활동가들과 정치인들 포함) 다문화주의를 '분리주의(separatism)'와 국가적 분열로 가

---

* 역자주: 힌두교에서 부의 여신 락슈미를 숭배하는 5일간의 축제로서, 힌두교의 가장 큰 축제라고 할 수 있으며 자이나교에서도 중요시 여기는 축제이다.

는 과정이라고 보기도 한다. 슐레진저(Schlesinger)의 비판은 이러한 입장을 잘 보여 주고 있는데 그는 '민족성의 숭배는 차이를 과장하고, 억울함과 적대감을 강화시켜 인종과 민족주의의 끔찍한 분열로 치닫게 한다.'라고 역설하였다(1992: 102). 또한 차이를 강조하는 다문화주의가 미국의 정체성을 약화시키고 민주적인 정부의 존재까지도 위협할 수 있다는 주장도 있다(분열와 분리 독립의 전조가 아니더라도 캐나다에서는 이러한 상황이 실제로 가능할 뻔했다). 유럽에서는 무슬림의 존재가 특히 우려의 대상으로 주목받았으며, 무슬림의 '이중적 충성심'(특히 극단적 정체성을 보이는 이슬람의 특징으로 인해)의 태도로 인해 유럽의 민주주의적 가치가 온전히 수용되는 데는 어려움이 있다는 주장도 있다. 이에 대해 콜드웰(Caldwell)은 '다문화주의는 결국 자발적인 외국인 혐오'로 이어졌다고 지적하였다.

그러나 킴리카(Kymlicka 2001a)는 다문화주의를 분리주의로 오해하는 것은 다문화주의 옹호자들이 주장하고자 했던 바와는 크게 다르며, 실제로 일어나는 현상과도 괴리가 있음을 지적하였다. 그는 오히려 다문화주의라는 용어는 '공정한(fair) 용어'임을 강조하면서, 가장 이상적인 통합을 위한 용어이기에 분리주의와는 정반대라고 주장하였다. 동화주의자들의 수장이 사회적 통합이 아닌 이민자들의 주변화에 뿌리를 두고 있다는 각성은 다문화주의에서 이중 언어 교육을 실현하고 주요 사회적 제도에서 이민자를 참여시키는 등의 여러 정책적 실천으로 이어졌다. 다문화주의자들의 정책은 주요 기관에서 행해지는 사회적 통합 정책에 반하는 것이 아니며, '소수자 민족주의(minority nationalism)'의 환경을 조성하지도 않았다. 또한 타리끄 마두(Tariq Modoo 2005)는 이러한 흐름에 있어서 유럽, 특히 영국의 사례를 통해 무슬림이 '영국적인 무슬림'으로 인정받기 원하며, 이는 역사적으로 지속되어 온 백인 기독교도 중심의 영국을 뛰어넘어 무슬림을 포괄하는 것을 의미한다고 언급하였다.

'분리주의(separatism)'에 대한 비판은 주로 정치적 우파 진영에서 제기되었다. 하지만 정치적 좌파 진영에서도 유사한 비판이 있었는데, 일부 전문가들은 정체성/문화를 집단 단결성의 토대에 반하는 것으로 강조하는 것을 불편해했다. 다문화주의의 담론은 차이에 대한 공식적인 비준이 공적 영역에서 드러날 수 있도록 하는 자기정체성의 '진보적인' 측면을 강조하는(또는 강요하는) 적극적인 '인정'을 주장한다(C. Taylor 1992). 진보주의(좌파)의 전통에서 가장 중요한 목표는 경제적, 정치적 권력의 재분배인데, 과거 '구시대 좌파(old left)'에 있어 이민자를 인정하는 것은 이민자 또는 소수자의 경제적 박탈에 대한 관점을 강조하면서 사회적 연대를 약화시킬 수 있다는 우려를 불러일으켰다(Gitlin 1995; Barry 2001). 이와 유사한 논의로 젠더 관계가 있는데, 오킨(Okin 1999)은 다문화주의와 자유주의적 여성주의 사이에 발생하는 긴장감은 서구 국가들에 있어 여성 권리의 신장에 도움을 주었다고 지적한다. 여기서 말하는 긴장감은 다음의 의문들을 강조하기도 한다. 즉 누가 문화를 정의하고 누가 그들의 의견을 대변하는가? 또한 특히 가부장적 가치 체제가 강한 국가에서 이민자가 이주하였을 때, 정착지 다문화주의자들이 말하는(다문화주의적 방식의) 사회적 통합은 남성의 우월성과 여성에 대한 억압을 영속화시킬 수 있다는 것이다.

또한 다문화주의에 대한 연구에서는 민족 집단이 주요 분석의 대상이 되기도 하는데, 이때 민족 집단에 부여된 집단 정체성과 소속감은 기원국에 의거해서 자동적으로 결정된다. 물론 이는 연구자 또는 정책 입안자들의 편의를 위한 것으로, 실질적으로는 이주자들의 상황(영국에 있는 파키스탄인의 상황)과 맞아떨어지지 않을 수도 있다. 예를 들어, 영국의 파키스탄인은 하나의 동질 집단으로 묶일 수 없다. 베르토베크(Vertovec 2007b)는 기원국 이외에 합법적 체류 자격, 인적자원, 로컬리티 등 다양한 변인에 의해 '슈퍼 다양성(super-diversity)'이 등장하게 되었음을 지적하였다. 여기서 중요한 것은 이민자들이 처한 맥락적 상황이다. 즉, 미국과 영국의 경우 다문화주의의 맥락은 다르게 나타날 수 있다(Joppke and Lukes 1999). 또한 뉴욕의 독특한 맥락에서와 같이 한 국가의 내부에서도 여러 가지 변이가 나타나기도 한다(Foner 2007).

최근에는 다문화주의에 대한 사회적 반발도 일어나고 있으며 다문화주의가 일정 부분 쇠퇴하는 국가가 관찰되기도 한다(물론 일정 부분이 어느 정도인지에 대해서는 논란이 있을 수 있다. 이에 대해서는 Vertovec and Wessendorf 2010을 참고할 것). 물론 이러한 배경에는 2001년 발생한 미국의 세계무역센터 폭격과 영국에서의 여러 폭동 등이 있다. 한편 영국의 여러 인사들은 (2011년 국무총리였던 영국 보수당 당수 데이비드 캐머런을 포함하여) 다문화주의가 실패했다고 언급한 바 있으며, 노동당 정권에서도 가치 공유(비록 사회적 다수와 백인들의 가치를 소수자들이 '공유'한다는 것은 논쟁의 여지가 있으나)의 강화를 위해 '사회적 결속' 담론을 설계하여 이를 고취시킨 바 있다(Schuster and Solomos 2004). 영국의 이민자들은 영주권을 획득하기 위해 '영국에서'의 삶(물론 영어를 사용하는 삶)에 익숙함을 증명하는 시험에 통과하여야 하며, 이러한 시험은 이민자들로 하여금 '영국적 가치'에 충분히 노출되어 있을 뿐만 아니라 이러한 가치를 받아들일 수 있다는 것을 입증하게 하는 것이다. 그런데 현실적인 측면에서 살펴보았을 때, 이러한 시험을 이민자들에게 요구하는 것은 노동당 정부가 우파 정당들보다 한발 더 앞서 나아가 백인 노동자 계층의 우려를 불식시킴으로써 유권자들을 더 많이 확보해 보려고 하는 수단일 뿐이다(Kundnani 2007).

다양성이라는 마법의 정령은 병 밖으로 나와 존재하고 있다. 그러나 국가 주도의 동화주의적 조치들은 특정 이민 집단들을 구별 지어 오히려 사회로부터 멀어지게 하고 있으며, 따라서 동화라는 목표는 실제로 달성되지 못하고 있는 실정이다. 다문화주의라는 용어는 이제 다소 식상한 용어가 되어 버렸다. 하지만 적어도 영어권 국가들에서는 (물론 이에 대한 논란의 여지는 있지만) 지금도 다문화주의적인 실천과 태도가 당연시되고 있다(Vertovec and Wessendorf 2010; Kivisto 2012). 정도의 차이는 있겠지만 동화는 일정 수준 반드시 일어나기 마련이다. 즉 이민자들은 고정되어 있는 상황 속으로 들어가는 것이 아니며, 새로운 맥락의 영향을 어쩔 수 없이 받아 변화(동화)의 과정을 겪게 된다. 하지만 특정 국가의 사람과 제도가 이민자들에게 일방향적이고 종합적인 동화의 과정을 강요하는 방식의 동화는 크게 줄어든 것이 사실이다(Reitz 2009를 참고할 것).

참고 동화; 통합; 사회적 결속

주요 읽을 거리

Barry, B. (2001) *Culture and Equality: An Egalitarian Critique of Multiculturalism.* Cambridge, MA: Harvard University Press.

Kivisto, P. (2002) *Multiculturalism in a Global Society.* New York: Wiley-Blackwell.

Kymlicka, W. (2001a) *Politics in the Vernacular: Nationalism, Multiculturalism and Citizenship.* Oxford: Oxford University Press.

Kymlicka, W. (2012) *Multiculturalism: Success, Failure, and the Future.* Washington, DC: Migration Policy Institute.

Taylor, C. (1992) *Multiculturalism and the Politics of Recognition: An Essay.* Princeton, NJ: Princeton University Press.

Vertovec, S. (2007b) 'Superdiversity and its implications', *Ethnic and Racial Studies*, 30: 1024-54.

29.
난민과 비호 신청자 • Refugees and Asylum Seekers

정의 난민과 비호 신청자란 자신의 국가에서 박해와 전쟁 또는 그 외 요인으로 인해 위험에 처하여 본국을 떠나 국제적인 보호를 요청하는 이주자를 의미한다.

난민과 비호 신청자는 전쟁과 박해 등으로 인해 심각한 혼란 상황에 처한 사람들의 이주와 관련되어 있다. 흔히 일반적인 이주자들은 스스로의 뜻에 의해 자발적으로 이주를 실천하지만, 난민의 경우는 자신의 뜻과 무관하게 '강제 이주'의 모습으로 어쩔 수 없이 이주를 하고 있다고 단순하게 비교되곤 한다. 그러나 이러한 설명은 양자 간의 차이점을 제대로 밝히는 데 오히려 한계(강제 이주에 관한 장에서 논의된 것처럼)를 지닌다. 물론 많은 난민들이 폭력과 위험에 노출되어 있다는 점에서 볼 때 위의 설명은 어느 정도 설득력을 지니기도 한다. 난민은 국제사회에서 정해진 조건에 따라 난민으로 '인정(recognized)'받을 수 있다. 하지만 난민 인정자와 유사한 상황에 처해 있다 하더라도 난민으로 '인정되지 못하는' 경우도 있다. 비호 신청자는 용어적 정의로 보자면 아직 난민으로 인정받지 못한 사람이며, 이들이 기원국으로 돌아갈 경우 위협을 받을 수 있기 때문에 이주 국가에서 자신들을 보호해 줄 것을 요청한 사람들이다(Gibney 2004). 한편 난민의 범위를 확대하면 '국내 이재민(internally displaced persons, IDPs)'의 경우도 이에 해당되며, 이들은 국내에서 발생한 위협 등으로 인해 난민이 된 사람들을 의미한다. 물론 난민 관련 용어들을 명확히 구분하고자 할 때는 국경을 넘는 경우만을 난민으로 칭하는 것이 보다 일반적이라 할 수 있다(Hathaway 2007).

난민과 비호 신청자는 최근 들어 선진국에서 주요한 정치적 이슈가 되고 있으며, 이러한 정치적 이슈가 증폭되면서 더욱 많은 수의 난민 또는 비호 신청자가 이들 지역에 몰리고 있다는 인상을 주기도 한다. 실제로 글로벌 스케일에서 보았을 때 난민들의 수가 점점 더 증가하고 있는 것은 분명한 사실이다. 그런데 우리는 부유한 국가로의 난민 이주에 비해 빈곤한 국가로의 난민 이주가 더 큰 비중을 차지하고 있다는 사실을 직시할 필요가 있다. 가령, 미국(33만 1000명)과 영국(28만 1000명)에 비해 파키스탄(170만 명; 국내 이재민 제외) 및 이란(110만 명)과 같은 국가에 훨씬 더 많은 난민들이 존재한다. 부유한 국가들 가운데 독일(63만 3000명)은 난민의 주요 이주 정착국이 되고 있다.* 유엔난민고등판무관(UNHCR)의 통계에 의하면, 국내 이재민과 기타 유형의 이재민들을 포함한 난민의 총규모는(UNHCR에서는 이를 '우려 상황에 처해 있는 총인구'라고 칭하였다), 콜롬비아, 이라크, 콩고, 소말리아, 시리아, 수단, 태국 등의 국가에서 각각 100만 명 정도에 이르고 있다. 이와 관련하여 또한 최근 가장 많은 난민을 '양산하고' 있는 국가들은 아프가니스탄, 이라크, 소말리아, 콩고, 미얀마 등이며(UNHCR 2010), 최근에 시리아가 추가되었다. 대부분의 난민들은 수년 이상 수십 년에 이르기까지 오랜 기간 추방 상태를 벗어나지 못하고 있다(Loescher 2005). 한편 난민의 수가 얼마나 되는지를 계산하고자 할 때, 이들에 관한 자료를 수집하는 방법에 따라, 그리고 난민 정의의 범위에 따라 그 규모가 달라질 수 있다. 우리는 사실 '공식적'으로 그 양적 규모를 확인할 수 있는 캠프 수용 난민만을 포함하여 통계를 내고 있다. 따라서 정착국의 사회에 섞여 살고 있는 난민에 대해서는 그 실태를 파악하기가 어려운 실정이다(Bakewell 2008).

'정치적'이라는 용어에 대한 광의의 정의와 '전쟁은 또 다른 방식의 정치이다'라는 문구를 수용해서 살펴본다면, 난민의 이동은 특별한 종류의 정치적 갈등에 그 뿌리가 있다고 볼 수 있다(Marrus 2002). 일반적으로 대부분의 이주자들에게 이주 동기를 부여하는 것은 경제적 요인이다(물론 이는 실제의 복잡한 상황을 지나치게 단순화된 대치 논리로 환원하는 위험성을 안고 있지만 말이다). 난민 이주는 글로벌 스케일에서 국민국가로 완전히 발돋움하지 못한 개발도상국에서 주로 발생하고 있다(Zolberg et al. 1989). 가령, 아프리카 대륙에서 볼 수 있는 현재의 지리적 경계는 19세기 유럽의 경쟁적 식민주의로 인해 발생한 것으로서 실제의 인종, 민족의 분포와는 별개로 이루어진 것이다. 그리고 이들 중 몇몇 국가들은 평화적인 해결책을 모색하기보다는 국가 형성 프로젝트의 일환으로서 자국 내 거주하는 시민을 추방하는 등의 폭력을 행사하기도 했다. 예를 들어, 1990년대 발칸 반도에서뿐만 아니라 팔레스타인이나 인도/파키스탄과 같은 아시아 국가와 그 외 중동지역의 오래된 갈등은 오히려 심화되고 있다.

냉전 시대에는 민주주의와 공산주의 진영 간의 대립으로 인한 난민도 발생하였다. 베트남과 쿠바와 같은 국가에서는 잔인한 '냉전'으로 인해 난민이 발생한 것이 아니라, 보다 '순수'한 의미에서의 이데올로기의 대립에 따라 난민이 발생하기도 했다. 역사적으로 보았을 때 과거의 난민 이주는 명목상 종교 갈등 때문에 발생하는 경우가 많았으나[프랑스로부터 이주해 나간 위그노(Huguenots)족의 경우처럼], 당시에는 정치적 통합의 근간이 국가 정체성보다는 종교에 더 밀접하게 기

---

* 이 통계는 2009년 말의 수치에 해당하는 것이며, 이는 '난민 수용소와 비슷한 상황(refugee-like situations)'에 처한 사람들을 포함한다(특히 파키스탄이 중요하다). 미국과 영국, 독일에서는 비호 신청자까지도 포함하여 그 수는 각각 6만 3800명, 1만 1900명, 3만 9000명이다.

대고 있었으며, 따라서 난민 이주는 결국 정치적인 것이었다고 볼 수 있다(Zolberg et al. 1989).

　난민의 흐름은 기원국의 정치적 갈등에 기반하며, 난민의 인정 또는 부정은 수용국의 다양한 정치적 관계의 영향을 받게 된다. 현재 난민의 인정 여부는 1951년 난민 지위에 관한 제네바 협정(Geneva Convention on the Status of Refugees)에 최소한의 근거를 두고 결정되고 있다[이는 1967년 벨라지오 의례(Bellagio Protocol)에 의해 유럽을 넘어 전 세계로 확대, 적용되었다]. 이는 인종, 종교, 국적과 정치적 입장으로 인한 탄압이 충분한 근거로서 입증되는, 위험에 처한 사람들을 보호한다는 내용을 담고 있다. 하지만 이러한 개인들의 난민 신청과 인정은 개별 국가가 협정의 내용을 어떻게 실행하는가에 따라 영향을 받는다. 가령, 미국은 공산주의 쿠바를 피해 도망 나온 난민에게는 우호적인 반면, 아이티, 엘살바도르, 과테말라의 난민에게는 그다지 우호적이지 않다(특히 미국은 반공산주의자들에 대한 지원에 적극적이다). 이와 같은 정치적 관계는 시대에 따라 변하기도 하는데, 예를 들어 영국에서 정치적으로 노동당이 승리하기 이전 시기와 대처 수상 집권 시기 동안에는 당시 칠레의 피노체트가 반대파에 대한 반인륜적 숙청을 단행하고 있었음에도 불구하고 영국과 칠레가 동맹관계를 유지하고 있었으며, 따라서 피노체트 정권 반대파의 영국으로의 난민 신청을 거절했다(Joly et al. 1992; Joly 1996). 이러한 역동적인 상황들은 우리에게 제네바 협정에서 정의하는 좁은 의미의 난민에 부합하지 않는 '난민 미인정자(unrecognized refugees)', 즉 '난민과 같은 상황에 놓인 사람(refugee-ike situations)'에 대한 재인식이 중요함을 강조한다.

　또한 비호 신청자의 경우, 비록 그 수가 적다 하더라도(2010년 영국의 경우 2만 2000명이 신규 요청을 했으며, 이는 전년도 미국의 5만 5000명에 비해 3만 명이 적은 수치이다) 주요 정치적 이슈로 떠오르기도 한다(UNHCR 2011). 유권자들의 표심을 늘 염두에 두고 있는 정치가들은, 비호 신청자들이 실재하는 위협으로 인해 비호 신청을 하는 것이 아니라 경제적인 이유로 안식처를 찾고자 비호 신청을 할 수 있다는 점에 대해 우려를 표한다(이로 인해 1970년대 이후 서구 선진국들의 진입 장벽은 더욱 높아졌다). 이러한 국가들에서는 비호 신청자들이 거짓으로 폭력과 박해에 대한 이야기를 꾸미고 있다고 가정하고 높은 장벽을 통해 비호 신청자를 제어하고자 애쓰고 있다(이들 국가의 최선의 노력은 비호 신청자가 자국으로 도착할 수 없도록 하는 것이다. 이에 대해서는 Castles 2003a를 참고할 것). 자국의 시민을 추방, 탄압하고자 하는 (난민 기원국의) 어떠한 정권에서도 수용국의 합리적 관료들이 요구하는 관련 행정 서류들을 비호 신청자에게 제공하는 경우는 없으며, 이러한 경우 재판은 비호 신청자의 증언에 입각하여 진행될 수밖에 없고, 결국 대부분의 잘못된 판정은 피해 갈 수 없는 상황이 되어 버린다.

　비호 신청자 중 일부는 (성공적으로) 난민으로 인정받는다. 그리고 난민 인정을 받지 못한 경우 이들은 수용국에 그대로 남아 있기는 하지만, 합법적으로 일을 할 수는 없기에 때론 극빈층이 되기도 한다(O'Neill 2010). 즉, 이들은 정착국에서 '불법(illegal)' 이민자 또는 '미등록(undocumented)' 이민자가 되기도 하는데, 정부는 이들을 예전부터 계속 존재해 왔던 일종의 어떤 '불법 이민자'라고 생각하는 경우가 많다(Marfleet 2006). 한편 이들을 강제로 추방하여 다른 국가에 이주시키는 것은 현실적으로 불가능하고 그 자체가 불법이다. 즉, 어떤 이들에게는 '예외적 체류 허가(exceptional leave to remain)'가 주어지기도 하지만, 그 외 다른 이들은 불확실하고 전이적인 상태에 놓이게 되는 것이다. 물론 이들 중 난민으로 인정받은 경우는 매우 운이 좋은 편인데, 그렇더라도 이러한 인정 절차 이후 이들이 다른 유형의 이주자와 구별될 수 있는 특별한 보증이나 지원을 받는 것은 아니다(Joly1996).

난민이란 그 정의에 따르면, 지원과 보호가 시급한 이주자라 할 수 있다. 최근에는 난민이 기원국을 떠날 수밖에 없었던 배경에 대한 관심이 증폭되고 있으며, 이는 난민을 기원국으로 귀환시키는 데 도움을 줄 수 있게 되었다(또는 처음부터 강제적으로 추방되는 상황을 피하도록 하는 데 도움을 준다. Zetter 1988; Zolberg et al. 1989를 참고할 것). 난민들은 적극적으로 이주 목적지를 모색하는 다른 유형의 이주자와는 달리 강제적으로 추방돼 어쩔 수 없이 이주를 해야 하기 때문에, 그들 스스로가 진정으로 원하는 목적국에서 영구 정착 허가를 받지 못하는 경우도 있다. 물론 일부 난민들은 어떤 국가가 되었건 그곳을 자신들의 '안식처(home)'로 수용하기도 한다(Sales 2007; Bloch 2002). 이러한 딜레마를 보여 주는 전형적인 예로 아랍 국가들에서 표류하는 팔레스타인 난민의 경우가 있는데, 이들이 경험한 수십 년간의 재앙과 역경은 일반적인 이주자 집단에게서 찾아 볼 수 없는 특수한 사례라고 할 수 있다(Hanafi and Long 2010; Knudsen 2009를 참고할 것). 난민의 이주와 관련하여, 근본적인 원인을 찾고자 하는 노력이 진행되고는 있지만, 성공적으로 말끔하게 그 원인이 밝혀지기란 쉽지 않은 일이다(Loescher 2001).

난민의 흐름은 앞으로도 지속될 것이라고 여겨지는데, 이러한 난민은 국민국가 기능이 현저히 떨어지고 있는 경우, 그와 관련된 갈등 상황이 심화되면서 더욱더 증가할 수 있다. 다시 말해, 갈등 관계는 앞으로 더욱 심각해질 것으로 예상되며, 따라서 난민은 지속적으로 발생할 것이라고 판단된다. 또한 중동과 아프리카에서 진행 중인 갈등 외에 현재 평화를 유지하고 있는 다양한 국가들에서도 이러한 갈등은 존재할 수 있으며, 이러한 잠재되어 있는 갈등을 누르고 있는 정권의 힘이 약해질 때 폭력적인 사회적 반발이 표출되면서 많은 난민이 발생할 수도 있다. 적절한 예로 1990년대 소련(USSR)의 해체에 이어 난민이 발생한 체첸(Chechnya)과 아브하지아(Abkhazia; 조지아로부터의 실질적인 분리 독립)의 경우를 들 수 있다. 또한 2005년 멕시코에서 동성애로 박해당하던 한 멕시코 남성이 미국에 난민 신청을 한 사례는 난민과 비호 신청의 자격 기준이 크게 확장되었음을 보여 주고 있다.

참고 강제 이주; 이재 이주 및 국내 이재민

주요 읽을 거리

Bakewell, O. (2008) 'Research beyond the categories: the importance of policy irrelevant research into forced migration', *Journal of Refugee Studies*, 21: 432-53.

Gibney, M.J. (2004) *The Ethics and Politics of Asylum: Liberal Democracy and the Response to Refugees.* Cambridge: Cambridge University Press.

O'Neill, M. (2010) *Asylum, Migration and Community.* Bristol: Policy Press.

Zolberg, A.R., Suhrke, A. and Aguayo, S. (1989) *Escape from Violence: Conflict and the Refugee Crisis in the Developing World.* New York: Oxford University Press.

30.
지역 통합과 이주 ·
Regional Integration and Migration

> **정의** 이주와 관련된 지역 통합이란 여러 국가들이 연합하여 조직을 만들고 그 회원국의 시민들이 이주를 단행할 때 장벽을 낮추어 주기로 결정하는 경우를 의미한다.

 이주와 관련된 지역 통합의 가장 좋은 예로, 회원국들 간의 자유로운 여행이 가능하며 거주를 하는 데 있어서도 훨씬 용이해진 유럽연합의 경우를 들 수 있다(역으로 유럽연합 이외 국가 출신의 사람들에게는 이러한 자유로운 여행과 거주는 여전히 어렵다). 이러한 '내부적' 이주 제도는 무역과 자본의 흐름에 대한 제한을 줄이고자 하는 노력으로 시작된 더 큰 제도적 기구의 한 부분이라고 볼 수 있다. 이 같은 지역 통합의 예로는 유럽연합 외에도 북유럽 노동시장(Nordic Common Labour Market), 북미자유무역협정(NAFTA), 오스트레일리아와 뉴질랜드 간의 협정 등이 있다.

 '지역 통합'이란 용어는 국가 간의 장벽이 낮아지는 일반적인 과정을 의미한다. 우리는 여기서 지역 통합이 최종적 결과물이 아닌 **'진행 중인'** 과정임을 인식하는 것이 중요하다. 사실, 위에서 열거된 다양한 '프로젝트'는 그 구성 국가들이 더 이상 분리되어 존재하지 않을 것이라는 의미에서 완성된 것이라고 보기는 어렵다. 열렬한 민족주의자들은(한 예로 영국독립당) 유럽 통합이 주권의 상실이라며 개탄하기도 하였으며, 영국 국경의 통제는 더 이상 불가능할 것이라고 엄포를 놓기도 하였다. 그러나 실제적으로 영국과 그 외 유럽연합의 국가들은 초국가적 틀에서의 지역 통합을 상정하고는 있으나, 이주와 관련해서는 각 국가별로 별도의 규제를 가지고 있다. 특히 이주와 관련해서 유럽연합에는 장벽이 존재하고 있으며, 정책 입안자들은 국가적 관리 체제 안에서 이주 정책을 펼치고 있다.

 실질적으로 영국과 그 외 유럽연합의 회원국들은 유럽연합 시민에 대해서 초국가적인 이민 관리 정책을 펼치는 데 합의하였다. 아울러 국가적 단위에서의 정책(이제 더 이상 유럽의 국경 관리부는 존재하지 않으며 각 국가별로 존재할 뿐이다)을 펼치면서, 더 나아가 유럽연합 이외의 국가들로부터 유입되는 이민자에 대해서는 상호 의존하면서 통합적으로 이민 관리 정책을 지속해 가고 있다. 그리고 여기서 말하는 지역 통합이라는 용어는, 특히 이주에 초점을 두었을 때, 초국가적

합의가 효력을 지니기에는 그 범위가 너무 넓다는 점을 지적하지 않을 수 없으며, 따라서 실질적으로는 국가별로 정책 입안자들이 '국가적인' 관리 체제를 통해 장벽을 유지하고 있는 것이 사실이다(Lahav 2004; Brochumann 1996).

그럼에도 불구하고 유럽연합 회원국 간의 이주는 이전과 비교하면 그 과정이 단순해졌으며, 이제 회원국들 간의 이주를 막을 수 있는 방법은 없게 되었다(이들 회원 국가들은 여러 조약들을 통해 이주를 막을 수 없도록 하고 있다). 거의 모든 경우에 있어 유럽연합은 이제 유럽인들의 활동이 이루어지는 단일한 무대(적어도 합법적인 부분에서는)가 되었다. 특정 국가 출신자를 선호하는 합법적인 채용(캐나다 또는 다른 국가 출신자를 대상으로 하는 공고가 나기도 한다)이 여전히 있기는 하나, 대부분의 경우 유럽연합의 시민들은 동등하게 경쟁하게 된다. 가령, 영국 시민이 프랑스에서 일을 구하게 될 경우 프랑스는 자국민에게 제공하는 다양한 혜택을 영국 시민에게도 제공해야만 한다. 물론 이른바 '혜택 관광'을 우려하여 일부 국가에서는 문제가 되는 개인들이 복지기금의 혜택만을 누릴 수 있는 곳에서 거주하는 것을 금지하는 정책을 시행하기도 한다. 영국 정부는 실업 수당의 수급을 위해 영국에 모여드는 동부 유럽 이주자들에게 우려의 시선을 보내고 있으며, 이는 곧 자국민들의 질타를 피하기 위한 노력의 일환인 것이다. 하지만 근로자, 연금수령자(퇴직자), 학생 등의 이주는 여전히 별다른 제약 없이 진행되고 있으며, 위와 같은 혜택을 받는 것이 가능하여 사회적 문제로 이어질 수 있다(물론 이 경우에도 예외적인 상황, 금지 조치, 특정 상황이라는 것이 있을 수 있다. 이에 대해서는 Hall 1995를 참고할 것).

피셔와 스트라우바(Fischer and Straubhaar 1996: 103)는 북유럽 노동시장의 이러한 상황에 대해 '완벽한 이주의 자유'라고 칭하고 있으며, 덴마크, 핀란드, 스웨덴, 노르웨이, 아이슬란드의 사람들은 자유롭게 이 지역 범위 안에서 이주할 수 있다(덴마크, 핀란드, 스웨덴은 유럽연합의 회원국이다. 북유럽 노동시장은 1954년 이들 3개의 국가 간에 먼저 체결되었는데, 이는 그 전부터 존재하고 있던 자유로운 이주의 관행을 공식화한 것일 뿐이다. 아이슬란드는 가장 늦게 1982년부터 합류하게 된다). 한편 이 지역들이 지니고 있는 역사적 연계성(일찍이 스웨덴과 노르웨이는 덴마크의 지배를 받았다), 언어와 문화적 친밀도는 지역 통합을 통해 해당 북유럽 국가들이 더욱 발전하는 데 있어 도움을 줄 수 있었다고 판단된다. 그러나 이러한 상황에도 불구하고 북유럽 지역의 국가 간 이주는 크게 증가하지는 않았다(비중을 계산하여도 마찬가지이다). 기껏해야 1960~1970년대의 핀란드로부터 스웨덴으로의 이주 정도가 가장 큰 규모의 이주였으며, 스웨덴 인구에서 핀란드인이 차지하는 비율은 5퍼센트 정도로서 그 규모는 미미한 수준이다(이들 중 일부는 스웨덴어를 쓰는 핀란드의 소수자 집단이다). 북유럽의 국가 간 이주는 젊은이들의 도전적 경험을 위한 단기적인 이주가 주류를 이루고 있을 뿐이다(Fischer and Straubhaar 1996).

여기서 우리는 NAFTA의 경우와 같이 지역 통합이 항상 이주를 자유롭게 하지는 않는다는 것에 주목해야 한다. 1994년 미국, 멕시코, 캐나다가 체결한 NAFTA의 경우 무역과 투자에 있어서 몇 가지 규제가 해제되었으나, 높은 수준의 노동력 이주에 대해서는 동일한 방식의 규제 해제가 이루어지지 않고 있다(오직 특정의 전문직종에서 일할 수 있는 임시 체류 비자만이 제한적으로 발급될 뿐이다). 북미에서의 그러한 협정의 성과는 애당초 의도했던 바와는 상당히 다르게 나타났다. 상품과 자본의 이동에 적용된 자유방임주의 방식은 광범위한 발전과 일자리 창출로 이어지지 못했고, 대신에 멕시코 노동자들이 대안적 소득원을 찾아 국경 너머 미국으로 이동하는 결과를 낳았다(Fernández-Kelly and Massey 2007; Martin 1998). 상품과 자본의 자유로운 이동에도 불구하고 멕시코의 농산물 수입은 여전히 규제가 강한 편이다(Cornelius and Martin 1993). 즉, 미국은 아직까지 멕시코의 토마토를 수입하기보다는 토마토를 수확할 수 있는 멕시코 노동자의 유입을 선호하고 있다(Cornelius and Martin 1993). NAFTA가 추구하는 명시적 목표에는 (다른 지역통합에서 노력하고 있는 것과 마찬가지로) 이주의 압력을 줄이는 것을 포함하고 있다. 그러나 이는 거의 성과가 없는 실정이다.

지역 통합이라는 체제 틀은, 이미 마스트리히트 조약(Maastricht Treaty; 하지만 아주 제한적인 성공을 거두었을 뿐이다. 이에 대해서는 Brochmann 1996을 참고할 것)에서 시도되었던 것처럼, 외부 지역으로부터 유입되는 이민에 대해 제한된 수준이긴 하나 화합을 모색하는 정책으로 확장될 수 있다('내부적'이주/이동성과는 구별이 되는). 이와 같은 논쟁은 유럽 외부로부터의 이주자들을 제한하는 '유럽 요새(Fortress Europe)'의 개념과 연계되어 있다고 볼 수 있다. 북유럽 국가들은 북아프리카로부터 지중해를 넘어서 이주하는 이주자들의 목적지인 이탈리아의 해안가 부근 남쪽 국경선이 주도면밀하게 관리되지 못하고 있다는 사실에 우려를 표하고 있다. 유럽연합에 속해 있는 중부 및 동부 유럽의 국가들 중에는 일반 입국 비자를 포함하여 이민에 대한 과거의 (까다로운) 규율을 전면적으로 다시 수용하는 곳도 있다(Jileva 2002). 그처럼 과거의 규율을 다시 수용하는 이유는 외부로부터 이주자들을 받아들이는 것이 결국 다른 유럽연합의 국가들에게 연쇄적으로 영향을 끼치기 때문이다. 다시 말해 이주 수용에 관한 결정은 갈등 관계를 유발하기도 하는데, 2011년 이탈리아 정부가 튀니지 출신 비호 신청자 2만 2000명을 받아들였을 당시 프랑스어를 구사하는 튀니지 이주자 집단은 최종적으로 프랑스(이전 튀니지를 식민지화했던)로 재이주할 것이라 추측되었고, 이에 대해 프랑스 정부는 이탈리아 국경을 넘는 기차의 운행을 저지하면서 이를 막으려 노력하였다. 하지만 유럽연합 국가의 시민권을 가진 이주자들은 유럽연합 내에서 이주가 자유로운 편이며, 이는 2차 이주자의 경우에도 마찬가지이다(가령, 네덜란드에 정착한 소말리아인들은 영국으로 이차 이주를 단행하였다. Van Liempt 2011를 참고할 것).

지역 통합과 이주에 있어 핵심적 내용은 지역 통합이, 비록 그 협정 속에 관대한 이주 관련 조항을 포함하고 있을지라도, 높은 수준의 이주 현상을 불러일으키지는 않는다는 점이다. 경제 발전 수준이 유사한 국가들은 공통적인 노동 정책을 받아들이고 있다. 이에 유럽연합은 새로운 회원 국가를 받아들일 때 경제적 수준이 낮은 국가에서 높은 국가로 노동력의 대량 이동이 발생하지 않도록 한다는 전제조건을 제안한다. 물론 이와 같은 예상이 뒤엎어지는 경우도 있는데, 가령 영국의 경우 동유럽의 'A8*' 국가들의 유럽연합 가입을 지체시키려고 노력했지만 결국 2004년에 가입이 이루어졌고, 이에 따라 예상을 뛰어넘는 많은 폴란드 출신 이주자들이 이주하게 되는 결과가 발생했다. 그리고 이러한 상황은 추후 불가리아와 루마니아의 회원국 가입을 2007년으로 미루게 하는 데 결정적으로 영향을 미치게 된다(Sriskandarajah and Cooley 2009). 지역 통합의 전형적인 유형은 경제적 통합과 관련된 다른 조항들(무역과 자본 흐름의 자유)을 먼저 시행함으로써 각 지역의 경제개발을 통해 지역 격차를 줄이고, 이에 따라 이주 규제를 완화하더라도 이주의 열망이 감소될 수 있게끔 해 나가는 것이다(Tapinos 2000을 참고할 것).

그러나 우리는 유럽이나 미국의 경험만을 보면서 이주를 지나치게 일반화하지 않도록 주의해야 할 것이다. 지역 통합은 다양한 모습으로 나타날 수 있으며, 특히 유럽연합의 패러다임과는 많이 다를 수 있다. 동아시아의 국가들, 특히 ASEAN(the Association of South East Asian Nations)에 속한 국가들은 경제적 발전 과정에서 독특한 이주 흐름을 만들어 내었는데, 이를 유럽적인 관점에 '기대어' 이해하는 것은 곤란하다. 이러한 맥락에서 '통합'은 격차를 줄인다기보다는 활발한 이주 현상을 불러일으켜 오히려 격차를 심화시킨다는 것을 의미한다(Jones and Findlay 1998). 아프리카에도 수많은 지역 통합이 존재하는데, 이러한 지역 통합들이 특별히 이주를 촉진하는 협정을 체결한 것이 없음에도 불구하고, 지역 통합 내에서 경계를 넘는 이주는 대규모로 거침없이 이루어진다. 다만 이는 국가적 조절 능력이 부족하다는 것을 반영하는데, 일천한 국민국가 역사를 지닌 아프리카의 국가들처럼 식민지 시대 경험으로 인해 국가 경계가 인위적으로 설정된 경우 그런 현상을 더욱 분명하게 확인할 수 있다(Ouchu and Crush 2001). 지역 통합이란 이주의 복잡한 과정을 분석하는 하나의 틀이라 할 수 있지만, 전 세계에 일반적으로 적용될 수 있는 단일한 유형을 찾는 것은 무척 어려운 일임에 틀림없다.

참고 국경

---

* 역자주: 2004년에 유럽연합에 가입된 10개의 국가들 중 동유럽에 위치한 8개 국가를 지칭한다. 이 국가들에는 체코, 에스토니아, 헝가리, 라트비아, 리투아니아, 폴란드, 슬로바키아, 슬로베니아 등이 포함된다.

주요 읽을 거리

Brochmann, G. (1996) *European Integration and Immigration from Third Countries*. Oslo: Scandinavian University Press.

Jones, H. and Findlay, A. (1998) 'Regional economic integration and the emergence of the East Asian international migration systerm', *Geoforum*, 29: 87-104.

Lahav, G. (2004) *Immigration and Politics in the New Europe: Reinventing Borders*. Cambridge: Cambridge University Press.

Martin, P.L. (1998) 'Economic integration and migration: the case of NAFTA', *UCLA Journal International Law and Foreign Affairs*, 3: 419-32.

31

송금 • Remittances

정의 이주자가 기원국의 가족, 친척, 그 외 지인에게 보내는 사회적 송금 등을 포함한 돈의 흐름을 의미한다.

송금이란 이주자들이 기원국(또는 그 외의 국가)에 있는 가족(또는 공동체 구성원들)에게 보내는 돈을 의미한다. 이주자들이 단순한 개인이 아닌 가족 또는 공동체의 구성원임을 상기할 때, 이주자들이 상당한 규모의 돈을 송금한다는 사실은 그리 놀라운 일이 아닐 것이다. 송금의 규모를 통해 우리는 송금이라는 것이 단순한 돈의 흐름이 아니라 이상의 것을 의미하며, 송금을 직접 수령하는 개인들에게는 물론이고 이주 송출국에도 막대한 영향을 준다는 것을 짐작할 수 있다.

세계은행에 따르면 개발도상국으로의 송금은 지난 20년간 지속적으로 증가하였으며, 2010년에는 4400억 달러 규모로 성장하였다. 이는 1990년대 500억 달러에 미치지 못했던 것과 비교하면 엄청난 규모의 성장이라 할 수 있다(Ratha et al. 2010). 또한 이주자 가운데 송금 과정에서 발생하는 수수료 등의 비용을 절감하기 위해서 비공식적 채널을 이용하는 경우도 발생하고 있으며, 이러한 송금 방식은 비공식 채널의 독점 시장을 조성(Solimano 2010)하기도 한다. 즉, 현재 송금과 관련하여 우리가 확인 가능한 것은 공식적 채널을 통한 액수이기 때문에 실제 액수는 그보다 더 많을 것이며, 송금액 증가분의 일부는 비공식 채널을 통한 송금이 공식 채널을 통한 송금으로 바뀌면서 발생한 것이라고 추정해 볼 수 있다. 개발도상국으로의 송금액은 공적개발원조(ODA)에 비해 훨씬 크다고 할 수 있으며 최근 들어 그 규모는 더욱 성장하였다. 2000년대 글로벌 경제위기로 인해 라틴아메리카로의 송금은 잠시 주춤하였으나(Ruiz and Vargas-Silva 2011), 2010년에는 다시 그 추세가 회복되었다(Migration Policy Institute 2011).

일부 국가에서 송금은 국민총생산의 상당 부분을 차지하는데, 예를 들어 타지키스탄의 경우 GNP의 50퍼센트, 네팔 및 온두라스의 경우 GNP의 20퍼센트 이상, 니카라과와 필리핀의 경우는 GNP의 10퍼센트 이상을 차지할 정도이다. 특히 필리핀은 (송금을 통한) 외화 수입을 늘리기 위해 국가적인 차원에서 관련 기관을 만들어 노동 이주를 장려하고 있다(Semyonov and Gorodzeisky 2008).

송금은 이주자 가족의 삶을 개선시킨다. 그리고 그 효과는 단지 소비의 증가에만 국한되지 않는다. '노동 이주의 신경제학(new economics of labour migration, NELM)'은, 특히 지역의 보험 시장들이 충분히 발달되어 있지 않고 경제적 요소가 격변하고 있는 개발도상국의 사회 환경에 송금이 추가 유입되는 것은, 가정 경제의 현실적 위험을 분산시키거나 그것을 다양화시킬 수 있는 전략이라는 점을 입증한 바 있다(Lucas and Stark 1985). 몇몇 이주 연구는 이주자가 지니고 있는 기업가적 정신과 위험을 감수하는 도전의식을 강조하면서 이에 주목한다. 하지만 노동 이주의 신경제학에서는 이주가 위험 관리를 위한 수단이며, 이는 기원국에서 (실업, 환율 악화, 정치적 불안정 등의) 문제가 발생하였을 때 대처하기 위한 하나의 전략임을 강조한다.

송금에 대한 연구에서 중요한 논점은 송금을 받는 사람들이 이를 '생산적으로' 사용하는지에 대한 문제이다. 그리고 현재 송금에 대해 흔히 생각할 수 있는 또 다른 우려(어떤 이는 비난이라고 한다)는 송금이 주로 투자가 아닌 소비로만 이어지는 것이 아닌가 하는 점이다(Dinerman 1982를 참고할 것). 물론 이러한 우려는 '생산적'이라는 밀의 범주가(가령, 교육에의 지출은 제외하고) 진정으로 의미하는 바가 무엇인지에 따라 다른 결과를 가지고 올 것이다. 더군다나 (건축 활성화 등과 같은) 로컬 소비의 증가는 '승수효과'를 가져올 수 있는데, 이는 (송금을 받는) 이주자의 가족들이 비이주자 가족들로 하여금 로컬의 생산적 활동에 참여하도록 함으로써 그들에게도 소득을 얻게 하고 이를 통해 수요를 충족시킬 수 있도록 하는 방식으로 영향을 미칠 수 있다는 것이다(Taylor 1999). 또한 생산이 자기 자신들만을 위함이 아니라 로컬 전체의 소비를 증가시키는 수단으로 사용된다는 점을 인정한다면 이러한 우려는 불필요한 것이 될 것이다. 한편 최근의 연구들에서는 송금의 긍정적인 측면을 강조하는 결과도 나왔는데, 예컨대 송금으로 인해 소비 경향이 강화되고 빈곤을 감소시켰다는 연구(Adams and Page 2005; de Haas 2005를 참고할 것)와 이러한 사회의 발전이 아이들의 영양 불균형을 완화시켰다는 연구(Antón 2010의 에콰도르의 예시를 참고할 것) 등이 있다.

장기적인 관점에서의 송금과 개발의 연관성을 분석할 때 송금이 과연 개발의 촉매가 될 것인가 또는 장애가 될 것인가에 관한 논쟁이 있어 왔다(Skeldon 1997; Papademetriou and Martin 1991; Appleyard 1989를 참고할 것). 1960년대 유럽의 초기 초청 노동자의 경우, 몇몇 정부는 이들이 본국에 송금을 하고 좀 더 발전된 기술을 전수하기 때문에 본국의 개발에 긍정적 영향을 주고 있음을 강조하였다. 이러한 관점은 모든 종류의 부가 빈곤한 국가에게 긍정적으로만 작용한다고 전제하는 당대의 근대화 이론에 기반하고 있다. 그러나 종속 이론과 다른 구조주의 이론의 관점에서는 이러한 긍정적 측면보다는 부정적 측면을 강조하게 되었고(de Haas 2007), 특히 1970년대와 1980년대에는 이러한 송금이 부유한 국가로의 종속을 더욱 심화시키고 빈곤국가의 사회

경제적 기능을 더욱 악화시킨다고 지적하였다(Reichert 1981를 참고할 것).

　최근에는 논쟁이 확산되면서 더욱 미묘한 방향으로 흘러가고 있다. 송금에 대해 연구하는 학자들은 이제 송금이 개발에 미치는 긍정적 또는 부정적 영향에 대해 '글로벌' 수준의 일반적 정답을 제시할 수 있을지에 대한 회의적인 시각을 갖게 되었다. 즉, 송금을 받는 국가의 상황에 따라 그 결과는 다를 수 있다는 답을 내놓고 있는 것이다(de Haas 2007). 다른 어떠한 투자도 이루어지지 않는 국가의 경우 송금은 좋은 투자의 한 형태가 될 수 있으나(Giuliano and Ruiz-Arranz 2009를 참고할 것), 로컬의 상황이 이러한 송금으로 인한 투자가 생산적인 결과를 가지고 오지 못하게 될 경우에는, 진정한 의미에서의 지역 개발에 오히려 걸림돌이 될 수 있을 것이다. 위에서 언급한 대로 기원국의 저개발 시장경제와 열악한 하부구조로 인해 사람들은 이주를 선택하게 된다. 송금의 경우도 마찬가지여서 그러한 열악한 상황이 송금이 지닌 개발 잠재력을 오히려 제한할 수도 있는 것이다(Taylor 1999). 이러한 송금에 대한 우려는 송금이 개발도상국의 개발에 악영향을 끼친다고 주장하는 것이 아니다. 다만 이러한 우려와 경고는 송금을 비국가적 차원의 대안적 개발 원조라고 여기는 신자유주의적 낙관론에 도취되어서는 안된다는 점을 환기시킨다.

　세 번째 이슈로는 이주자 송출 지역에서 나타나는 송금의 불평등 효과에 관한 문제이다. 이러한 불평등에 대한 우려는 이주자의 선별성으로 인해 증가되었다. 사람들은 특히 송금 가구와 비송금 가구 사이의 경제적 격차가 커질수록 불평등이 더욱 가속화될 것이라고 믿게 된다(Lipton 1980을 참고할 것). 이러한 송금으로 인한 불평등의 문제는 로컬 맥락에 따라 매우 상이하게 전개된다. 비이주자 가족은 송금으로 인한 '승수효과'로 인해 이득을 취할 수도 있다(Stark et al. 1988). 또한 지역 내 빈곤한 세대원들이 이주 개척자들이 만들어 놓은 네트워크를 활용해 연쇄 이주를 단행할 수도 있으며, 이러한 과정에서 송금으로 인한 불평등의 상황이 개선될 수도 있다(Jones 1998). 일반적으로 송금이 절대 빈곤을 감소시키는 것은 분명한 사실이다. 따라서 우리는 송금으로 인한 혜택과 불평등과 관련된 우려를 어떻게 균형적으로 조절할 것인지를 깊이 있게 생각해 보아야 하고, 아울러 그런 평가들이 객관적 기준이 없는 규범적인 판단에 근거하고 있다는 점도 고려해야 한다(de Haas 2007).

　송금은 단순히 재정적 흐름만을 의미하는 데에 그치지 않고 다양한 자원의 흐름을 포괄한다. 엑스테인(Eckstein 2010)은 송금을 사회적, 상징적 자본과도 연결되어 있다고 지적하였는데, 이는 송금이 사회적 위신을 높이는 데 역할을 해 주기 때문이다. 레빗(Levitt 1998)은 '사회적 송금'이라는 용어를 통해 규범적 구조, 사회적 자본, 실천 시스템을 포함하는 문화적 형식들의 확산을 강조하였다. 한 예로 이주자는 젠더 역할, 소속감 및 정치적 참여도 등 자신의 생각을 기원지로 전파시킬 수 있다. 또한 위에서 언급한 대로 이주자는 발전된 기술을 가지고 기원국으로 귀환할 수도 있다(Bloch 2005). 사회적 송금이 항상 정착국의 문화를 수용한다는 것을 의미하지는 않는데, 서구 선진국에 이주한 사람의 경우 보다 평등한 젠더 역할을 강조하게 되는 반면 어떤 이주자들은 가부장적 또는 전통적 사고를 더욱 강화시키는 경우도 있다(송금과 젠더에 관한 보다 일반적인 내용은 Kunz 2008을 참고할 것).

관례적으로 송금과 관련된 논의에서 사회적 송금은 긍정적 또는 부정적 측면 모두를 가질 수 있다고 이해되곤 한다. 따라서 이주자의 송금을 통해 정착국의 부가 항상 기원국에 이득을 가지고 올 것이라고 주장하는 근대화 이론을 무비판적으로 받아들이는 것은 곤란하다(Castels and Miller 2009를 참고할 것).

송금은 국제 이주 현상이 만들어 낸 초국가적 사회 네트워크의 중요한 사례이기도 하다. 송금의 흐름과 그 효과는(특히 개발과 불평등의 문제와 관련하여) 이주에 관한 사회학적 논쟁을 불러일으키고 있다. 즉, 이주는 개인의 단순한 지리적 재입지가 아닌 기원국과 정착국 사회를 변화시키는 복잡한 과정인 것이다. 이러한 일반적인 논점이야말로 송금이 지니고 있는 가장 **중요한(a fortiori)** 점이 아닐 수 없다. 왜냐하면, 송금은 단순한 돈의 흐름이 아닌, 특정한 방법으로 특정한 사람이 특정한 목적을 위해 행하는 돈의 흐름이기 때문이다.

참고 초국가주의; 이주자 네트워크

주요 읽을 거리

de Haas, H. (2005) 'International migration, remittances and development: myths and facts', *Third World Quarterly*, 26(8): 1269-84.

Levitt, P. (1998) 'Social remittances: migration driven local-level forms of cultural diffusion', *International Migration Review*, 32(4): 926-48.

Skeldon, R. (1997) *Migration and Development: A Global Perspective*. Harlow: Longman.

Taylor, J.E. (1999) 'The new economics of labour migration and the role of remittances in the migration process', *International Migration*, 37 (1): 63-88.

32.
이주 제한 정책과 개방 경계 ·
Restrictionism vs. Open Borders

정의 이민 정책에 관한 논쟁은 다양한 관점을 내포하고 있는데, 합법적으로 이민자를 수용할 것인지 거부할 것인지의 여부는 국가가 자의적으로 결정할 권한을 가지고 있다고 보는 견해가 있는가 하면, 국경은 인위적인 것이고 따라서 이주는 완전히 자유롭게 진행될 수 있어야 한다고 보는 견해도 있다.

이주에 관심을 가지는 사람들은 국가 경계의 개방과 폐쇄의 범위와 관련하여 정치적, 윤리적 문제들에 주목하지 않을 수 없다. 과연 한 국가가 이민자들에게 국경을 어느 정도까지 폐쇄하는 것이 옳은 일일까? 대부분의 사람들은 국가가 비시민의 입국을 막아 내고, 입국을 시키더라도 누구를 받아들일 것인지에 대해 당연한 권리를 지니고 있다고 믿고 있다. 하지만 일부 소수의 견해는 이러한 제한적인 경계는 불법적이며 공정하지 않다고 주장한다. 특히 이주는 인간의 권리 중 하나에 속하며, 따라서 빈곤한 국가 출신자들이 부유한 국가로 이주하고자 하는 것을 제한하는 것은 현대 세계가 보여 주고 있는 불평등의 한 모습이라고 지적한다.

근대 민족주의에서는 국가가 이민자들을 제한하거나 배제하는 것은 당연한 것으로 여겨졌다 [가령, '잉글랜드인을 위한 잉글랜드(England for the English)']. 또한 이러한 생각은 정치 이론에서도 당연한 것으로 받아들여졌다. 존 롤스(John Rawls)는 '정의론(a theory of justice)'(1971)을 구축하면서 이주에 대해 아무런 검토도 하지 않았다. 그리고 그의 **만민법(The Law of Peoples 1999)**에서도 '만민(peoples)'이란 고정된 성원권(membership)을 가진 자들이라고 생각했으며, 글로벌 차원에서 정의의 문제에 있어서도 이주에 대한 수용은 전제되어 있지 않았다.

이주 제한 정책에 대한 논쟁은 선주민들에게 발생할 수 있는 부정적인 결과만을 주목하는 경향이 있다. 먼저 경제적 측면에서 보면, 빈곤한 국가 출신의 이민자들은 최저 임금보다 낮은 수준의 임금으로도 기꺼이 일하기 때문에 고용주들은 이민자들을 선호하게 되어, 결과적으로 선주민들의 실업이 증가할 수밖에 없다는 것이다. 미국에서는 이러한 경제적 부분을 인종적인 측면과 연관 지어 설명함으로써 그 논의가 왜곡되기도 한다. 벡(Beck 1996)은 1960년대 미국에서 시민권과 관련된 새로운 법률이 통과되면서 이후 발생하게 된 대량 이민이, 과거 비참한 모습으로 대규모 강제 이주를 당하여 미국에 거주하게 된 아프리카계 미국인들(African Americans)이 당시에 직면하고 있던 많은 문제들을 해결해 나가려는 시도에 오히려 장애가 되었다고 지적한 바 있다. 또 다른 논의들을 보면, 대량 이민이 서유럽의 발전된 복지 상황을 떠받치고 있던 사회적 결속을 약화시킬 가능성이 있다는 점을 지적하고 있다(Entzinger 2007; Goodhar 2013을 참고할 것).

두 번째 중요한 결과는 문화와 정체성과 관련된 문제이다. 일부 선주민들은 많은 이민자가 자신들의 문화와 정체성을 '약화(dilute)'시키거나 위협한다고 본다(Glazer 1994). 이러한 우려는 동화에 대한 기대가 약화되었을 때 더욱 강하게 제기되곤 한다. 월처(Walzer)의 전통적인 입장에 따르면, 이민 제한 정책은 '공동체의 특징'과 '공동체적 독립'을 확보하는 수단이기 때문에 정당화될 수 있다(1983: 62, 하지만 그는 난민에 대해서는 수용의 책임이 있다고 본다). 국가가 만약 시민권을 관할하는 기능을 상실한다면 민주주의 국가로서의 자주적 결정권이 약화된다(Miller 2007). 사람들은 단순한 개별적 존재로서의 개인이 아니며 근대국가라는 문화에 착근된 개인이다. 국민국가는 민주주의의 과정으로서도 중요하지만 자유주의적 평등주의의 목표를 달성하기 위해서라도 중요하다고 할 수 있다(Kymlicka 2001b). 또한 문화적 측면을 강조하지 않더라도, 일부 저술가들은 현재의 시민들이 자기가 속한 국가의 집단적 성원권(membership)을 실천해야 한다는 논리에 근거하여 국가는 이민의 수용을 제어해야 한다고 주장한다(Pevnick 2011).

이민의 제한을 주장하는 논지에서 가장 주목할 만한 점은, 이러한 논지가 이민으로 인해 발생할 수 있는 부정적 결과들을 기반으로 주장되고 있다는 점이다. 이러한 관점에는 선주민의 이익을 외부인의 것보다 중요시한다는 점을 그 바탕에 두고 있다. 하지만 이러한 가정들은 더 이상 지지를 받지는 못하고 있다. 정의에 대한 세계보편주의적(cosmopolitan) 관점에 의하면, 잠재적 이주자들 혹은 '외국인'들의 관심사가 진정 무엇인지에 초점을 맞추거나, 아니면 적어도 그 점을 일부라도 고려할 것을 요구한다. 이주자를 배제하는 권리는 더 이상 받아들여지지 않고 많은 논쟁을 불러일으키고 있는 것이다(Booth 1997; Carens 1999). 한편 다음과 같은 제한주의자들의 또 다른 주장도 있다. 블레이크(Blake 2002)는 일반적으로 사람들이 동포들에게는 많은 책임감을 느끼고 있지만, 그에 비해 '외부인'들에게는 상대적으로 더 적은 책임감을 느끼고 있다는 견해를 발전시켰다. 왜냐하면 외부인들의 경우에는 동포들이 속해 있는 국가의 강압적 권력에 종속되어 있지 않기 때문이다(Nagel 2005를 참고할 것). 그런데, 이주에 관한 많은 대중적/정치적 담론에서는 결국 이주의 부정적 결과를 확인하는 것이 논의의 종착점이 되고 있다.

세계보편주의적 관점에서는 국경과 이민 제한 정책이 인위적이고, 애매모호하며 불공정한 것이라고 비판한다. 특정 국가는 그 국가에서 태어난 개인의 삶의 기회에 막대한 영향을 미친다. 개인은 특정 장소에서 태어나는 것을 '선택'할 수 없으며, 부유한 국가 사람들이 자신들의 삶을 유지하기 위해서 빈곤한 국가에서 온 이민자들을 배제하는 것은 정의롭지 못하다는 것이다(Isbister

1996). 대단히 획기적인 내용을 담고 있는 카렌스의 연구(Carens 1987)에서는, '무지의 장막(veil of ignorance, 즉 자신의 장래에 어떤 일들이 발생할지 예측할 수 없는 상황)'에서 사람들이 선택하게 되는 기회가 무엇인지를 탐색하고자 했던 롤지언(Rawlsian)의 관점에 의하면, 결국 개인은 개방된 국경으로 구성된 세상에서 살고 싶어 한다는 결론으로 귀결된다고 주장했다. 부유한 국가에서 태어나지 않은 개인은 외부인들을 배제하고자 하는 부유한 국가 사람들의 권리를 넘어서서, 자신의 삶을 보다 윤택하게 하기 위해 이주의 기회를 적극적으로 모색하게 될 것이다. 특히 자유주의 사회에서는 오로지 그 시민들을 위한 자유로운 이상을 승인할 수는 없으며, 따라서 '외부인'의 이익도 고려한다면 그러한 이상은 적실성을 갖지 못한다[하지만 메일랜더(Meilaender 1999)는 이러한 논쟁은 자유주의의 이념과 실천이 전제된 사회가 아닌 이상 별다른 의미가 없다고 지적한다].

또 다른 개방 경계에 대한 논의는 이주자 자체의 문제보다는 인간의 자유 이동성이라는 보다 근본적인 권리에 더욱 주목한다(Sutcliffe 1998; Hayter 2000을 참고할 것). 여기서는 국내에서의 자유로운 이동과 외부로의 이민에 대해 그 유사점이 비교되기도 하지만 베이더(Bader 2005)는 이러한 비교가 설득력이 떨어진다고 본다. 또한 정착국은 이주자들의 높은 열정과 자발성 덕분에 어떠한 형태로든 이익을 보고 있는데, 그럼에도 불구하고 결과적으로 선주민들이 이민자들 때문에 불리한 상황에 처하게 된다는 논쟁이 일어나기도 한다(Riley 2008; Legrain 2007). 더군다나 이주를 통제하려는 노력에는 많은 비용이 소요되는데(Martin 2003), 비단 경제적인 측면에서뿐만 아니라, 미승인 이민의 '불법성(illegality)'으로 인해 긴장과 불안전성이 고조되는 측면에 있어서도 큰 부담이 될 수 있다(Pécoud and de Guchteneire 2006; Wihtol de Wenden 2007).

이민 제한 정책에 대한 논쟁에서 등장하는 규범적인 용어들이 항상 구체적으로 그 의미가 명시되면서 사용되는 것은 아니다. 이주에 관한 가장 윤리적인 논쟁이 기대고 있는 암묵적 철학 기반은 '결과주의(consequentialist)'의 관점이다. 하지만 문화에 관한 일부 주장은 '완벽주의(perfectionism)'에 좀 더 뿌리를 두고 있다. 그렇다면 과연 어떤 종류의 결과가 중요하단 말인가? 많은 연구자들이 경제적, 문화적인 결과들을 강조하고 있으며 여기에 높은 가치를 부여하고 있다. 과연 왜 경제적, 문화적 결과들이 현저히 주목받는 것일까. 이는 많은 사람들이 경제적, 문화적 결과들을 중요하게 생각하기 때문이다. 그럼에도 불구하고 다시 원점으로 돌아가서 의문을 가져 보자. 왜일까?

여기서 경제적 요소는 그 자체가 본질적으로 가치가 있다기보다는, 궁극적으로 행복해지기 위한 수단으로서 가치가 있다는 점이 매우 흥미로운 논쟁거리가 될 수 있다. 하지만 행복에 관한 경험적 연구에서 경제적 수입의 증가가 반드시 행복의 증진을 가져오지 못한다(Easterlin 2001을 참고할 것). 따라서 경제적 이주가 이주자들에게 더욱 큰 행복의 결과를 필연적으로 가져다주지는 못할 것이다(Bartram 2010; 2013). 만약 경제적 이익이 곧 행복을 의미한다고 믿는다면, 그것은 우리가 행복의 방법에 대해 뭔가 착각을 하고 있는 것이며(Gilber 2006), 이는 일종의 허구라고 할 수 있다.

그런 가능성(이주가 행복을 가져다주지 않는다는)은 개방 경계를 주장하는 견해를 하찮은 것으로 만드는가? 이민 제한 정책으로 말미암아 이민에서 배제된 사람들이 (이민을 했기 때문이 아니라) 이민에서 배제되었기 때문에 결국 행복해질 것이라고 주장하는 것은 어불성설이다. 즉, 그런 결론이 지닌 온정주의는 어리석은 것이다. 설령 어떤 이주자가 정착국에서의 삶에 관해 잘못된 믿음을 갖고 있다 할지언정, 자유라는 말의 의미에는 그러한 잘못된 일을 하는 것 자체도(일을 좀 더 잘해 보고자 하는 과정에서 벌어질 수 있는) 일종의 자유라는 의미도 내포하고 있는 것이다. 게다가 경제적 목적이 아닌 다른 목적으로 이주를 선택하는 경우도 많으며, 또한 이민자들의 입국 결정의 이유가 정확히 무엇인지를 구별해 낼 수 있는 실질적 행정 방법도 존재하지 않는다. 개방 경계가 제시하는 이주와 행복이, 많은 사람들에게 진정한 행복을 가져다줄 것이라는 믿음도 사실 크게 과장된 것이다. 객관적인 행복의 증진이 부유한 국가로의 이주가 가져다주는 결과일 수도 있다. 그러나 행복과 관련된 객관적인 결과와 주관적인 결과를 평가하고 구분하는 방법은 모호할 수밖에 없다.

객관적으로 판단해 보더라도 개방 경계의 영향력은 제한적이며 미미한 수준에 불과하다. 개방 경계의 혜택은 이동에 도움을 주는 자원을 별로 갖고 있지 못한 사람들보다 오히려 상대적으로 좋은 위치에 처해 있는 사람들에게 돌아가고 있다(Bader 2005). 또한 어떤 사람들이 이주를 선택하도록 이끌어 주는 여러 문제들에 주목해 본다면, 이주는 오히려 좋은 전략이라고 볼 수 없다(Seglow 2005; Carens 1992). 신고전주의 경제학자와 고용주들은 개방 경계의 입장을 열렬히 수용하고 있다. 그런데 일부 좌파 집단에서 간혹 그들의 입장에 동조하고 있다는 사실이 흥미로운데, 이는 불우한 사람들의 삶을 개선하기 위해 시장의 힘을 신뢰하는, 상당히 좌파스럽지 않은 입장인 것이다(Castles 2003b).

실질적으로 국가는 이민 정책에 있어서 완전히 닫힌 경계와 개방 경계 사이의 중간 지점을 선택하게 된다. 어떠한 부유한 국가에서도 이민을 절대적으로 배제하고자 하지는 않으며, 경계와 이민 제한은 정기적으로 침해되기도 하고 강화되기도 한다. 그리고 어떤 부유한 국가도 이민자들을 완전히 배제하려고 하지 않으며, 그러한 완전한 배제를 원하지도 않는다. 선행 연구의 예리한 지적에 따르면(Bader 2005), 경계 폐쇄를 주장하는 것이 설득력을 얻을 수 있는 때는 이민 유입국이 자신의 '글로벌 차원의 도덕적 의무(global moral obligations)'를 충분히 충족시켰을 때이다. 즉, 기존의 이민 제한 정책을 정당화하는 정도에 만족하지 못하게 된, 그 이상의 경우에 경계 폐쇄를 주장하게 된다(Tan 2004를 참고할 것). 이주 제한 정책의 윤리성에 관한 논쟁이 관련 정책을 개발하는 데 의미 있는 영향력을 미치고 있는지는 분명하지가 않다. 정치인들은 경계의 폐쇄 수준을 높여야 한다는 많은 유권자들의 요구(일부 집단에서는 이에 반대되는 견해를 표출하기도 한다)와 경계의 개방 수준을 높여야 한다는 고용주의 요구 사이에서 협상을 통해 적절한 균형을 모색해 나가고 있다. 이 문제와 관련 있는 의사결정자들은 대부분 국내의 행위자들의 이익에만 주목하고 있다. 그러나 세계보편주의적 사고에 의하면, 법원의 판결과 국제기구가 제시하는 표현이 가장 중요하게 고려되어야 할 부분인 것이다.

주요 읽을 거리

Bader, V. (2005) 'The ethics of immigration', *Constellations*, 12: 331-61.

Caren, J.H. (1987) 'Aliens and citizens: the case for open borders', *Review of Politics*, 49: 251-73.

Hayter, T. (2000) *Open Borders: The Case Against Immigration Controls*. London: Pluto Press.

Tan, K.-C. (2004) *Justice Without Borders: Cosmopolitanism, Nationalism, and Patriotism*. Cambridge: Cambridge University Press.

33.
귀환 이주 · Return Migration

정의 이주자가 기원지 국가로 돌아오는 것을 의미한다. 이는 본래의 목적이 완수되었거나 혹은 수정되었기 때문에 이루어진다. 이는 단순히 '국외로의(outward)' 이주와 반대되는 것이라고 볼 수 없으며, 오히려 국외로의 이주와 많은 공통점을 지니고 있다.

많은 이주자들이 자신의 정착국에 영구적으로 머무르지 않으려고 한다는 것은 그리 놀라운 일이 아니다. 지금까지 귀환 이주는 관련 자료가 부족하여 '국외로의(outward)' 이주 현상에 비해 크게 주목받지 못했다고 볼 수 있다(Khoser 2000). 많은 정착국에서는 이주자들의 (기원지로의) 재이주에 대한 자료를 남겨 놓지 않았으며, 기원국에서도 마찬가지로 귀환 이주자를 '이민'으로 분류하지 않은 채 관련 기록을 남겨 놓지 않는 경우가 많았다. 그럼에도 불구하고 연구 결과물이 축적됨에 따라 이제 우리의 편견과 상식을 뛰어넘는 다양한 귀환 이주의 모습을 파악할 수 있게 되었다. 즉, 고향으로의 귀환이라는 비교적 단순한 현상은 의외로 복잡한 상황들과 연관되어 있을 수 있다. 이와 더불어 귀환과 개발의 관계, 그리고 난민이 귀환함에 따라 직면하게 되는 특수한 문제들 또한 중요한 주제이다.

이주와 관련된 논의의 핵심은 이러한 흐름이 지역과 국가를 연결하는 '이주 체계' 안에서 발생한다는 것이며(Fawcett 1989), 모라브스카(Morawska 1991)에 따르면 이러한 이주 체계는 국외로의 이주 및 귀환 이주를 이해하는 데 있어서도 무척 중요한 틀인 것이다. 초국가주의 시대에 한층 더 저렴해진 교통비로 인해 귀환 이주는 더욱 활발해지고 있다. 물론 과거에도 우리가 생각했던 것 이상으로 이주는 어느 정도 보편적인 현상이었는데, 한 예로 20세기 초에는 미국 대륙으로 이주하였던 1600만 명의 유럽인 중 4분의 1이 자신의 기원국으로 귀환하였다(Gmelch 1980). 최근 더스탄과 바이스(Dustan and Weiss 2007)의 연구결과에 따르면, 영국에 이주하였던 이주자들의 절반이 5년 안에 기원국으로 돌아갔으며 이러한 귀환율은 선진국 출신일수록 더 높은 비율을 보인다. 귀환 이주의 흐름은 글로벌 경제위기에 따라 대다수 부유한 국가에서 이민자들의 일자리가 감소하면서 크게 영향을 받았다. 한편, 학계에서는 최근 초국가주의 관점이 설득력을 얻고 있는 가운데 귀환 이주가 더욱더 주목을 받게 되었다.

다양한 형식의 귀환 이주을 요약할 수 있는 여러 가지의 표상들이 동원될 수 있다. 자주 인용되는 것은 시레이스(Cerase 1974)가 언급한 표상인데, 그는 귀환 이주가 은퇴, 실패, 보수주의, 혹은 혁신 등의 표상으로 특징지을 수 있다고 보았다. 이 중 은퇴와 실패는 설명이 필요 없는 너무도 자명한 표상이고, '보수주의'는 이주자가 정착국에 사회적으로 통합되지 않고 귀환 이주를 하게 되는 경우이다. '혁신'의 경우는 이주자가 정착국의 일부 가치와 관습을 수용하고, 그것들을 기원국으로 가지고 돌아가서 '고향'의 변화를 이끌어 보고자 하는 것을 의미한다. 또 다른 연구로는 귀환 이주에 있어서의 성공과 실패를 분류한 피오레(Piore 1979)의 연구가 있다. 이주자 중에는 정착국에서 경제적 자본을 축적한 후 (자본 축적이라는 경제적 목적을 달성한 후) 기원국으로의 이주를 계획하는 경우가 있으며, 이 경우에 기원국으로의 귀환은 성공을 의미한다. 한편 애당초 정착국으로의 영속적인 이주를 결정하였으나 정착국에서 경험하는 다양한 어려움으로 인해 기원국으로 돌아가게 될 경우, 이때의 귀환 이주는 실패를 의미한다. 즉, 이주 당시의 계획은 매우 가변적인데 영속적인 이주를 계획한 경우라도 정착국에서의 어려움으로 귀환 이주를 하게 되기도 하고, 일시적인 이주를 계획했더라도 자본의 축적이 어려워 기한없이 정착국에서의 생활이 계속 연장되는 경우도 발생하게 된다.

일부 정착국의 정부는 귀환 이주가 이주자 자신들의 자발적인 문제라고 보지 않는 경우도 있다. 민주주의 국가에서 추방은 선택 가능한 정책이 될 수 없었기 때문에, 일부 정착국 정부에서는(가령, 1970년대와 1980년대 프랑스와 독일 정부처럼) 이주자들에게 재정적 인센티브나 다른 지원책을 제공하여 자국을 떠나도록 설득하였다. 하지만 그러한 프로그램은 대체로 성공을 거두지 못했다. 정부가 기대했던 것보다도 더 적은 이주자들이 이를 받아들였고, 인센티브를 수령했던 일부 이주자의 경우에는 그런 인센티브를 받지 않더라도 기꺼이 귀환하고자 했던 것이다(Roger 1997). 킹(King 2000)은 보통 국외로의 이주는 경제적 목적을 위해 결정되는 데 반해 귀환 이주는 가족 또는 다른 비경제적인 사항들에 더 많은 영향을 받아 결정되고 있음을 지적한다. 또한 정부의 다양한 귀환 정책들은 예상치 못한 다양한 문제들을 낳기도 했다. 가령, 미국 정부의 강력한 국경 통제로 많은 미등록 멕시코 이주자들은 본국으로 돌아가는 것을 더욱 꺼리게 되었는데, 그 이유는 귀국 후 재입국이 더욱 어려워졌기 때문이다(Massey et al. 2003를 참고할 것).

귀환 이주에 있어서 또 하나 주목해야 할 부분은 귀환 이주자가 기원국으로 돌아간 후 경험하게 될 상황일 것이다. 많은 귀환 이주자들에게 있어 고향으로 돌아간다는 것은 희망과 긍정적 기대로 가득한 것일 수 있으나, 정작 장기간 외국에서 생활한 이들에게 고향은 이전의 고향이 아닐 수 있다. 다시 말해, 귀환 이주자들은 자신들이 떠나온 고향의 예상치 못한 변화와 고향의 친구, 가족들과의 관계 회복에 있어 어려움을 겪을 수도 있다. 즉, 이주할 당시에는 새로운 곳에서 경험할 다양한 어려움에 대해 미리 남다른 각오를 다졌던 것과는 달리 집으로 돌아올 때는 이러한 긴장감이나 각오가 없기 때문에 이들이 마주하게 될 기원국의 예기치 못한 어려움은 오히려 더 크게 와 닿을 수 있다(Tannenbaum 2007). 보카니(Boccagni 2011)는 에콰도르의 귀환 이주자들과 정착자들이 경험했던 실망감에 대해 분석하면서 이들이 결국 다른 지역으로 또다시 재이주하게 됨을 지적하였다(Boccagni 2011을 참고할 것). 그러므로 귀환 이주는 이주 여정의 종점에 해당하지 않으며, 반복되는 순환 이주의 한 과정일 수도 있는 것이다(Cassarino 2004).

귀환 이주와 관련된 그러한 경험들은 국민국가로 구성된 세계에서 이주와 귀환의 의미에 관해 여러 가지 의문점을 불러일으킨다. 전통적인 이해 방식에 의하면, 이주는 변칙적인 상황(anomaly)을 형성시킨다. 즉, 이주자는 다른 사회의 구성원이 되기 위해 '외국인'에서 '국민'으로의 어려운 변환 과정을 경험하게 된다. 자민족중심주의의 관점에서 보았을 때 이러한 변환 과정은 결코 끝나지 않는 어려운 과정이다. 하물며 이주자가 귀화를 했다 하더라도 귀화자 본인은 지속적으로 자신이 외부인임을 인식하게 된다. 그리고 이러한 어려운 상황에 대해 불편함을 느끼는 이민자들은 본인이 국적을 가지고 있는 곳으로 돌아가기도 한다. 보카니는 이주자들 스스로 이러한 귀환 이주를 '자연적인 질서의 회복'이라고 인식하고 있음을 지적한 바 있다. 앞의 문단에서 언급한 연구에 따르면 이주자들이 자신들의 변칙적인 상황을 해소하려는 노력에는 분명 한계가 있는데, 가령 장기간의 외국 생활로 인해 이들은 기원국에서조차 외국인으로 인식되기도 한다. 일부 귀환 이주자는 자신의 목표를 달성했고 따라서 귀국 후의 삶에서도 만족감을 얻을 수 있으나, 어떤 귀환 이주자는 귀환 이후 고향의 변화에 적응하지 못하고 '너는 더 이상 고향으로 돌아갈 수 없다.'라는 인식을 갖게 되는 경우도 있다. 이러한 의미에서 보면 귀환 이주는 국외로의 이주와 정반대의 이주 형태라고 단순하게 말할 수 없으며, 오히려 국외로의 이주와 어느 정도 공통점을 가지고 있다고 할 수 있다(Lee 2009를 참고할 것).

일부 연구자들은 '귀환'의 개념을 이민자 자녀들(과 그 후속세대)의 이주 현상에, 특히 그들이 부모의 기원국으로 이동할 경우에 적용하고 있다. 귀환이라는 용어는 인용부호 속에 포섭되는 경우가 많은데[가령, '2세대 "귀환자들(returnees)"'에 관한 연구에서와 같이(King and Christou 2010)], 이는 이들이 부모의 기원국으로 이주하는 경우임에도 불구하고 이 용어를 적용하는 것에 논란이 있을 수 있기 때문이다. 이런 경우에 '고향'이라는 용어는 더욱 모호한 의미를 지니며, 그 이주자들은 자신들이 도대체 어디에 소속되어 있는지에 관해 커다란 불확실성에 직면할 수 있다(King et al 2011). 상이한 맥락적 상황은 이른바 '역-디아스포라 이주(counter-diasporic migration)'의 차별적 결과를 야기하기도 한다. 즉, 이스라엘의 유대인 이민자들은(이들의 가족들은 수 세대에 걸쳐 타지에서 살아왔다) 공유된 종교/민족 정체성의 맥락에서 상대적으로 쉽게 이스라엘 사람이 될 수 있으며, 따라서 대규모의 이민은 계속 이어지고 있다. 반면, 브라질의 일본계 이민자들의 후손들은 일본으로 들어와 언어와 문화의 지속적인 불일치를 경험하면서 **니케이진**(Nikkeijin)이라 불리는 '브라질인'으로 남아 있다(Tsuda 2003).

귀환 이주 연구는 또한 귀환 이주와 기원국 개발과의 연관성에 대해 다루기도 한다. 신고전주의 경제학 관점에서 볼 때, 귀환 이주자들은 선진국의 경제에서 고숙련의 기술을 습득하여 기원국으로 귀환하기 때문에 기원국의 경제개발에 도움을 줄 것이라고 예상되었다. 하지만 이에 대해서는 반대 논의도 이루어졌는데, 즉 이주자들이 기원국에 거주할 때와 비교해 보았을 때, 정착국에서는 오히려 기술 수준 등이 더 낮은 직종에 종사하는 경우가 많고, 따라서 기원국의 지역경제에도 이득이 아닌 손실을 가져왔을 것이라는 주장도 있다. 물론 귀환 이주의 긍정적인 측면에 대해 밝힌 연구도 있다. 콘웨이와 포터(Conway and Potter 2007)의 연구에서는 귀환 이주자의 수준 높은 인적자원이 지역경제의 발전에 이바지하였음을 지적하였고, 앰매서리(Ammassari 2004)는 서아프리카 지역의 엘리트 계층이 귀환 이주함으로써 자신들의 네트워크를 통해 기업활동을 활성화시킨 점을 지적하였다. 또한 국가 정부에서 정책적으로 자국민들의 해외로의 이주를 권장하고 이들을 디아스포라 형성 전략으로 이용하고자 하는 경우도 발견된다. 즉, 이주자들의 초국가적인 연결망을 구축하여 이주자와 그 후손과의 연결을 제고하고, 이를 통한 기원국으로의 송금으로 기원국의 경제적 개발 효과를 기대하는 것이다.

하지만 난민 또는 비호 신청자의 귀환 이주의 경우에 대해서는 다른 분석이 필요할 것으로 보인다. 이들은 애초에 기원국을 자발적으로 떠나려고 한 집단이 아니며, 따라서 이들에게 있어 귀환은 그다지 매력적인 이주가 아니다. 이들의 귀환 이주를 다른 유형의 귀환 이주에서처럼 이주 전후의 기원지와 정착지에서의 상황을 비교하는 것은, 다시 말해 난민화되기 **이전의 상태**와 난민화된 후 현재의 상태를 비교하는 것은 별 의미가 없다. 블리츠(Blitz 2005)의 연구에서 지적된 바와 같이 1990년대와 2000년대 세르비아의 소수민족이 크로아티아 동부로 귀환하였을 당시 이들은 국가적 차원에서 차별에 직면하였을 뿐만 아니라 보스니아계 크로트인*(Bosnian Croats; 이들도 보스니아에서 이출된 난민들이다)에 의해 강제 이주를 당했다. 또한 지속적으로 비호 신청이 늘어나는 정착국의 경우에는 의도적으로 이들 비호 신청자가 늘어날 수 없도록 조치하는 경우가 발생하고 있으며, 이렇게 비호 신청이 거부당한 사람들의 경우 추방과 같은 위험을 무릅쓰고 다시 기원국으로 돌아갈 수밖에 없는 상황이 벌어지기도 한다(Khoser 2001).

---

* 역자주: 크로아티아인(Croatian)이라고도 하며, 남방 슬라브족에 속한다. 크로트들은 주로 크로아티아와 보스니아에 거주하지만, 공식적으로는 오스트리아, 체코, 헝가리, 세르비아 등지에 거주하는 소수 집단으로 인식된다. 정치, 사회, 경제적 압력으로 인해 많은 크로트는 유럽과 아메리카 대륙으로 이주했으며 디아스포라 집단을 형성하였다.

참고 초국가주의; 순환 이주

주요 읽을 거리

Conway, D. and Potter, R.B. (eds) (2009) *Return Migration of the Next Generations: 21st Century Transnational Mobility*. Farnham: Ashgate Publishing.

Ghosh, B. (ed.) (2000) *Return Migration: Journey of Hope or Despair*? Geneva: International Organization for Migration.

Tannenbaum, M. (2007) 'Back and forth: immigrants' stories of migration and return', *International Migration*, 45: 147-75.

34.
2세대 · Second Generation

정의 부모가 이주해 간 국가에서 태어난, 이민자의 자녀들을 말한다.

이민은 지난 수십 년 동안 지구촌 곳곳을 변화시켜 왔다. 이러한 변화에 있어서 이민자 자녀들은 독특한 위치를 점하고 있다. 그들은 (부모 세대보다) 더 높은 수준의 거주권과 성원권을 인정받고 있으며, 자동적/태생적으로 시민권을 부여받기도 한다. 또한 지역 학교와 다른 사회화 기관들을 자연스럽게 접하게 된다. 따라서 그들이 정착지 사회에 통합되거나 동화될 가능성은 더 높다고 할 수 있으며, 통합 과정에서 주요 '중재자(agents)'의 역할을 하기도 한다. 이처럼 2세대들의 통합 방식과 통합 정도는 이민 연구에서 매우 중요한 주제이다. 이러한 2세대와 관련된 주제는 무척 다양한데, 예를 들어 2세대들이 새로운 사회의 언어와 문화를 배우는 과정, 부모의 언어를 유지하는 과정, 이들의 학업과 교육적 성취 수준, 노동시장에서의 취업과 경험들, 성인으로 성장해 가는 과정에서 습득하게 되는 문화적, 국가적, 민족적 정체성 등 많은 것들이 있다.

이민자의 자녀들에게 붙여진 2세대라는 명칭 그 자체는 간혹 비판을 받기도 하는데, 왜냐하면 2세대(혹은 후속세대)라는 용어가, 그들은 항상 이민자일 것이라는, 그래서 결코 그들이 태어난 바로 그 국가에 진정으로 수용되거나 통합되지 못하리라는 것을 암시하고 있기 때문이다(Durmelat and Swamy 2013). 이러한 의미는 대중적, 학문적 담론에 만연되어 있는 우려, 즉 이민자와 그 후손들이 현재 그들이 살고 있는 사회에서 과연 어떻게 살아갈 수 있을 것인가에 대한 우려를 반영하고 있다. 이러한 담론에는 두 가지의 일반적인(하지만 막연한 상상은 아닌) 견해가 깔려 있다. 첫째 미국, 캐나다, 오스트레일리아, 영국, 프랑스, 독일 등 많은 이민 국가에서 2세대(및 후속세대)들은 일반적으로 정착국의 주요 교육 및 고용 제도에 적극적으로 참여함으로써 그 사회의 언어를 배우고 그 사회의 관습, 규범, 가치, 시민적 책임감을 받아들이며 잘 적응해 나간다는 것이다. 또 하나의 관점은 2세대들이 부모의 문화, 규범, 가치 등에 여전히 밀착되어 있다면, 이 아이들 그리고 이들이 성장하여 어른이 되어도, 주류사회의 제도들에 적극적으로 혹은 최악의 경우 중립적으로 참여함으로써 완전한 통합에 이르는 것이 불가능하다는 것이다. 그런데 실제의 경험적 현실은 훨씬 더 복잡한 양상을 띠고 있는데, 특히 여기서 초점을 두고 있는 소위 '신(新)' 2세대의 경우가 그러하다.

이들 2세대에 대해 가장 관심 있게 제기되는 문제는 주로 언어 및 교육과 관련된 것이다. 누군가가 한 사회의 공용 언어로 의사소통을 할 수 없다면 그 사회를 이해하고 그 사회에 완전히 참여하는 것은, 전혀 불가능한 것은 아니지만 어려운 일이다. 새로운 언어를 배우는 것은 이민자 자녀들보다 어른들에게 더 어려운 일인데, 자녀들은 주류사회의 언어를 사용하도록 요구하는 현지의 기관들과 더 많이 접촉하는 경향이 있기 때문이다. 그러므로 2세대 자녀들이 이민자 가정과 밀도 높은 민족 엔클레이브에 머무르며 오직 부모의 언어만을 사용할지라도, 대체로 이들은 학교생활과 다른 사회화 기관들을 통해 주류사회의 언어를 받아들일 것이다. 그러나 미국에서는 반이민주의자들이 그러한 과정에 대해 강력한 의문을 제기하고 있다. 즉, 그들은 2세대들의 이중 언어 또는 다중 언어 사용과, 모국어와 영어 간의 단어 전환(code-switching)를 통한 영어의 '변질(corruption)' 그리고 혼합된 단어나 표현의 생성을 경멸하며 문제시하고 있다. 일부에서는 공공 지출 재정 상황이 열악한 공립학교에 입학한 이민자 자녀들의 낮은 기대 수준과 성취도를 지적하며, 제2의 언어로서의 영어(English as a Second Language, ESL) 수업 또는 영어 학습자(English Language Learner, ELL) 수업이 낭비라고 본다. 그러나 다른 연구에서는 대부분의 2세대들이 일반적으로 영어를 제1언어로 받아들이고 있으며, 이들 중 상당수가 부모의 언어를 말하거나 읽고 쓰는 것을 잘하지 못한다는 점을 지적한다(Portes and Rumbaut 2001). 이중 언어를 사용하는 자녀들이 단어 전환과 언어의 혼성화를 경험하는 것은 사실이다. 포르테스와 동료들은 이중 언어를 충분히 구사하는 아이들이 하나의 언어에만 유창한 아이들보다 학교에서 더 높은 학업 성취도를 보인다는 것을 밝혀냈다. 또한 미국 소아과 협회(American Pediatric Association)는 자녀들의 두뇌 발달, 인지 기능, 학교 성취도에 도움을 얻기 위해서는 가능한 한 다중 언어들에 노출되어야 한다고 권고하고 있다.

미국에서 2세대의 교육적 성취는, 멕시코계의 경우 매우 예외적인 모습을 보이긴 하지만, 현지 백인들과 비교해 보았을 때 비슷한 수준이거나 오히려 이를 능가한다(Waldinger and Reichl 2007). 종종 부모가 높은 수준의 교육을 받고 미국에 입국한 아시아 출신 이민자 2세대들은 대체로 현지 백인들을 능가하는 모습을 보인다. 이와는 정반대로 멕시코 출신 이주자의 2세대들은, 중등교육 이수 경력이 매우 짧은 그들의 부모에 비해서는 고등학교 이수율이 증가했고 따라서 교육 수준이 더 높아졌다고 할 수 있지만, 현지 백인들에 비해 여전히 한참 '뒤처져(catching up)' 있는 모습을 보인다. 뉴욕의 2세대에 대해 연구한 카지니츠 외(Kasinitz et al. 2008)는 인종, 계급, 문화의 차이에 의해 분명하게 드러나는 유사한 결과를 발표한 바 있다. 러시아계 유대인 2세대와 중국계 2세대는 현지 백인들과 비교해서 더 높은 교육 성취도를 보였다. 반면에 도미니카계 2세대들의 경우는 같은 비교 범주로 묶인 푸에르토리코계 2세대와 아프리카계 미국인들과 함께 많이 뒤처져 있는 모습을 보였다. 이러한 결과는 최근 이민자 출신 자녀들의 교육 증진 상황을 확인한 국가 수준의 여러 연구들을 통해 뒷받침되고 있다(Pew Research Center 2013).

유럽에는 2세대들의 통합(The Integration of the European Second Generation, TIES)이라는 제목의 연구 프로젝트를 통해서 상당한 양의 훌륭한 비교 데이터가 축적되어 있다(Crule et al. 2012를 참고할 것). 이 프로젝트는 유럽의 8개국에 거주하고 있는 구유고슬라비아, 모로코, 터키 출신 이민자들의 자녀 약 1만 명을 대상으로 설문조사를 실시하였다. 이 연구결과는 미국에서의 논의와 비교해 보았을 때 몇 가지 중요한 측면에 있어서 다르다. 즉, 미국에서의 논의는 아시아계, 멕시코계 등과 같은 이민 집단들 간의 차이를 강조하는 경향이 있는 데 비해 이 연구는 이민 집단들 내에서의 다양한 변이들을 탐구하였다. TIES 연구에 따르면 국가적 맥락이 이민자 자녀들의 통합에 영향을 미치고 있는 방식에는 상당한 차이가 발견된다. 예를 들어, 교육 시스템이 프랑스나 스웨덴처럼 개방적이지 않고 좀 더 계층화되어 있는 독일과 오스트리아에서는 2세대 학생들이 보통 좀 더 이른 시기에 중등 직업 교육의 길로 들어선다. 이러한 매우 계층화된 시스템의 직업 교육 진로는, 관련 직업들이 낮은 사회적 지위와 저임금을 제공하는 것이 명백하다 할지라도, 이들에게 더 많은 직업 기회를 보장한다. 반면, 개방적 교육 시스템을 갖고 있는 프랑스와 스웨덴에서는 설문조사에 응답한 2세대들이 전체적으로 보았을 때 비록 현지 또래들보다 낮은 수준의 교육 성취도를 보였지만, 다른 유럽의 국가들에 비해 더 높은 비율의 2세대 학생들이 고등교육(tertiary education)을 추구하고 이수하고 있는 것으로 나타났다. 그러므로 비슷한 배경을 지닌 터키계 학생들은 독일과 오스트리아에서보다 프랑스와 스웨덴에서 더 높은 수준의 이동성을 가지고 있을 수도 있다.

미국에서는 많은 젊은 2세대 성인들이 노동시장 진입과 성과에 있어서 현지 백인들과 동등하거나 거의 비슷하다는 연구결과가 나온 바 있다(Portes and Rumbaut 2001; Kasinitz et al. 2008; Waldinger and Riechel 2007). 하지만 멕시코계 2세대들과 같은 몇몇 집단들에게 미국 노동시장의 개방성은 양날의 칼이다. 일면 저숙련 노동시장에서는 직업 기회가 충분히 열려 있는 것처럼 보이지만, 다른 측면에서 보면 그러한 직업 기회들은 급료 수준이 매우 낮으며 비정규직이거나 임시직에 불과한 경우가 많다. 이는 공식 노동시장에서 기반을 마련하고자 노력하는 젊은 2세대들의 고용 안정성을 저해하고, 결국 여러 면에서 현지인 동료들의 수준에 필적하지 못하도록 만들고 있다. 암스테르담과 프랑크푸르트의 많은 터키계 2세대 여성들의 사례에서처럼 문화 자체가 통합에 제약 요소가 되는 경우도 있다. 이들의 부모는 교육을 거의 받지 못했고, 자녀들에게도 학교를 관두고 일찍 결혼해서 가정을 꾸릴 것을 권고하거나 허락하고 있다(Crul et al. 2012). 정착국 사회의 인종차별이 2세대(특히 특정 배경을 갖고 있는 자녀들)의 교육 및 취업 경험을 가로막고 있다는 점은 물론 많은 연구들을 통해 밝혀졌다. 하지만 인종차별 그 자체가 그들의 경험을 완전히 규정하는 것은 아니다. 민족성은 2세대들에게 오히려 장점이 될 수도 있는데, 즉 어떤 2세대 개인이 교육적 목표를 달성하기 전까지 또는 결혼하기 전까지, 결혼과 출산을 연기하고 부모님 댁에서 함께 사는 것과 같은 특정한 문화적 관습이 그들의 삶에 장점이 될 수도 있는 것처럼 말이다(Kasinitz et al. 2008을 참고할 것). 그러나 개인의 구체적인 이민 배경이, 특히 여성들에게는 더욱 더 계층 상승에 방해 요인이 될 수도 있다.

2세대들의 정체성은 전통적인 동화 관점이 의미하는 것처럼 '이것이냐/저것이냐'의 선택적인 명제가 아니다. 많은 국가의 2세대 이민자들은 분명하게 나타나는 내적 갈등 없이 중층적(multiple) 정체성을 동시에 유시하고 있나. 미국에서 '외국계 미국인(hyphenated American)' 정체성은, 멕시코계 미국인 또는 아시아계 미국인의 경우에서처럼, 2세대들에게도 여전히 현저하게 유지되는 경우가 많다. 미국적 상황의 일부분으로 만들어진 범민족적(pan-ethnic)이라는 문구도 역시 일반적으로 통용된다. 아울러 '라틴계' 또는 '아시아계'라는 용어는 이민자와 그들의 자녀, 그리고 그다음 세대들을 모두 묶어 버리고 있음을 보여 주는 용어이다. 이들의 정체성은 넓은 범위의 미국사회로부터 분리되어 있으면서 동시에 그 일부분으로 자리 잡고 있는 것이다. 이와는 대조적으로, 동화주의적 소속 모델이 지배하고 있는 프랑스에서는 차별화된 외국계 프랑스인 정체성이라는 것은 거의 상상조차 할 수 없는 일이다. 그럼에도 불구하고 프랑스에서도 2세대 자녀들의 상당수가 스스로 프랑스인이라고 자부하면서 아울러 부모의 국가 또는 출신지에 대한 애착도 가지고 있는 중층적 정체성을 유지하고 있다(Simon 2012). 또한 프랑스의 2세대 자녀들 중 약 30퍼센트는 이중 국적을 가지고 있다. 이 자녀들 중 일부는 '고향' 출신의 사람과 결혼하거나 그들의 가족에 이익이 될 수 있고 그들이 성장해 온 초국가적 공간을 더욱 확장할 수 있는 직업을 선택함으로써 초국가적인 삶을 살아가고 있다(Levitt 2009). 일부 2세대들의 초국가적 삶과 중층적 정체성은 이를 지지하는 사람들의 지원을 등에 업고 동화의 상황을 복잡하게 만들고 있다(Kasinitz et al. 2008과 Alba and Nee 2003을 참고할 것).

유럽, 미국, 캐나다, 오스트레일리아 등 백인 중심 사회 내에서 인종의 분명한 구분은, 이민자 자녀들이 그 안에서 자신들의 자리를 협상해 나가면서 새로운 형태의 정체성 형성과 경계의 변화로 이어지고 있다. 흥미롭게도 이러한 국가들의 많은 대도시(가령, 런던, 뉴욕, 토론토 등)에서는 이민자와 그 자녀들의 숫자가 현지 출생인의 숫자를 능가했거나 곧 능가할 것으로 보이며, 이에 따라 '소수-다수(minority-majority)' 도시*라 불리는 새로운 특성의 도시가 형성되고 있다. 이 도시는 2세대들이 통합된(혹은 통합될) 사회가 어떤 사회인지에 대해 완전히 새로운 사고방식을 제시하고 있다. 만약 그들을 둘러싼 거의 모든 준거집단들이 이민자 기원지로부터 온 사람들로 이루어졌다면, 그들이 과연 '미국인'이 될 수 있을까? 캐나다, 미국, 영국 등에서 개인의 주변 환경이 이민자들과 외래의 민족 집단들로 구성된 상황이라면, 캐나다인, 미국인 혹은 영국인이 된다는 것은 무엇을 의미하는가? 카지니츠(Kasinitz)와 동료들의 연구에서 밝혀진 것처럼, '뉴요커(New Yorker)'와 같은 도시의 정체성이야말로 가까운 장래에 2세대들에게 나타나는 가장 뚜렷한 정체성이 될 수 있을 것이며, 이는 결국 국가 정체성을 완전히 퇴색시켜 버릴지도 모른다.

참고 문화변용; 동화; 통합; 민족성과 소수민족; 다문화주의; 초국가주의

주요 읽을 거리

Alba, R.D. and Nee, V. (2003) *Remaking the American Mainstream: Assimilation and Contemporary Immigration*. Cambridge, MA: Harvard University Press.

Crul, M., Schneider, J. and Lelie, F. (eds) (2012) *The European Second Generation Compared: Does the Integration Context Matter?* Amsterdam: Amsterdam University Press.

Kasinitz, P., Waters, M.C., Mollenkopf, J.H. and Holdaway, J. (2008) *Inheriting the City: The Children of Immigrants Come of Age.* New York and Cambridge, MA: Russell Sage Foundation and Harvard University Press.

Pew Research Center (2013) *Second-generation Americans: A Portrait of the Adult Children of Immigrants.* Washington, DC: Pew Research Center.

Simon, P. (2012) *French National Identity and Integration: Who Belongs to the National Community?* Washington, DC: Migration Policy Institute.

＊ 역자주: 미국에서 처음 사용하기 시작한 용어로, 비히스패닉 백인의 비율이 50퍼센트 미만인 지역을 가리키는 말이다. 2010년 기준 하와이, 뉴멕시코, 캘리포니아, 텍사스 주가 이에 속한다.

35.
선별성 · Selectivity

> **정의** 특정 유형의 개인이 동일한 송출국 출신의 다른 사람보다 이주할 가능성이 더 높은지 아닌지를 결정하는 과정, 즉 일정하게 관리된 모집의 일환으로 혹은 스스로의 결정을 통해 이주할 것인지를 결정하는 과정이다.

이주가 선택적이라는 것은 분명한 사실이다. 이는 단순히 고향에서 새로운 정착지로 이동하기 때문만은 아니다. 국제이주기구(IOM)에 따르면, 2010년에 국제적으로 이동한 개인은 세계 인구의 대략 3퍼센트 정도인, 약 2억 1400만 명에 이르고 있다. 이 수치는 전체 세계 인구에 비하면 매우 적은 것처럼 보이지만, 국제 이주는 국가와 사회에 엄청난 영향을 끼친다. 예를 들어 2010년의 경우 이민자들은 총 4400억 달러를 송금하였으며, 중동과 같은 몇몇 국가에서는 전체 인구의 절반 이상이 이민자이다(카타르의 87퍼센트, 사우디아라비아의 70퍼센트). 어느 곳에서나 이민자는 그들이 이주한 사회에 커다란 사회적 영향을 미친다. 미국과 같은 나라의 국가적 신화는 이민자가 국가를 구성한다는 아이디어에 근거하여 만들어졌다. 그러므로 국제 이주 연구에서 핵심적 질문 중 하나는 누가 이동했냐는 것이다. 그리고 이러한 질문은 선별성 개념을 통해 답을 구할 수 있다. 어떤 사람들은 자신의 공동체나 고향을 떠나 다른 곳으로 이주하는 반면 다른 사람들은 그곳에 그대로 머물러 있는 이유는 무엇일까? 국제적으로 이주하는 사람들의 자기선택(self-selecting)의 특징은 무엇인가? 어떠한 모집 전략 혹은 정책이 선별적 이주 흐름을 장려하고 있으며, 그 결과는 무엇인가?

선별성이라는 개념은 이주한 사람이 이주하지 않은 사람들과 많이 다르다는 관찰에서 시작되었으며 이는 세 가지의 측면, 즉 누가 이주하고 싶어 하는가, 누가 이주에 성공을 거둘 수 있는가, 누가 정착국으로부터 허가받기에 적절하다고 여겨지는가 등과 관련이 있다. 이 개념은 정착국으로의 이민에 대한 이익과 비용을 따지는 인구통계학자와 경제학자에 의해 주로 발전되었다. 이것은 이주의 인적자본 이론과 연관되어 있는데, 인적자본 이론은 경제적 이주자와 이들의 인적자본 특성, 특히 그들의 교육수준과 업무 경험에 초점을 맞추고 있다. 경제학자들은 이주자의 자기선택이, 특히 경제적 발전을 목적으로 한 자발적 이주가 정착국에서의 경제적 성과에 긍정적으로 영향을 미쳤는지 아니면 부정적으로 영향을 미쳤는지에 대해 논쟁을 벌여 왔다(Borjas 1987;

Chiswick 1999를 참고할 것). 이러한 이주자들은 정착국에서 성공을 가져다줄 수 있는 인적자본의 특성을 가진 것인가? 아니면 상황이 오히려 악화되거나 실패하여, 대체로 정착국 사회에 부담을 지우게 되는 것인가? 이러한 질문은 정치적인 색채가 가미되는 질문이다. 이민을 제한하는 데 찬성하는 정치인과 정책 입안가들은 이주자의 자기선택이 대체로 부정적인 결과로 이어진다고 주장하곤 하는데, 이는 미국 이민자의 '질'이 하락하고 있다는 보르하스(Borjas 1985)의 주장에 의해 강화된 관점이다. 이러한 입장은 미래 이민자들의 최소한의 기술 수준을 높이고, 가족 기반 이민 및 망명을 제한하려는 정책을 지원하는 입장이다. 아울러 그들은 경제적 이민자를 선호하는데, 그 이유는 경제적 이민자들은 영구적으로 거주할 가능성이 적고, 정착국에서 거주하는 동안 공공자원에 의존할 가능성이 적은 것으로 인식되기 때문이다. 가족 기반의 이주자와 연쇄 이주자, 망명자, 난민 등은 더 '부정적으로 선택된' 것으로 여겨지며 공공자원에 의존할 가능성이 더욱 큰 것으로 인식되는데, 그 이유는 그들이 (경제적 목적의 인적자원을 갖고 있지 못해서) 가족과 그 자신을 부양하기 위해 일하는 것 자체가 불가능할 수도 있고, 또한 일자리를 찾는 것도 어려울 수 있기 때문이다.

역사적으로 보았을 때, 공식적인 이민자 선별은 국가적 정책 수준에서 (특정한) 기원국을 겨냥하여 일어난 것이거나 혹은 특정한 기술과 노동력 요구에 부응하기 위해 추진한 것이었다. 1924년 미국 이민법의 경우처럼, 이민 정책은 국가별 할당제의 형태로 (특정 집단에 대한) '문화적 선호'를 제도화하여 미래의 이민자를 선별하였다. 1924년 이민법은 남부 유럽인, 동부 유럽인, 아시아인 등 인종적으로 '달갑지 않은(undesirable)' 이민자들은 매우 제한적으로 받아들이는 국가별 할당제를 적용했고, 따라서 달갑지 않은 지역으로부터의 이민은 사실상 중단되었다. 반면 북부 유럽인은 환영받으며 이민이 계속되었다. 또한 초청 노동자(guestworker) 프로그램도 이민자를 선별하는 장치로 사용되어 왔다. 이 프로그램은 특정한 기술 혹은 특성을 가진 개인들로 하여금 그런 노동력을 필요로 하는 국가로 일시적으로 이동하게 하는 프로그램이며, 그 국가가 더 이상 그 노동력을 필요로 하지 않을 경우에는 이민자들을 다시 되돌려 보내는 제도이다. 1960년대부터 북부 유럽(주로 독일이나 오스트리아, 프랑스, 벨기에, 네덜란드 등)으로 이주한 터키 출신의 이주 노동자들이 바로 그 사례이다. 그러나 대부분의 터키 출신 이주 노동자들은 그 프로그램이 중지된 이후에도 본국으로 돌아가지 않고 북부 유럽에 잔류하였다. 오늘날 위의 국가들은 많은 수의 터키인 2세대, 3세대의 거주지가 되었으며, 그들은 한 보고서에 기술되어 있는 것처럼(Doomernik et al. 2009: ix) 유럽 선주민들에게 있어 '다시는 되풀이되어서는 안 되는' 문제적 존재로 여겨지고 있다. 마찬가지로 미국의 브라세로(Bracero) 프로그램은 1940년대부터 수백만 명의 멕시코인을 남서부 지역으로 불러들였다. 그 이후 영구적인 이주의 흐름이 이어졌고, 일부 정책 입안가들은 이를 큰 문젯거리로 보게 되었다. 이러한 과거의 선별적 이주 관련 모델들은 오늘날 이주 문제에 대한 정책적 논쟁, 즉 어떻게 하면 효과적인 정책을 통해 이주자를 선별해 낼 수 있을 것인가에 대한 논쟁의 장을 펼치는 계기가 되었다. 오늘날 그러한 논쟁들은 바야흐로 통합에 초점을 맞추기 시작했는데, 다시 말해 국가가 이주자를 어떻게 선별하여 그들을 정착국 사회에 '잘 통합되도록' 할 수 있을 것인지를 논의하게 되었다.

통합을 강조하는 국가의 정책은 과거의 저숙련 노동자보다는 고숙련, 고학력의 노동자들에 초점을 맞추고 있다. 많은 국가 정부들은 적극적으로 이민자를 선별하여 받아들이기 위해 취득 점수 기반의 이민 정책과 기술 기반의 비자 혹은 다른 노동시장의 범주 등을 고안하였다. 이러한 국가들은 고숙련이나 고학력 이민자가 정착지 사회에 더욱 잘 통합될 수 있으리라 추정하고 있다. 물론 저숙련 노동이 부유한 선진국의 특정한 경제 분야에 여전히 필요하지만, 정치적 분위기는 고용주와 저숙련 이주 노동자의 수요에 잘 부응할 수 있는 생산적인 정책을 만들어 내는 데 별 도움을 주지 못했으며, 이들을 포함한 더 큰 사회적 스케일에서도 사회적 결합을 이끌어 내는 데 별 도움을 주지 못하였다. 이러한 괴리(disjuncture) 상태는 누구를 모집하고 무엇이 이주자를 장기적으로 바람직한 존재로 만드는지에 대해 왜곡된 아이디어를 낳게 했다.

캐나다는 이민자 선별 과정을 적극적으로 추진하여 성공을 이루어 낸 곳으로 곧잘 언급되곤 한다. 캐나다는 취득 점수 기반의 시스템(point-based system)을 오랫동안 추진해 온 곳으로서 1970년대 이래로 그 효과를 보고 있다. 이 시스템은 노동의 숙련 정도, 교육수준, 언어적 기준을 기반으로 이민자 60퍼센트와 가족 기반 이주자 및 망명 보호 이주자 40퍼센트를 모집하도록 설계되었다. 캐나다의 이 시스템은 큰 성공을 거두었고, 이민 승인 절차를 기다리는 엄청난 규모의 대기자를 낳게 되었다. 이에 따라 캐나다 이민국(Citizenship and Immigration Canada, 이민을 조정하는 정부기관)은 캐나다식 교육을 받은 지원자와 캐나다 노동시장에서 경험이 있는 지원자에게 이민의 우선권을 부여했다. 이러한 캐나다의 선례는 다른 국가들의 본보기가 되었다. 영국은 2008년에 취득 점수 기반의 시스템을 제도화였는데, 숙련도, 학력, 의사소통 능력, 나이, (이전의) 수입 등 다섯 가지 단계를 이 시스템의 기초로 활용했다. 반면에 미국, 독일, 아일랜드 등은 고용, 숙련 기반의 비자와 같은 간접적인 지표를 선별적 이주자(일시적 이주자와 영구적 이주자 모두 포함)를 모집하는 도구로 활용했다. 미국의 고숙련 이주자를 위한 H-1B비자와 2000년에 도입된 독일의 '그린카드'는 일시적인 고숙련 노동력을 모집하기 위해 만들어졌다.

이전 시대에 벌어진 이주의 '실수'를 바로잡기 위해 고안된 공식적 정책들의 결과로, 선별적 이주는 거의 대부분 ('중립적'이라고 상상되는) 경제적 기준에 기반을 두도록 하는 의도를 가지고 다루어졌다. 그런데 선별된 이민자들의 기원국도 정책 집행과 모집 전략 등에 있어서 큰 역할을 수행한다. 독일의 '그린카드' 제도는 특별히 인도의 IT 노동자를 대상으로 하고 있으며, 그 외 타국 출신 노동자들도 적은 수이긴 하지만 이 제도의 대상이 되고 있다. 하지만 충분할 만큼의 인도 노동자들을 끌어들이는 데 실패한 후, 이 제도는 유럽의 다른 국가 출신 노동자에게 다시금 시선을 돌렸다. 유럽연합의 초석 중 하나가 노동의 이동성임에도 불구하고 유럽인 고숙련 노동자의 이동성을 끌어내는 것은 더욱 어려워졌다는 점은 대단히 역설적이다. 유럽의 하이테크 산업 경쟁력은 미국에 비해 크게 약화되었음에도 불구하고 유럽 국가들은 유럽연합의 바깥에서 이민자를 받아들여 고용하는 것을 반대해 왔다(Poros 2011). 유럽 국가들은 그들의 처지를 한탄했을지도 모르지만, 비유럽 출신 이민자들에게 문호를 개방하고 영구 이주를 허용하지 않고서는, 인도와 중국으로부터 엄청난 규모의 첨단산업 기술자를 받아들여 발전을 도모하고 있는 미국을 따라잡을 수 없을 것이다.

　과거 유럽이 겪었던 저숙련 노동자의 유입과 통합의 문제는 긍정적인 선별 이주의 흐름을 추구하고 있는 유럽을 끊임없이 괴롭히고 있다. 니콜라 사르코지의 프랑스 정부의 '선별적 이민, 성공적 통합(immigration choisie, Intégration réussie)'이라는 슬로건은 과거의 이민 흐름에서 인식되어 온 문제점들을 고쳐 보려는 의도를 엿볼 수 있다(Doomernik et al. 2009). 유럽 정부에서는 대체로 고숙련자와 고학력자들의 경우 별다른 노력 없이도 새로운 사회에 잘 적응하리라고 가정하였고, 따라서 이들을 위한 통합 정책과 프로그램을 개발하는 데 소홀했다. 그러나 긍정적으로 선별된 이주자 또한 통합에 어려움을 겪는다. 고숙련 이주자는 그들의 교육과 업무 능력을 (새로운 사회로) 이전하는 데에 어려움을 겪기 때문에 그들의 동료에 비해 낮은 임금을 받게 된다. 다른 국가(가령 기원국)에서 쌓은 교육과 노동시장 경험에 대해서는 정착국 내에서의 교육과 업무 경력에 비해 일반적으로 낮은 급료를 받게 된다. 포로스(Poros 2011)는 많은 고숙련 이주자들이 동등한 업무와 지위를 얻기 위해서는 회사와의 조직적 연계, 교육기관과 인증기관의 역할이 무척 중요하다고 주장한다. 즉, 고숙련 이주자가 기원국에서의 지위에 필적하는 지위를 정착국에서 획득하기 위해서는 자신의 인적자본 특성만을 가지고는 충분하지가 않다. 또한 고숙련 이주자는 새로운 사회로 원활하게 이전해 가는 데 도움을 주는 가족과 친구의 지원 같은 사회적 자본이 정착국에서는 부족할 수밖에 없다(Jasso and Rosenzweig 1995). 그들은 정착국 사회에서 인종과 국적, 그 외 여러 가지 특성으로 인해 '외국인'으로 낙인찍히면서 차별을 경험할 수도 있다.

　선별성은 단지 정부와 기관의 고용 전략에서만이 아니라 이주자의 측면에서 바라본 관점이기도 하다. 사회학자와 인류학자들은 이러한 방식으로 선별성을 바라보는 경향이 있으며, 이는 경제학자와 인구통계학자들의 전통적인 인적자본 모델을 보완해 주고 있다. 이주자는 경제적, 문화적, 가족적, 정치적 이유 등을 포함하여 다양한 이유 때문에 이동한다. 그들의 이동은 아마 그들의 공동체에 널리 퍼진 '이주 문화(cultures of migration)'(Kandel and Massey 2002)에 기반을 둔 자기선택에 따른 것일지도 모른다. 이주 문화는 한 가족 내에서 남자가 움직일지, 여자가 움직일지, 아니면 가족 전체가 움직일지를 결정하는 데 영향을 미칠 수 있다. 흔히 출생 순위는 누가 움직일지에 대한 가족의 의사결정에 중요하게 작용하는데, 이러한 의사결정은 한 가족 내에서 형제간을 비교했을 때 상대적으로 경제적인 전망이 어떠할지에 대한 가족 내에서의 평가를 보여 주는 것이기도 하다.

선별성은 북미와 유럽사회에서 2세대가 어떻게 살아갈지에 대한 전망의 관점에서 조망되기도 한다. 여기서 2세대 통합의 문제는 부모의 기원국이 어디냐의 문제와 직접적으로 관련이 있다. 북부 유럽에서 초청 노동자의 통합 문제가 부분적으로 실패했다고 인식되고 있는데, 그러한 인식의 바탕에는 2세대가 '문제 있는' 집단이라는 의식이 깔려 있다. 따라서 일부에서는 그러한 문제를 미연에 방지하기 위해서 앞으로라도 저숙련, 저학력 노동자들(향후 잠재적인 1세대 부모라 할 수 있는)의 모집을 제한해야 한다고 믿고 있다. 이러한 생각과 믿음에는 긍정적으로 선별된 (고숙련) 1세대 이주자가 긍정적으로 선별된 2세대로 대를 잇게 될 것이라는 가정을 포함하고 있다. 고학력의 교육적 배경을 가진 2세대는 학업적으로나 직업적인 지위에 있어서 많은 성과를 보이고 있는 것이 사실이지만, 그들의 통합은 당연시될 수 있는 그런 문제가 아니다. 어떤 2세대 집단의 경우는 정치적 참여가 매우 낮은 수준에 머물러 있으며, 따라서 그들은 자신이 속해 있는 공동체나 국가를 위한 중요한 정치적 결정에서 계속 배제되어 있다. 가령, 아시아계 미국인 2세대의 정치적 참여는 매우 낮다는 연구결과가 있다(Kasinitz et al. 2008을 참고할 것). 중동계 미국인은 대부분 고학력의 배경을 지니고 있는데, 그들 역시 미국 정치 시스템에서 9·11테러 이후 적극적인 정치적 참여 요구(mobilization)가 있었음에도 불구하고 여전히 낮은 수준의 정치적 참여를 보이고 있다(Bakalian and Bozorgmehr 2009). 이와는 대조적으로 유럽에 거주하는 많은 노동자 계급의 2세대 자녀들은 지역 단위의 정치에 참여하고 효과적인 풀뿌리운동 조직에도 동참하고 있다(Doomernik et al. 2009). 그러므로 저숙련 이주자를 반대하는 이념적 편향성(predisposition)을 던져 버리고, 선별성과 통합에 대한 보다 균형잡힌 시각, 즉 이 양자 간을 단순화해서 연결 짓지 않는 균형 잡힌 시각을 향해 나아가야 할 때이다.

참고 가족 이주와 재결합; 초청 노동자; 노동 이주; 통합; 2세대

주요 읽을 거리

Borjas, G.J. (1987) 'Self-selection and earnings of immigrants', *American Economic Review*, 77: 531-53.

Chiswick, B.R. (1999) 'Are immigrants favorably self-selected?, *American Economic Review*, 89(2): 181-5.

Doomernik, J., Koslowski, R., Laurence, J., Maxwell, R., Michalowski, I. and Thranhardt, D. (2009) *No Shortcuts: Selective Migration and Integration*. Washington, DC: Transatlantic Academy.

Jasso, G. and Rosenzweig, M.R. (1995) 'Do immigrants screened for skills do better than family reunification migrant?', *International Migration Review*, 29(1): 85-111.

Poros, M.V. (2001) 'Linking local labour markets: the social networks of Gujarati Indians in New York and London', *Global Networks*, 1(3): 243-60.

36.
사회자본 · Social Capital

정의 사회적 네트워크나 다른 사회구조의 구성원이 됨으로써 실제적인 혹은 잠재적인 자원을 얻게 되는 것을 말한다.

사회자본 개념은 경제와 사회 간의 관계를 언급하는 사회과학 분야에서 가장 오래되고, 또한 가장 중요한 개념 중 하나이다. 최근 수십 년간 이 개념이 다시 부상하면서 범죄, 교육, 빈곤과 개발, 공동체 등을 포함하는 광범위한 관심사들을 조명하는 데 활용되고 있다. 이 개념은 사회학, 정치학, 심리학 등 여러 학문 분야에서 각기 다르게 정의되어 왔고 많은 비판도 받아 왔지만, 그럼에도 불구하고 이 개념의 배경에는 사회적 관계에 있어서의 투자가 결국 기대한 만큼의 보상을 가져다 준다는 사고가 깔려 있다(Lin 1999: 30). 달리 말하자면, 사회자본 개념은 다양한 종류의 자원들, 특히 경제적인 자원이 사회적 관계에 착근되어 있다는 의미를 담고 있는 것이다. 따라서 사회적 관계에 투자하는 것은 다양한 유형의 '보상'(혹은 혜택)을 생산할 수 있다.

사회자본 개념은 마르크스의 글에서 최초로 사용되었으며, 여기에서 영감을 받은 여러 용어들이 현대적으로 다양하게 활용되고 있다. 마르크스에게 자본 자체는 노동자 계급과 자본가 계급 간의 사회적 관계를 의미했다. 그러나 그의 '사회자본' 개념은 현대사회에서 활용되고 있는 용어의 의미와는 적잖은 차이를 보인다. 그는 사회자본을 재생산의 과정과 (화폐) 자본의 순환 과정에서 발생하는 모든 개인 자본의 합으로 보았다(Marx 1978 [1885]). 그렇기 때문에 마르크스에게 사회자본이란 현대의 이론가들에 의해 제안되는 자본들, 즉 계급, 집단, 네트워크 또는 제도 등의 내부에 존재하는 무언가가 아닌, 사회의 구조적 요소이다. 그럼에도 불구하고 다른 종류의 자본이 있을 수도 있다는 마르크스의 주장은 아마도 새로운 의미를 지닌 오늘날의 용어가 출현하는 데 영감을 주었던 것 같다.

오늘날 활용되는 사회자본의 현대적 의미는 각각 다른 이론적 관점에 따라 다양한 차이를 보인다. 사회적 교환 이론(social exchange theory), 네트워크 분석, 합리적 선택 등으로 대표되는 자유주의적(liberal) 관점은 사회자본이 발생하는, 개인과 개인 차원의 거래에 초점을 맞춘다. 그러므로 사회자본을 소유한다는 것은 주로 개인의 차원에서 중요성을 가진다. 이러한 관점은 피에르 부르디외(Pierre Bourdieu), 글렌 라우리(Glen Loury), 제임스 콜먼(James Coleman), 난 린(Nan Lin) 등의 저자들을 통해(물론 이들의 주장은 서로 차이를 보이고 있긴 하지만), 전면적으로 혹은 부분적으로 주장되었다. 사회자본을 개인의 것이라기보다 공공재로서 바라보는 공동체주의적 관점은 로버트 퍼트넘(Robert Putnam 2000)의 연구가 가장 대표적이다. 이 연구는 시민참여와 과도한 이기주의의 문제를 다룬 알렉시 드 토크빌(Alexis de Tocqueville)의 연구와 사회통합과 사회적 연대의 문제를 다룬 에밀 뒤르켐(Emile Durkheim)의 선구적 연구를 잇고 있다. 그러나 이와 같은 광범위한 차이는 아울러 광범위한 유사성과 함께 공존하고 있다고 말할 수 있다.

가령, 피에르 부르디외는 사회자본을 '상호 간의 인식 혹은 교제의 관계들이 어느 정도 제도화되어 지속적으로 유지되고 있는 네트워크를 보유함으로써 얻게 된 실제적이고 잠재적인 자원의 합'으로 정의했다(1986: 248). 이러한 도구주의적 견해는 문화자본을 증가시키는 투자전략(예를 들어, 전문가 또는 상류 계급과의 유대)을 통한 사회자본의 개인적인 동원을 강조하고자 했다. 하지만 그럼에도 불구하고 사회자본은 단순히 개인의 사회적 유대에 의해 구체화된 관계가 아니라 제도화된 사회적 관계라고 할 수 있다. 이와 관련하여 부르디외는 사회적 관계를 계급투쟁에 동원될 수 있는 계급 기반의 관계로 보았다. 경제학자인 글렌 라우리 역시 사회가 개인의 합리적 선택에 의한 사회·경제적 이동성이 깊이 뿌리내리고 있는 능력주의에 근거하고 있다는 주장에 반대하면서 반개인주의적(구조적) 논리를 주장하기 위해 사회자본이라는 용어를 가볍게 언급한 바 있다. 그는 그런 주장을 전개하면서 수많은 인종 불평등이 차별적인 사회자본에 기인하고 있다고 보았다. 제임스 콜먼은 라우리와 그 외 난 린, 마크 그래노베터(Mark Granovetter) 등의 논의를 바탕으로 하여 사회자본을 분석했다. 콜먼은 사회자본을 귀중한 자원을 얻기 위한 특정한 행동을 가능하게 하는 보다 큰 사회구조의 일부분으로서 보았으며, 사회자본이 경제자본과 인적자본 등 다른 종류의 자본을 향상시키는 데 사용될 수 있다는 생각을 제시하였다. 이상 세 명의 이론가들은 사회자본을 보다 큰 사회구조의 일부분으로 바라보았지만, 아울러 이 개념을 도구적 관점에서 다루면서 개인적 수준에서 사회자본이 지니는 중요성에 대해서도 논의하였다. 퍼트넘의 공동체주의적 관점은 이러한 측면에서 매우 유사하다고 할 수 있지만, 그도 역시 사회자본이 제도화되어 있으면서 개인뿐만 아니라 공동체, 국민, 그리고 국가까지도 포섭하고 있다고 보는 구조적 틀을 제시했다.

그런데 사회자본 개념은 또한 명백한 비판을 받아 왔다. 대부분의 사회자본 관련 논문과 저서에 나타나는 이 용어의 모호성에 대한 일반적인 비판뿐만 아니라, 사회자본의 개념이 지나치게 도구적, 개인주의적, 비정치적, 긍정적, 그리고 원인과 효과를 혼동하여 중복적이라는 비판을 받아 왔다(Daly and Silver 2008). 이러한 비판은 충분한 근거를 가지고 있다. 예를 들어, 사회자본의 개념은 가까운 친구와 가족일지라도 사회적 관계는 '투자'라는 생각에 기초하고 있으며, 친구와 가족을 감정적 지지 및 우정의 원천이라기보다는 오로지 잠재적 자원의 소유자로 본다. 개인의 사회적 유대는 사회자본을 이해할 수 있는 가장 중요한 방법으로 간주되곤 한다. 또한 거의 항상 긍정적인 것으로 여겨지는 사회적 자본의 성장 또는 발전은 국가보다는 개인의 행위로부터 발생하는 것으로 이해된다. ['부정적인' 사회자본을 보여 주는 긴밀한 사회적 유대의 예시로는 마피아, 범죄 조직, 과두집단(oligarchic groups) 등을 들 수 있다. 이러한 폐쇄적 집단은 집단 외 사람들을 권력과 부, 심지어는 안전한 보호로부터 배제해 버린다.] 이와 같은 개인주의적이며 합리적 선택의 접근은 사회자본을 발전의 기술적 도구로서 장려하고 있는데, 이는 빈민과 사회적 약자들이 자신들의 삶을 향상시키기 위해서는 스스로 사회자본을 창출해 내야 한다는 책임감을 지니고 있는 것으로 간주한다. 즉, 그들의 삶에 대한 책임을 모두 그들에게 전가해 버리고 있는 것이다. 가령, 발전 정책 분야에서 자본을 증대시키는 수단으로서 최근에 미시적 개발과 소액 금융이 인기를 끌고 있는 것에 주목해 보자(Woolcock 1998). 일반적으로 국가의 역할은 최소화되고 있으며 그뿐만 아니라 정치의 역할도, 특히 공동체주의적 관점에서 보았을 때, 대단히 위축되고 있다. 예를 들어, 로버트 퍼트넘(Robert Putnam)의 유력한 연구에서 언급된 '높은 수준의(high)' 사회자본을 보여 주고 있는 조직은 노동조합, 정당 또는 사회운동 등이 아니며, 오히려 자발적 시민연대만이 그러한 사회자본을 보여 주고 있다. 게다가 퍼트넘의 사회자본 해석(rendition)에서는 그 원인과 결과가 종종 혼동되고 있으며, 따라서 사회자본은 원인이면서 결과인 것으로 간주되고 있다. 이탈리아 북부에서와 같은 시민적 공동체는 시민(공민)적인 것을 행하고, 연대를 가치 있게 여기며 민주주의를 잘 표현하고 있는 반면, 남부에서와 같은 '비시민적(uncivic)' 공동체는 비시민(비공민)적인 것을 행하며, 시민적이거나 민주주의적인 원칙을 보여 주지 못한다(Daly and Silver 2008; Portes 1998; Putnam et al. 1993; Putnam 2000). 퍼트넘의 관점에서 보면, 낮은 사회자본을 가진 도시들은 미약한 민주주의의 모습을 보이고, 높은 사회자본을 가진 도시들은 좀 더 나은 민주주의의 모습을 보이고 있다. 이는 곧 사회자본이 민주주의의 원인이면서 동시에 그 효과의 일부임을 보여 준다.

이처럼 여러 문제점이 있음에도 불구하고, 많은 저자들은 여전히 사회자본 개념이 분석적 도구로서 가치를 지니고 있으며, 그러한 가치가 회복되어야 한다고 주장한다(Portes 1998; Daly and Silver 2008). 사회자본 개념이 효과적으로 사용되어 온 분야로는 이주 연구, 특히 이주의 결과와 관련된 분야를 들 수 있다.

포르테스(Portes 1998)는 사회자본이 이민자 분석에 적실성을 지니고 있는 세 가지의 분명한 효과를 주장했다. 즉, 사회자본은 사회 통제와 가족 부양, 가족 외적인 네트워크를 통한 이익 등을 얻을 수 있는 근간이 된다. 수많은 이민자와 그들이 속한 공동체는 가족, 친구, 동족, 같은 종교를 지닌 신도들(co-religionists)로 구성된, 단단하게 얽혀 있는 네트워크 내에서 사회적 통제가 이루어지고 있다. 포르테스와 다른 학자들에게 이와 같은 사회자본의 원천들은 단단히 결속되어 있는 공동체의 기초가 되고, 그렇게 형성된 공동체는 상호적인 의무와 신뢰를 바탕으로 개인의 행동에 큰 지배력을 행사한다. 그뿐만 아니라 사회자본은 가족 부양을 위한 가장 중요한 원천이며, 다수의 연구에서 언급된 바와 같이 가족 바깥에 형성된 네트워크를 통해서도 사회자본의 혜택이 주어지기도 한다. 가까운 친구와 공동체 구성원으로 두텁게 형성된 여러 네트워크들은 그 네트워크에 속한 사람들에게 다양하게 겹쳐진 이익을 가져다주는 것으로 생각되는 경향이 있다. 그런데 마크 그래노베터(1995)가 처음으로 확인하고 주장한 바에 따르면, 지인 혹은 친구의 친구와의 '약한 연결(weak ties)'도 역시 마찬가지로 좋은 직업에 관한 정보 및 취업 기회 같은 중요한 자원을 제공하는 것으로 밝혀졌다(Burt 1995를 참고할 것).

기존의 다양한 이민자 관련 연구들은 이민자들이 이주, 월경, 정착 등을 위해 사회적 네트워크를 어떻게 활용하는지를 밝혀 왔고, 사회자본이 가진 여러 효과들에 관해 논의해 왔다(Griffiths et al. 2005; Min 2008; Poros 2011; Waldinger 1999; Waldinger and Lichter 2003을 참고할 것). 이민자들에게 사회자본을 구성하는 네트워크가 없다면, 이주는 너무나도 값비싸고 위험한 것이 되어 버린다. 따라서 이주에 관한 많은 네트워크 이론들은 일반적으로 네트워크를 동족성(co-ethnicity)에 기반을 둔 사회자본의 한 형태로 보고 있다. 동족성에 의해 구성된 네트워크에 속해 있는 구성원은 네트워크를 매개로 하는 사회자본의 유·무형적 혜택을 누릴 수 있고, 이는 결국 그들이 정착국에서 정착과 통합을 이루어 가는 데 도움을 준다. 사회자본은 이주자 송금 형식의 경제자본 같은 긍정적인 형태의 다른 자본으로 전환될 수도 있다(Massey et al. 1998을 참고할 것). 또한 민족 경제(ethnic economies)에 관한 많은 연구들은 사회자본이 동족 공동체를 구성하는 사람들에게 중요하고 긍정적인 영향을 미칠 수 있음을 꾸준하게 밝혀 왔다(Light and Gold 2000). 전 세계 수많은 도시에 자리 잡고 있는 차이나타운, 코리아타운, 리틀이탈리아 등과 같은 엔클레이브의 민족 비즈니스는 이민자들의 사회적 네트워크를 통해 발달하게 된다. 아울러 이민자들은 대출, 직장, 주택 등과 같은 자원과 그들 자신을 보호하기 위해 필요한 중요 정보를 취득하고 그 기회를 창출해 내기 위해 네트워크를 동원한다.

그러나 이와 같은 네트워크에 속해 있다는 것이 오히려 제약이 되는 경우도 있다. 사회자본 개념에 대한 비판들 중 하나는 이 개념 자체가 지나치게 긍정적인 효과에만 초점을 맞추고 있다는 점이다. 여러 이주 연구자들은 사회자본이 또한 '부정적'일 수도 있다는 점을 논의한 바 있는데(Faist 2000; Griffiths et al. 2005; Kyle 2000; Levitt 2001; Mahler 1995; Menjívar 2000; Poros

2011; Portes and Sensenbrenner 1993), 이에 따르면 사회적 네트워크로부터 생겨난 자원들은 평등하게 분배되지 않는 경우가 많으며, 따라서 네트워크의 구성원들이 이에 동등하게 접근하기가 어렵게 되어 있다. 네트워크는 구성원들에게 과도한 사회적 의무를 부여하거나 그들을 지배하고자 하는데, 이는 갈등과 저항 또는 포기와 분노를 야기할 수도 있다. 예를 들어, 민족 경제에서 동족에 의한 고용이 네트워크를 통해 이루어질 때 노동자에 대한 착취가 발생되거나 불평등한 대우가 이어질 수 있다. 사회자본에 관한 연구에서는 이러한 사회자본이 야기하는 부정적인 혹은 불평등한 효과에 대해서도 정확히 이해하고 탐구할 필요가 있으며, 그러한 이해와 탐구가 이루어져야 사회자본이 모든 사회적 병폐를 해소해 줄 수 있을 것이라는, 특히 정책 분야에서 만연되어 있는 장밋빛 평가의 함정에 빠지지 않을 수 있을 것이다.

사회자본에 관한 다양한 의문들은 여전히 탐구되지 않은 채 남아 있다. 네트워크의 특성, 구조, 구성 등과 관련해서는 그간 많은 관심이 기울어져 왔지만, 네트워크 내에서 형성되는 사회적 유대의 특성이나 네트워크가 작동하며 자원을 생산해 내는 데 영향을 미치는 서로 다른 환경적 맥락들에 관해서는 별로 알려진 바가 없다. 네트워크 내에서 교환은 어떻게 일어나며, 네트워크는 어떻게 작동되고 있는가? '결속적 사회자본(bonding social capital)'은, 그래노베터(Granovetter)가 밝혀냈던 '약한 연결'을 포함하는 '교량적 사회자본(bridging social capital)'과 어떻게 다른가? 다른 종류의 사회자본이 어떻게 상이한 자원들을 취득하도록 해 주는지에 대해서는 많은 것들이 밝혀졌지만, 그것을 둘러싼 맥락에 대해서는 어떠한가? 특정한 사회적 네트워크 및 그들의 유대와 관련된 역사·문화적 맥락은 무엇인가? 공간과 시간상에서 펼쳐지는 차이들도 마찬가지로 당연히 중요한 문제이다. 여하튼 우리는 사회자본 개념이 지닌 결점과 한계에도 아울러 주목해야 하며, 이 같은 사회자본 개념은 향후 사회과학의 학제 간 연구, 특히 이주 연구가 지속적으로 이루어질 수 있도록 하는 유익한 장을 제공해 줄 것이다.

참고 민족 엔클레이브와 민족 경제; 이주자 네트워크

주요 읽을 거리

Bourdieu, P. (1986) 'The forms of capital', in J.G. Richardson (ed.), *Handbook of Theory and Research for the Sociology of Education*. New York: Greenwood Press, pp.241-58.

Daly, M. and Silver, H. (2008) 'Social exclusion and social capital: a comparison and critique'. *Theory and Society*, 37(6): 537-66.

Lin, N. (1999) 'Building a network theory of social capital', *Connections*, 22(1): 28-51.

Portes, A. (1998) 'Social capital: its origins and applications in modem sociology', *Annual Review of Sociol-*

ogy, 24: 1-24.

Putnam, R. (2000) *Bowling Alone: The Collapse and Revival of American Community.* New York: Simon & Schuster.

37.
사회적 결속 · Social Cohesion

> **정의** 이주자와 선주민 사이에 드러나는 차이를 문제시하여 (주로 정부 정책을 통해) 이러한 문제를 해결하고자 하는 일련의 생각을 말한다. 이때 '공유되는 가치'와 '공통의 정체성'을 증진시켜 문제 해결을 도모하고자 한다.

이민은 어쩔 수 없이 현지인과는 다를 수밖에 없는 타지 출신 개인들의 도착 및 정착 과정과 관련이 있으며, 이는 정착국에 있는 사람들의 경험에 있어서 대체로 중요한 것으로 여겨진다. 이러한 차이들은 '사회적 결속(social cohesion)'이라는 담론 및 이를 향한 목표에 반하는 문젯거리이며, 심지어는 위협으로 간주된다. 사회는 최소한 어느 정도는 결속되어 있어야 하며(사회적 결속이 약하면 분열과 붕괴에 이를 수 있으므로), 공통의 가치 혹은 문화는 결속을 위한 필수조건으로 여겨지기도 한다. 몇몇 국가에서는 대규모의 이민이 가져다준 주요한 차이들을 줄여 가면서 약화된 결속력을 다시 회복하고자 노력한다. 그런데 그러한 노력들은 사회적 결속이라는 담론 자체가 문제가 있다고 보는 학자와 활동가들에 의해 비판받고 있는데, 이들 비판가는 이 담론이 최근에는 더 이상 신뢰를 얻지 못하고 있는 이민자들에 대한 동화주의적 시각으로의 회귀를 선도하고 있다고 보고 있다. 이러한 비판의 몇 가지 예를 살펴보면, 자민족중심주의와 인종주의에 대한 비판, 특히 비백인 무슬림 차별에 대한 비판을 들 수 있다.

사회적 결속 개념은 북미보다는 유럽, 특히 영국에서 주목받았는데, 이는 다문화주의의 과잉 또는 실패에 대한 반응으로 출현했다. 과거의 동화주의적 접근은 이민자가 자신을 받아들인 새로운 고향(adopted homeland)의 '우월한 문화'를 수용해야 한다는 주장에 내재해 있는 자민족중심주의로 인해 신뢰를 잃었다. 다문화주의의 관점에서 차이란 잘 유지되어야 하고 축복받아야 하는 것이며, 이는 곧 이민자 통합을 저해하는 것이 아니라 오히려 증진시키는 것으로 간주되었다(Kymlicka 2001a를 참고할 것). 그러나 2000년대에 접어들어 일부 전문가들은 다문화주의가 '너무 멀리 나가 버렸다'는 견해를 갖게 되었고, 이러한 인식은 2001년 여름 영국 북부의 몇몇 도시들에서 일어난 폭동을 겪으면서 신뢰를 얻게 되었다. 이 폭동처럼 젊은 백인과 아시아 남성들 간의 충돌은 부분적으로 거주지 분리 때문에 일어난 것으로 볼 수 있지만, 보다 근본적인 이유는 공공의 다문화 정책이 인종/종교집단으로 하여금 그들 스스로를 각기 다른 방식으로 고립시키도록 조장했기 때문이었으며, 따라서 서로 다른 집단들은 '서로 분리된 평행한 삶'을 영위하게 되었다는 의견이 제기되었다. 그뿐만 아니라 정부의 다문화 정책이 소수 집단을 편애하고 있다는 인식에 기반을 둔 영국계 백인들의 분노는 또 다른 요인으로 작용했다고 볼 수 있다(Modood and Salt 2011). 이러한 우려는 2005년 7월에 일어난 런던 지하철 폭발 사건으로 힘을 얻게 되었으며, 그 결과 사회적 결속은 일종의 안보 문제로 정의되었고 정부의 반테러 의제와 결부되었다(Cheong et al. 2007). 이민자와 현지인 사이의 불화와 폭력은 최근 수십 년간 영국을 넘어 수많은 유럽 국가들에서 발생하고 있다(Taran et al. 2009).

실제로 사회적 결속을 강화시키려는 노력은, 가령 영국과 네덜란드에서처럼, 소수 공동체뿐만 아니라 이민자들에게도 영향을 미치는 프로그램과 규정을 만들어 왔다. 영국 국민으로 귀화하고자 하는 이민자들은 영어 능력은 물론이고 '영국에서의 삶'에 익숙하다는 점을 증명해 보일 수 있는 테스트를 통과해야 한다. 그런데 이러한 절차가 지금은 귀화 신청 단계가 아닌 영주권 신청과 같은 더 이전의 단계에서 요구되고 있다. 귀화 절차의 마지막 단계는 귀화 절차를 완료하는 시민권 의례(ceremony)로, 이는 단순한 행정적 행위로서의 귀화 절차를 마무리 짓고, 새로운 국가에 대한 충성과 정체성을 표현하고 심화하는 행위를 의미한다(Shukra et al. 2004). [이 책의 저자들 중 한 명인 바트럼(Bartram)은 2010년에 이 귀화 절차를 밟은 적이 있는데, 연출적인 모습을 억지로 만들어 내면서 귀화 절차를 완성하였다. 그 과정에는 엘가(Elgar), 본윌리엄스(Vaughan Williams), 비틀즈(the Beatles)가 아니라 드보르자크(Dvořák)의 난해한 음악이 배경으로 깔렸고, 공무원들은 대놓고 휴대폰을 만지작거리는 모습을 보였다.] 더군다나 신노동당(New Labour) 정부는, 여러 상이한 '종교단체(faith groups)'의 대표들로 구성된 상부 조직(umbrella organizations)의 미팅을 주선하는 것과 같이 공동체 간의 벽을 넘어 상호 간 접촉을 증진시키기 위한 다양한 공동체 프로그램을 개발하였다. 지방정부의 담당관들은 문화 간 접촉을 더욱 포괄적으로 증대시키기 위한 '로컬 공동체 결속 계획'을 개발해야 했다(Worley 2005).

앞서 언급한 바와 같이, 이러한 정책 방향은 많은 비판을 불러일으켰다. 많은 학자들은 '공유된 가치'를 기반으로 하는 사회적 결속이 실제로는 이민자와 소수자에 대한 (주류 집단의) 권력 행사라고 주장하고 있다. 다시 말해, 다양성의 장점에 대해 입에 발린 칭찬을 하는 수준(아마 기껏 해야 좀 더 맛있는 음식을 맛볼 수 있게 됐다는 정도)을 뛰어넘어, 이민자들이 지배/주류 집단(예를 들어, 영국계 백인)의 가치관을 '공유'해야 함을 강조하고 있다(거꾸로 지배 집단이 이민자들의 가치관을 공유하는 것은 권장되지 않는다). 문화적 우월성을 명시적으로 선언하는 것은 교양 있는 상류사회에서 더 이상 용인되지 않고 있지만, 이슬람은 특히나 문제가 많고 열등한 것으로 인식되는 것처럼 암묵적인 계층구조는 여전히 작동하고 있다(Kalra and Kapoor 2009; Robinson 2008

을 참고할 것). 이러한 주장을 인종주의적으로 바라보는 일부 전문가의 경우, 매우 다양한 집단들(가령, 무슬림 내부의 다양성)을 상상으로 구성된 하나의 단일한 집단으로 매도해 버리고 있는데, 이러한 현상은 이슬람주의로부터 영감을 받은(islamist-inspired) 테러리즘이 주요한 정치적 이슈가 되어 버린 최근의 상황 속에서 발생하고 있다. 즉, 파키스탄 출신의 영국 무슬림 같은 '공동체'는 다른 민족 기원의 무슬림과 많은 차이를 보이고 있고, 그 **내부적**으로도 다양한 집단들이 존재하며 차이를 보이고 있지만, 현대 영국사회에서 무슬림이라고 규정되는 것은 추정에 입각한 의심의 대상, 가령 잠재적인 테러리스트 또는 다른 형태의 범죄자가 되는 것을 의미한다(Kundnani 2007; Burnett 2004; Yuval-Davis et al. 2005).

이러한 비판은 무질서와 분쟁(사회적 결속의 결핍)의 기원에 대한 상이한 일련의 가정들과 맥을 같이 하고 있다. 이러한 관점에서의 문제는, 이민 집단의 '극심한' 문화적 차이가 아니라 편견과 차별에 기인한 영국 주류 집단으로부터의 경제적 박탈 및 배제와 좀 더 밀접한 관련이 있다(Pilkington 2007을 참고할 것). 영국문화의 중요한 특징이라고 할 수 있는 소비지상주의적 기대치(consumerist expectations)를 이민자와 그 자손들이 받아들인다면, 이들은 영국 선주민들과 많은 부분을 공유하게 된다. 그러나 이민자와 그 자손들은 배경이 다르기 때문에 그러한 열망을 충족시킬 수 없다는 것을 깨닫곤 한다. 이제 논의의 핵심은 소비지상주의를 넘어서 그 이상으로 확장된다. 백과 동료들(Back et al.)은 다음과 같이 주장한다.

2001년 여름, 시위를 위해 거리로 나선 번리(Burnley), 브래드퍼드(Bradford), 올덤(Oldham)의 젊은이들은 … 인종주의와 차별에 의해 분리되어 있는 그런 사회에 너무도 잘 동화되어 있다 … 이것은 (단순히) '차이'의 문제라기보다는, 오히려 널리 퍼져 있는 남성 중심 문화의 패턴 내에서 분명한 분리 표시의 문제라고 볼 수 있다.(2002, § 5.4)

이러한 맥락에서의 갈등은 문화적 차이 및 소통의 결여와 관련된다기보다 인종적 구분(racial lines)을 가로질러 형성되어 있는 공통점들과 관련이 있는데, 이러한 공통점에는 백인들이 경험하고 있는 경제적 박탈감도 포함한다. 만약 이런 분석 방식이 옳은 것이라면, '사회적 결속'이라는 야심찬 기획들이 별 효과가 없을 것이고, 특히 비백인 무슬림이 그런 기획을 모욕적이고 심지어 인종차별적인 것으로 경험한다면 더더욱 그러할 것이다.

이러한 이슈에 대한 미국에서의 논의는 사회적 결속보다는 '사회자본'의 관점에서 이루어져 왔다. 여기서 사용되는 자본이라는 용어는 사회적 관계 및 네트워크에서 파생되는 가치를 의미한다. 즉, 누군가가 더 많은 사회자본을 가지고 있다면 그는 호혜성과 신뢰성의 규범에 기대어 더욱 생산성 높은 생활을 할 수 있게 된다. 로버트 퍼트넘(Robert Putnam 2007)은 대량 이민으로 인한 민족 다양성의 증대로 인하여 집단 내에서의 '결합적(bonding) 사회자본' 그리고 집단을 가로지르는 '교량적(bridging) 사회자본'이 광범위한 쇠락의 길로 들어서게 되었다고 주장한다. 퍼트넘은 그러한 쇠락이 진행되면서 사회적 고립이 증가하고 신뢰도는 감소했음을 발견하였다. 이러한 결함은 이전의 이민의 물결에서도 그랬듯이 오랜 시간이 지나야 어느 정도 회복될 수 있고, 부분적으로는 민족 경계를 초월하는 공유가치를 발전시키기 위한 공공 정책을 통하여 회복될 수 있을 것으로 기대된다. 물론 다양성의 부정적 효과에 관한 주장은 많은 논쟁을 불러일으켜 왔는데, 이는 놀라운 일이 아니다. 이는 특히 지나칠 정도로 폭넓게 논의되어 왔기 때문에 논란이 되었다. 예를 들어, 케슬러와 블루므라드(Kesler and Bloemraad 2010)는 다양성 증가에 따른 효과는 맥락에 따라 다양하며, 적극적인 다문화주의 정책 방향이 그러한 다양성의 증가를 지원해 줄 때 긍정적인 효과가 나타나고 있음을 밝혀냈다.

영국에서의 '사회적 결속'에 관한 연구는 북미에서 이루어지는 연구보다는 정책 문서, 연설, 보고서 등에 대한 분석에 좀 더 주력하고 있다. 다시 말해, '담론'에 초점을 맞추는 분석이 주로 이루어지고 있는데, 이는 '담론은 확실히 강력하다.'라는 전제에 입각하고 있다(McGhee 2005, § 6.1). 담론 자체는 실로 강력한 힘을 발휘할 수 있다. 그런데 구체적으로 어떤 담론이 어떠한 방식으로 영향력을 발휘해 왔는지를 측정하면서, 그 결과들에 대한 실증적 분석에 주력하는 것이 보다 더 건설적이고 숨겨진 것들을 드러내 줄 수 있다. 이러한 방식의 실증적 연구를 위한 모델은 라이츠 외(Reitz et al. 2009)의 편저에서 찾아볼 수 있는데, 이 편저의 논문들은 수많은 미묘한 차이들로 특징지어지는 결론에 도달하고 있다. 이 편저에 따르면 캐나다의 이민자들 간에 존재하는 '본래의' 민족 정체성에 대한 강한 애착은, 동시에 캐나다로의 강력한 '소속감'과 모순 없이 양립하는 경우가 많다. 그러나 어떤 집단들[특히 '가시적 소수 집단(visible minorities)']의 경우는 본래의 민족 정체성에 관한 애착으로 말미암아 캐나다인으로서의 정체성 발달이 더디게 진행되기도 한다. 여기에 개입하는 중요한 맥락적 요인은 바로 차별이다. 편견을 접하게 된 사람들에게 민족 정체성은 하나의 자원으로서 기능하기도 한다. 하지만 캐나다인 정체성이 반드시 필요한 상황에서도 캐나다인 정체성이 약화되는 것을 감수할 수밖에 없는 경우도 있다. 이것으로부터 얻을 수 있는 중요한 정책적 함의는 다문화주의가 일반적으로 사회적 결속을 약화시키지는 않지만, (뚜렷한 민족 정체성 수준을 뛰어넘는) 통합을 위한 적극적인 지원이 다문화주의 정책에 반드시 추가되어야 한다는 점이다.

앞서 다루었던 몇 가지 논의들은 다시 한 번 강조되어야 한다. 사회적 결속과 사회자본에 관한 논쟁들은 극명하게 상반되는 관점의 틀 속에서, 그리고 광대한 '글로벌' 수준의 관계적 틀 속에서 다루어지는 경우가 많다. 가령 '다양성의 증대는 사회적 결속을 해친다.'라는 문구가 이를 잘 보여준다. 특히 논쟁이 대단히 정치화되었을 때(영국의 경우가 대표적임), 이러한 주장은 더욱 확대되어 사회적 결속을 강화하기 위해서는 이민을 철저히 제한해야 한다는 생각에까지 이르게 된다. 이러한 주장은 이민자들의 동화를 촉진시키거나 유도하는 것은 (사회적 결속을 위한) 충분한 조치가 아니라고 본다. 대신에 정부가 보다 적극적인 방식으로 이민 자체를 최소화하여 다양성이 증가하지 못하도록 제어함으로써 결속성을 강화시켜야 한다는 것이 그러한 주장의 핵심이다. 일부 개인에 의해 진행된 연구에서는 이와 같은 주장을 지지할 수도 있겠지만, 보다 폭넓은 관점에서 이민 문제를 조명한 실증적 연구에서 그러한 종류의 결론을 정당화하는 것은 (매우 정치적인 것이며) 결코 순수한 것이라고 볼 수 없다. 이러한 맥락에서 정치화는 상당히 다른 방향으로 작동한다. 즉, 사회적 결속이라는 의제가 인종차별주의적이라는 것은 많은 비판을 통해서도 명백해졌다. 불가피하게 정치화되어 버린 이슈들에 주목하기 위해 사회과학적 연구를 시도하는 것은 분명히 가치 있는 일이다. 하지만 이슈들의 복잡성을 잘 파악하면서 정치가와 사회운동가들이 지나치게 단순화시켜 버린 관념들에 사로잡히지 않아야만 이러한 연구들의 전망이 더욱 밝아질 수 있을 것이다.

참고 사회적 자본; 통합; 동화; 다문화주의

주요 읽을 거리

Back, L., Keith, M., Khan, A., Shukra, K. and Solomos, J. (2002) 'The return of assimilationism: race, multiculturalism and New Labour', *Sociological Research Online*, 7(2).

Burnett, J. (2004) 'Community, cohesion and the state', *Race & Class*, 45(3): 1-18.

McGhee, D. (2005) 'Patriots of the future? A critical examination of community cohesion strategies in contemporary Britain', *Sociological Research Online*, 10(3).

Modood, T. and Salt, J. (eds) (2011) *Global Migration, Ethnicity arid Britishness.* Basingstoke: Palgrave Macmillan.

38.
초국가주의 · Transnationalism

> **정의** 이민자들이, 특히 최근 수십 년 동안, 정착국에서의 통합을 이루어 가면서도 기원국과의 연결은 그대로 유지하고 있는 경향을 말한다.

초국가주의는 이주자들이 (정착국에서 살아가면서도) 자신의 기원국과의 연결을 그대로 유지하는 경향을 말한다. 즉, 이주자들이 기원국이나 정착국 중 오로지 어느 하나의 국가에만 뿌리내리기보다는 다중적인 국가적 맥락에서 정체성과 사회적 관계를 발전시켜 나가는 것을 의미한다. 지금도 어떤 이주자는 일상적으로 여러 국가를 오가고 있으며, 기원국으로 정기적인 송금을 보내기도 한다. 그뿐만 아니라 휴대전화나 이메일, 스카이프(인터넷 전화) 등을 통해 멀리 떨어져 있는 가족이나 친구들과 소통하는 것이 일상화되었다. 심지어 두 개 이상의 국가에서 투표하는 것과 같은 정치적인 활동을 벌이기도 한다. 따라서 이주자들의 활동과 정체성에 대해 논의할 때, 단순히 국가적 수준의 개념을 사용하는 것은 매우 단편적이며 별로 타당하지도 않다. 국가적 수준의 개념에서 핵심적인 의미를 지니고 있는 지리적 경계는 이제 사실상 이주자의 활동들을 더 이상 '묶어 두지(bound)' 못하기 때문이다(Basch et al. 1994). 이는 디아스포라 개념과 유사하다고 볼 수도 있지만(Vertovec 2009를 참고할 것), 디아스포라 개념이 과거 유대인과 아르메니아인 같은 소수의 특정한 집단에 제한적으로 적용되었던 데 비해, 현재의 보편적인 개념으로서 초국가주의는 이주자들이 국가적 경계를 뛰어넘어 광범위하고 지속적으로 여러 국가에 대한 충성심과 관계 맺기를 유지하는 매우 일반적인 경향을 의미한다.

다음의 문화기술적 설명을 통해 전형적인 초국가주의적 관점의 사례를 살펴보자. 스미스(Smith 2006)는 (뉴욕) 브루클린에 거주하는 이민자들이 멕시코 고향 마을의 상수도 시스템에 새로운 파이프를 설치하기 위한 프로젝트의 추진과 관련하여 뉴욕과 멕시코를 왕래하는 여정에 대해 설명했다. 그들은 브루클린에 거주하는 다른 멕시코 이민자들로부터 대부분의 후원금을 모아 주말 동안 멕시코의 고향 마을에 가서 수도관을 점검하고 도급업자와 미팅을 진행했으며, 제시간에 일터가 있는 뉴욕으로 돌아와 월요일을 맞이했다. 이는 초국가주의의 핵심적인 부분을 잘 보여준다. 공동체를 떠나 이민을 갔을지라도 일부 이민자들은 여전히 기원지 공동체의 일원으로서 존재하기 때문에 (국외로) 이민을 갔다고 해서 그들이 조국을 버린 것이라고 말하기 어려워졌다.

초국가주의와 관련된 개념들은 대부분 새롭게 등장한 것이었는데, 이를 옹호하는 주장은 이민자들이 어떻게 새로운 환경에 적응하는가를 다룬 초기의 해석과는 뚜렷이 반대되는 입장에서 개진되었다. 초기의 이주 연구에서 따르던 관점에서 보자면, 이민자들은 전형적인 편도 여행(one-way trip)을 시작하는데, 어떤 경우에는 배를 타고 몇 주 동안 이동하여 목적지에 도착하게 되고, 일단 도착하면 다시는 그곳을 떠나지 않는다. 이민자가 정착국에서 그들만의 새로운 삶을 이루는 데 주력하면서 본국과의 연결은 완전히 단절되거나 혹은 단절된 듯 보이게 된다. 미국 이민자들은 그러한 과정을 거쳐 결국 '[(−)를 붙이는] 외국계 미국인(hyphenated Americans)'이 된다. 가령 '이탈리아계 미국인(Italian−American)'은 가장 먼저 그런 유의 미국인이 된 이민자들인데, 그들은 미국이라는 정착지에 적실하지 않은 자신들 정체성의 일부분을 털어 내는 과정을 거치면서 그렇게 거듭나게 되었다. 기원국으로 다시 돌아가는 일은, 단기간의 방문인지 장기간의 방문인지의 여부에 상관없이 돈과 시간이 많이 드는 일이었다. 이러한 이유와 상관없이 어쨌든 기원국으로의 귀환이 의미하는 것은 정착지에서의 새로운 상황에 적응하고 동화하는 데 실패했고, 결국 (진보가 아닌) 퇴보한다는 것을 의미했다.

그러나 최근 기술 발달에 따라 이동과 통신 비용이 줄어들면서 이주자들이 다양한 방식으로 기원국과의 연결성을 점점 더 높여 가고 있다. 초국가주의적 관점에서 보았을 때, 이러한 본국과의 연결은 결코 퇴보가 아니다. 초국가주의는 경제적 차원, 정치적 차원, 문화적 차원 등 적어도 세 가지의 독특한 차원들을 가지고 있다(Portes et al. 1999). 우선, 경제적 차원은 엄청나게 증가하고 있는 이주자 송금의 흐름에 의해 구체화되고 있다. 일부 '트랜스이주자(transmigrant)'들은(때로는 이 용어가 사용된다) 독특한 형태의 사업가로 거듭나는데, 초기에 이들은 기원국의 물건을 가져다 정착국에 거주하는 동족 이주자에게 판매하고 나중에는 선주민에게도 판매가 확장된다. 또한 역으로 정착국에서 생산된 물건을 기원국에 살고 있는 비이주자에게 팔기도 한다(Landolt et al. 1999를 참고할 것). 한편, 초국가주의의 정치적 측면을 살펴보면 이주자들이 이중 시민권을 지닌 경우에는(Østergaard−Nielsen 2003을 참고할 것) 정착국에서 투표권을 행사하면서 동시에 기원국에서도 투표권을 행사한다. 문화적 측면에서 초국가주의는 경제적, 정치적 측면의 구성 요소들을 강화하고, 그것으로부터 새로운 요소들이 뒤따르는 방식으로 진행된다. 이주자들은 언어, 음악, 미술 그리고 널리 퍼져 있는 정체성 의식 등 자신들의 문화적 유산을 포기하지 않으려 한다. 예를 들어 도미니카 출신 이민자들은 '도미니카계 미국인'으로 거듭나는 대신에 그 스스로를 도미니카인이면서 동시에 미국인이라고 생각할 수 있는데, 이때 도미니카인인지 미국인인지 둘 중 어느 하나가 다른 하나보다 더 앞서거나 지배적인 것은 아니다.

후자의 관점은 동화를 지향하는 정착국의 추세와 관련하여 의미 있는 시사점을 던져 준다. 즉, 정착국의 일부에서는 그것을 문제가 있는 것으로 보려 한다. 국민국가를 당연시하고자 하는 전통적인 관점에서 볼 때 이민은 과거에 없었던 이례적인 상황을 만들어 내는데, 이를 해결하기 위해서는 이민자들 스스로 새로운 정착지에서 **국민국가**의 완전한 한 부분이 되어야만 한다. 이때 '이중 충성심(dual loyalty)' 같은 개념은 어떤 이에게는 문제시된다. 치열한 경쟁적 관점에서 '불충성한(가령, 완전히 충성스럽지는 않은)' 시민이라는 말은 용어 자체에 모순이 있다. 물론 그러한 견해가 격렬한 논란의 대상이지만 말이다. 초국가주의의 확대가 다문화주의를 지향하는 움직임에 대해 일부 전문가들이 표명하고 있는 우려를 더욱 심화시키고 있다는 점은 분명하다(Schlesinger 1992를 참고할 것). 하지만, 초국가적 활동을 활발히 수행하는(수행하고자 하는) 사람들은 그들의 정착국의 집단생활에도 마찬가지로 더욱 깊이 참여하곤 한다(Smith 2006; Portes 2003). 동화는 이제 더 이상 성공적인 통합을 위한 유일한 방법이 아니다. 실제로 성공적인 통합은 오히려 '문화적 유산(cultural endowment)'을 보존하고 적극적으로 유지하는 것으로부터 나오는 경우가 많다(Portes et al. 1999).

초국가주의에 대한 논의는 보통 '풀뿌리' 수준에서의 이주자의 활동들을 주로 다루고 있다. 그러나 그러한 이주자의 행위와 실천들은 거시사회적(macro-social) 수준에서도 영향을 끼친다(Portes 2003). 앞 단락에서 국가 정체성과 관련된 영향을 지적했듯이, 개인들 수준의 초국가주의는 뚜렷한 실체로 인식되었던 국민국가를 산산조각 내는 과정에 일조하고 있으며, 또한 국경을 가로질러 이쪽과 저쪽에 분포하고 있는 사람들을 묶어 주는 (국경이 이쪽과 저쪽의 사람들을 단지 **구분**해 내는 기능만을 하는 것이 아닌) 새로운 방식의 정체성의 형성에 기여하고 있다. 그뿐만 아니라 초국가주의는 거시경제적인 영향력을 발휘하기도 한다. 예를 들어, 송금액이 증가하게 되면 기원국에서 신용평가 등급이 높아지고, 따라서 더 낮은 비용으로 신용 거래가 이루어질 수 있게 된다(Guarnizo 2003). '사회적 송금'을 분석한 레빗(Levitt 2001)의 연구에 따르면, 이주자들은 자신의 기원지의 공동체에 계속해서 관여를 하고 있는데, 이는 결국 초국가주의가 이주자 자신의 삶뿐만 아니라 (기원지의) 비이주자의 삶에도 영향을 끼치고 있다는 것을 보여 준다. '사회적 송금' 개념은 위에서 살펴보았던 초국가주의의 세 가지 측면에 사회적 초국가주의라는 네 번째 측면을 추가할 것을 제안하는 개념이다.

초국가주의와 관련된 또 다른 거시적 수준의 영향으로 논의되는 것이 '초국가적 시민' 개념이다. 이 개념은 국가적 소속은 배타적 성격(exclusivity)을 지닌다고 보는 전통적인 사고로부터 크게 벗어나는 개념이라고 할 수 있다(Bauböck 1994b, 2003). 위에서 살펴본 바와 같이, 이민자는 (현재 자신이 살고 있는 국가 바깥의) 다른 국가 관할권에서도 정치적 활동에 간여하곤 하는데,

반드시 그곳에 자신의 신체가 위치해야만 그러한 활동들이 가능한 것은 아니다(Martiniello and Lafleur 2008). 미국에 거주하는 멕시코 유권자를 예로 들면, 그들은 멕시코 선거의 후보자들로부터 적극적인 구애를 받고 있는데, 이처럼 이들 멕시코 후보자들은 때로는 국경을 넘어 선거운동을 전개하기도 한다(Smith 2008). 바슈 외(Basch et al.1994)에 따르면, 이주자의 초국가주의로 인하여 '탈영토화된' 국민국가가 만들어지고 있다. 하지만 이러한 시각은 다소 과장되었다고 할 수도 있는데, 왜냐하면 해외로 빠져나간 동포들과의 연결이 구축되어 가고 있는 것이 사실이지만, 또한 대부분의 국민국가는 여전히 독자적인 영토에 확고하게 뿌리박고 그 기능을 유지하고 있기 때문이다.

초국가주의로 묘사되는 새로운 흐름들이 매우 중요하다는 점은 분명하다. 그렇지만 초국가주의에 대한 초기 연구는 앞서 논의한 흐름들이 새롭게 출현한 특성이라는 점을 상당히 과장했었다. 초기 이민 집단의 (정착지 사회로의) 동화와 (기원지와의) 유대 단절이라는 동화주의적인 주장이 지나치게 남용되었다. 예를 들어 20세기 초반에 이탈리아에서 유입된 이민자들은 기원지 공동체와의 유대를 이어 갔고, 고향에 잠시 방문하거나 영구적으로 귀환하기도 했다(Foner 1997b). 이처럼 초국가주의적인 특성이 과거의 이민자들에게도 나타나고 있었음을 생각해 볼 때, 일반적으로 이주자들이 이전에 기원지에서 형성한 정체성과 그에 대한 애착을 동화주의적 사고에서와 같이 정착지 사회에서 과연 전면적으로 없애 버리려고 하는지 여부는 딱히 단정 지어 말하기가 어렵다. 가령, 유명한 민요 '아일랜드의 킬켈리*(Kilkelly, Ireland)'는 19세기에 미국으로 건너가 살고 있는 이민자들과 아일랜드에 남겨진 가족들 간에 오고 간 편지 내용에서 일련의 문구들을 차용하여 노래를 만들었다. 이 민요는 멀리 떨어져 살고 있는 이산의 고통과 관계를 계속 이어 가려는 지속적인 노력의 모습이 잘 묘사되어 있다. 그러한 노력 중에는 가족을 직접 방문하기 위해 대서양을 횡단하는 고단한 여정도 포함되어 있다.

그러나 지금 이 시대에는 상대적으로 저렴한 비용으로도 원거리 이동과 소통이 훨씬 용이해졌고, 따라서 이주자들은 학자들에 의해 소위 초국가주의라고 묘사되는 그런 유형의 활동들을 좀 더 집약적으로 실행해 가고 있다. 더군다나 초국가주의를 이루는 어떤 요소들은 정말로 새롭게 등장한 것처럼 보이기도 하고, 어떤 요소의 경우는 매우 일반적인 것이 되어 버려 질적으로 완전히 다른 모습을 띠게 되었는데, 이중 국적을 취득하는 경우가 크게 증가한 것을 사례로 들 수 있다. 적어도 초국가주의적 관점이 확산되면서 학자 및 전문가들은 우리가 과거에는 분명하게 관찰할 수 없었던 것들을 인식할 수 있게 되었는데, 이는 현재의 이주와 정착의 흐름에 있어서는 물론이고, 과

---

* 역자주: 이 노래는 스티븐과 피터 존이 작사·작곡한 곡으로, 킬켈리(아일랜드 북부의 도시)에서 미국으로 건너간 가상의 아일랜드계 이민자 아들에게 아버지가 편지하는 내용이다.

거의 이주와 정착의 역사적 흐름에 있어서도 초국가주의적 활동과 특성들을 **인식**하게 되었음을 의미한다(Smith 2003). 다시 말해, 초국가주의를 통해 최근의 이주 흐름의 변화를 새롭게 이해하게 되었고, 그뿐만 아니라 초국가주의를 통해 과거 동화의 개념 및 현상들과 관련된 이주 연구 초기의 주장들이 당대의 이주 흐름에서 분명히 존재했던 초국가주의의 유형들을 간과했었다는 것을 깨달을 수 있게 되었다.

또한 학자들은 오늘날 초국가주의에 대한 최근의 흐름에는 분명 한계가 있다고 인식하기 시작했다. 대다수의 이주자들은 초국가적 행동을 산발적으로 가끔씩 수행한다. 그런 가운데 시간이 흘러가면서 (출신지와의) 연결은, 비록 완전히 사라지는 것은 아니지만, 점차 약해지기 마련이다. 특히 정치적 의미에서의 초국가주의는 드물게 나타나는데, 대부분의 이주자 집단들 중 교육받은 중년층 남성 집단에서 초국가주의가 제한적으로 나타난다(Guarnizo et al. 2003). 한편 초국가주의 연구의 초기 업적들에서 어떤 이주 연구학자들은 초국가주의가 억압적 현실을 극복하여 사회 변혁을 이끌 수 있는 잠재력을 지니고 있다고 주장했다. 왜냐하면 초국가주의는 이주 여성 같은 애당초 주변화되어 있는 집단들이 실천할 수 있는 새로운 형태의 사회운동을 구체화시켜 줄 수 있기 때문이다. 그런데 최근의 연구에 따르면 이러한 희망은 다소 과장된 것일 수 있다고 평가된다. 오히려 초국가주의는 많은 경우에 있어서 기존의 불평등과 계층성을 강화시켜 줄 뿐이다. 다른 측면에서도 마찬가지로 초국가적인 관계와 실천들이 언제나 긍정적인 결과를 가져오리라고 상상하는 것은 잘못된 것이다. 가령, 초국가화된 폭력 집단의 활동이나(Smith 2006) 초국가화되어 분리된 많은 가정이 겪는 어려움과 역기능도 분명히 펼쳐지고 있다는 점(Dreby 2010을 참고할 것)도 유념해야 한다.

본 주제에 대한 초창기 연구는 초국가주의의 '긍정적인 사례'라고 부를 만한 것들에 대한 문화기술지적 연구들에만 크게 의존했었다. 그러나 초국가주의의 광범위한 유형들 내에서 다양한 변이들을 확인하고 설명하기 위해서는 문화기술지만이 올바른 연구 방법이라고 할 수는 없을 것이다. 이에 관련하여 포르테스(Portes 2003)는 비교를 통한 정량적 연구 방법을 사용하는 후속 연구를 독려한 바 있는데, 특히 어떤 이주자는 왜 다른 사람에 비해 더욱 초국가화된 방식의 삶을 사는지를 탐구할 것을 촉구하였다. 이와 매우 유사한 관련 연구에서는 단일한 유형의 이주자 초국가주의라는 것은 없으며, 상이성, 분화 등 다양한 주제를 탐구할 수 있는 초국가주의의 연구의 범위는 매우 넓다고 보고 있다(Vertovec 2009). 어찌 되었건 초국가주의 개념 그 자체는 이제 이주 연구에 확실하게 입지를 굳혔고, 그러한 바탕 위에서 초국가주의의 미묘한 변이들의 증가를 보여 주는 연구들 그리고 그 한계에 대한 건실한 평가를 보여 주는 연구들이 지속되고 있다. 초국가주의의 개념은 이주 연구 이외의 다른 주제의 연구에도 적용되고 있다. 광범위한 사회적 프로세스는 이제 국민국가의 한계를 뛰어넘어 작동하고 있다는 점을 이해해야 한다. 따라서 오랜 기간 동안 사회과학 연구 틀의 핵심으로 자리 잡아 왔던 '방법론적 국가주의(methodological nationalism)'를 뛰어넘는 연구가 요망되고 있는 것이다(Amelina and Faist 2012).

참고 통합; 동화; 순환 이주

주요 읽을 거리

Foner, N. (1997b) 'What's new about transnationalism? New York immigrants today and at the turn of the century', *Diaspora*, 6(3): 355-75.

Levitt, P. (2001) *The Transnational Villagers*. Berkeley, CA: University of California Press.

Portes, A., Guarnizo, L.E. and Landolt, P. (1999) 'The study of transnationalism: pitfalls and promise of an emergent research field', *Ethnic and Racial Studies*, 22(2): 217-37.

Smith, R.C. (2006) *Mexican New York: Transnational Lives of New Immigrants*. Berkeley, CA: University of California Press.

Vertovec, S. (2009) *Transnationalism*. Abingdon: Routledge.

39.
미등록(불법) 이주 · Undocumented (Illegal) Migration

정의 정착국 정부에서 공식적으로 승인하지 않은 이주를 말한다. 이는 밀입국을 통해, 혹은 (좀 더 흔한 경우인) 비자 체류 기간 초과를 통해 이루어진다. 이주자에게 발급된 비자에 허용되어 있지 않은 활동(직업)에 종사하는 것도 이에 포함된다.

'불법(illegal) 이민'이란 용어는, 정치인들의 연설에서 흔히 들을 수 있는 것처럼, 일반적으로 널리 통용되고 있는 용어이다. 일반 대중들은 이 용어를 특히 '불법'이란 부분에 방점을 두어 자연스럽게 이해하고 있는데, 이는 안타깝게도 올바른 이해가 아니다. 비전문가의 입장에서 보더라도, 국가의 공식적인 승인 없이 그 국가에 입국하는 사람들은 일종의 범죄자이며, 국가 정부는 그들이 가져올 위험성을 잘 관리하면서 '어떤 조치를 취할' 의무가 있다. 이러한 위험성은 어떤 경우에는 극단적인 모습으로 나타난다고 여겨지는데, 여러 악습 중에서도 특히 불법 이민은 국가 안전에 손상을 가하고, 국가 정체성을 훼손하며, 국경 통제력의 상실을 구체화한다고 흔히들 생각한다.

이러한 관점이 지닌 첫 번째 어려움은 용어 자체가 지닌 문제점 때문이다. 정부와 일부 이익집단은 '불법 이민'이라는 용어가 자신들이 행사하고 있는 '법과 질서 유지'라는 원칙을 정당화해 주기 때문에 이 용어에 만족한다. 이러한 상황은 미국에서 흔히 사용하고 있는 '불법체류 외국인'이라는 용어에서 분명하게 드러난다. 그러나 다른 집단에서는 불법 이민이란 용어가 **사람들(people)** 자체를 '불법'이라고 묘사하는 것이므로 받아들일 수 없다고 주장한다(그 누구도 '불법적'인 존재인 경우는 없다, Cohen et al. 2003). 불법 이민의 대안적 용어로 제시되는 '미등록 이민(undocumented immigration)'이라는 용어는, 일부 이민자들의 경우 단지 이주와 정착을 허용하는 특정 서류를 갖추고 있지 못할 뿐이라는 의미를 내포하고 있다. 따라서 이 용어는 비록 현재는 법적으로 승인을 받지 못한 상태일지라도 곧 이민으로 받아들여질 가능성이 높다는 것을 보여 주는 것으로 인식된다. 학자들은 이와 같이 정치적 의도와 거리가 있는 중립적 용어의 사용을 더 선호하지만, 과연 정말로 중립적인 용어가 **존재하는지**는 확실치가 않다. 카렌스(Carens 2008)는 '비정규(irregular)' 혹은 '비인가(unauthorized)' 등의 용어가 '불법' 혹은 '미등록' 등의 용어보다 더 명확하게 현실 그대로의 의미를 전달한다고 밝힌 바 있다. 하지만 그러한 대안적 용어들도 역시 정치적이거나 혹은 규범적인 의미를 어쩔 수 없이 표출할 수 있다는 점을 인정한다. '비밀

(clandestine) 이주'라는 용어도 통용되는데(Spener 2009를 참고할 것), 이는 몰래 국경을 넘는다는 의미를 함축하고 있기 때문에 뭔가 떳떳하지 못한 행동을 하는 것으로 인식될 수 있다. 또한 비정규 이주라는 용어는 (모든 이주가 다 그런 것처럼) 개인적 행태의 문제보다 더 큰 그 이상의 의미를 포함하고 있다. 즉, 개인적 행위는 사회적 맥락을 통해 의미를 획득하게 되는데, 가령 서부 유럽에서 일하고 있는 일부 루마니아 출신의 비정규 이주자들이 루마니아가 유럽연합 회원국으로 바뀌게 됨에 따라 갑자기 '정규' 이주자로 바뀌게 되는 것과 같이 말이다(Triandafyllidou 2010).

위에서 언급한 '법과 질서의 유지'에 대한 (정치적) 요구가 높아지면서 최근에는 연관된 규제와 관련하여 용어의 의미 그대로의 조치들이 단행되고 있다. 특히 최근 미국에서는 국경 통제를 위한 비용이 증가하고 있으며, 첨단 기술의 장벽(실제로 멕시코 국경의 많은 부분들이 높은 철제 장벽, 즉 '철의 장막'으로 바뀌고 있다) 등이 설치되고 있다. 그런데 앞 문장에서 '용어 그대로'란 문구에는 이중적인 의미가 내포되어 있다. 우선, 용어 그대로의 법적 조치들이 실행된다 하여도, 허가받지 않은 월경 행위들(crossings)을 억제하는 데에 아무런 효과가 없었음을 보여 주는 증거들은 아주 많다. 그러한 조치는 이주자들로 하여금 (첨단 기술의 장벽이 설치된 국경의 특정 구역을 피해) 더 멀리 떨어진 사막지역으로 나아가 월경을 감행하도록 하였고, 이로 인해 혹독한 더위와 탈수에 지친 수천 명의 월경 시도자들이 사망에 이르게 되었다(Johnson 2007). 국경 통제가 (통제 인력의 제복 착용, 장비 장착 등을 통해) 실질적으로 부활되는 것은 아마도 주류사회 유권자들의 심기를 달래 주려는 일종의 정치적 '퍼포먼스'로, 즉 '국가 권력의 상징적 재현'(Andreas 2008: 8)으로 이해하는 것이 더 타당한 것 같다(Newton 2008을 참고할 것).

그런데 그동안 국경 통제의 노력은 별로 효과를 거두지 못하였고, 이러한 실패는 다양한 다른 방식의 불법 혹은 미등록 이민을 유발시키는 요인으로 작동하고 있다. 수많은 미등록 이민자들은 처음 정착국에 입국할 때 법적으로 아무 문제가 없는 상태였지만, 나중에는 입국 비자상에 허용되어 있지 않은 활동에 종사하면서 '미등록' 상태가 되어 버린다. 가령, 학업을 포기하고 전일 근무 직업을 찾는 학생들, 혹은 비자 만료 기한을 넘기고 계속 체류하는 '임시' 노동자들이 그런 미등록 이민자들이라고 할 수 있다(Dauvergne 2008을 참고할 것). (불법 혹은 미등록 이민이 되는) 또 다른 방법은 비호 신청자가 난민 지위를 얻고자 신청했지만 거부당하고 나서 정착국을 떠나지 않고 그대로 남는 경우이다. 이처럼 불법 이민은 국경 통제의 실패로 인해서만 야기된(다시 말해 국경 통제만으로 해결될 수 있는 그런) 문제가 결코 아니다.

사실상 많은 국가들이 미등록 이민자를 범죄자로 취급하지 않는다는 사실을 통해서도 '불법'이라는 용어가 지닌 또 다른 문제점을 확인할 수 있다. 정부기관에서는 이들에 대한 억류나 추방 등의 조치를 범죄 정의 실천의 절차가 아니라 단지 행정적인 절차로 접근하고 있다. 그 이유는 (대중들의) '적절한 법 집행(due process)' 요구에 부응해야 하지만, 범죄의 문제로까지 확대시키지 않고 그저 낮은 수준의 증거 입증만으로도 해당 조치를 충분히 해 나갈 수 있기 때문이다(Carens 2008). 반면 미국 정부에서는 최근 (국경 통제의 조치가 한계가 있음을 인정하면서) 이민 관리 집행 노력의 방향을 '국내' 지점들로 다시 돌리고 있다. 가령 신분증 절도라는 죄목으로, 예컨대 다른 사람의 사회보장번호를 고용주에게 제시한 경우, 미등록 이주 노동자를 기소하고 투옥시키기도 한다(Bacon 2008).

이 문제와 관련하여 각국에서는 대체로 고용주들의 '수요' 측면보다는 이주자들의 '공급' 측면에 좀 더 많은 관심을 두어 왔는데, 특히 미국에서 이러한 경향이 강하다(Andreas 2000; Kwong 1997). 반면 일부 유럽 국가들은 오랫동안 미등록 노동자를 사용하고 있는 고용주에게 적지 않은 처벌을 가해 왔고, 이에 따라 대체로 미등록 이민의 규모는 낮은 수준에 머물러 왔다. 하지만 그러한 처벌이 결코 모든 문제를 해결해 주는 만병통치약이 되지는 못한다(Freeman 1994; Martin and Miller 2000). 가령, 1986년 미국에서는 고용주를 처벌하여 문제를 해결하려는 시도가 있었으며, 이는 너무도 분명한 실패로 끝났다(Fix 1991을 참고할 것). 즉, 고용주에 대한 처벌 조치가 오히려 역효과를 불러일으켰는데, 왜냐하면 고용주는 노동자가 제시한 서류의 진위 여부까지 확인해야 할 의무를 지닌 것은 아니었으며, 따라서 그 서류를 대충 '점검하고' 넘어갔다고 해서 기소되는 일은 없었기 때문이다.

미등록 이민자에 관한 정치적, 도덕적 논쟁이 매우 복잡하게 전개되고 있는 것은 놀랄 일이 아니다. 카렌스(Carens 2008)는 미등록 이민자가 법적 지위를 부여받지 못했다고 해서 응급 치료, 자녀 교육, 노동 관련 권리(최저 임금과 작업장 안전 조건 등) 같은 기본적 인권이 거부되는 것은 있을 수 없는 일이라고 주장한다. 이러한 권리들이 보장되지 않는다면, 고용주는 이민자를 더 많이 착취하여 이득을 취할 수 있을 것이고, 따라서 이민자를 고용하는 것이 더욱 매력적인 일이라고 생각할 수 있을 것이다. 하지만 이들 이민자들의 이주 동기는 위축되고, 이는 오히려 생산성을 떨어지게 하는 결과로 이어질 것이다. 일부 전문가들은 특히 미등록 이민자 자녀들에게 교육 기회를 제공해야 하는가의 문제를 놓고 고심하기도 한다. 왜냐하면 그러한 교육을 받음으로써 그들은 '수용국'의 정체성을 강화하게 되고, 이에 따라 그들을 출국/추방시키는 것이 더 어려워질 뿐만 아니라 그렇게 되면 그들이 정신적으로 아주 큰 충격을 받을 수 있기 때문이다. 카렌스는 아이들에게 불법 입국의 책임을 물을 수 없음을 지적하면서 아이들이 교육을 받지 못하면 나중에 수용국 사회에 통합되지 못하고 주변화된 어른이 될 수밖에 없다고 주장한다. 추방의 가능성과 당위성은 체류 기간이 길어질수록 줄어든다. 이런 점에 불만을 가졌던 캘리포니아 유권자들은 1994년 (미등록 이민자 자녀들을 학교에서 배제하고, 미등록 이민자들에게 다양한 공공서비스와 공공시설

이용을 불허하는) 주민발의안(Proposition) 187을 승인하였다. 그러나 후에 연방법원은 이를 무효화하였는데, 이는 자유주의 국가와 그 유권자들이 불법 이민자들에게 기본적 인권을 부여하지 않는 것을 함부로 결정할 수 없다는 점을 보여 주는 것이었다. 그럼에도 불구하고 미등록 이민자들은 대체로 자신이 공식적으로 갖고 있는 권리를 행사하는 것을 조심스러워하거나 꺼리는 경향이 있으며, 아예 행사하지 않는 경우도 많다. 왜냐하면 관계 당국과 접촉하게 되면 결국 추방될지도 모른다는 두려움이 있기 때문이다(Bosniak 2008; Clark 2013).

'불법'이라는 과장된 용어는 정착국에서 이런 표식이 붙은 이민자들을 모조리 거부할 수 있다는 의미를 내포한다. 즉, 이러한 이주는 (적어도 민주주의 국가에서) 공공적 의지(소망)를 겉으로 드러나게 명시적으로 표현한 법규를 위반하는 것이다. 그러나 정착국의 어떤 분야에서는 이들 불법 이민자들을 또한 확실히 원하고 있다. 오히려 그들의 불법성이 매력을 던져 주고 있는 것이다(Bacon 2008을 참고할 것). 다시 말하건대, 그러한 이민자들은 적절한 서류를 갖추고 있지 못하기 때문에 취약한 상태에 처해 있고, 따라서 더 쉽게 착취당할 수도 있다. 만약 그들이 불평을 한다면, 고용주는 (그들을 구류하고 추방할 수 있는) 관계 당국에 고발하여 문제 해결을 시도할지 모르고, 그렇게 되면 불만은 줄어들 것이다. 미국에서는 의회 의원, 주지사, 기타 관계자들이 때때로 연방법 집행 과정에 개입하여, 이민귀화국[Immigration and Naturalization Service, 그 후속기관은 현재 국토안보부(Department of Homeland Security)의 일원으로 존재하고 있다]의 공무원이 이민자들이 일하고 있는 작업장을 급습하지 못하도록 압력을 가하곤 한다(Martin and Miller 2000). 실제로 정착국의 많은 사람들이 미등록 이민자 출신 가정부, 정원사, 보모 등을 고용하고 있으며, 일부 사회운동 단체에서는 인도주의적이고 시민권 차원의 이유에서 미등록 이민자들을 포용하고 있다.

부유한 국가의 무역 및 기타 경제 문제에 관한 여러 정책들은 멕시코 같은 국가의 노동자들이 자국을 떠나는 데에 영향을 끼치고 있다. 그런 정책으로 말미암아 멕시코 노동자들은 미국으로 이주하는 것만이 그들의 삶에서 유일한 대안이라는 인식을 갖게 되었고, 실제로 미국에서는 고용주들이 토착 노동자보다 이들 이주 노동자를 더 선호하고 있다(Johnson 2007). 일부 전문가들은 이주 제한 정책의 인종적 차원을 강조하면서, 이주를 통제하는 정권은 '글로벌 아파르트헤이트(global apartheid)'라고 할 수 있으며, 거기에서는 비밀 이주(clandestine migration)가 합법적 형태의 저항 운동이라고 주장한다(Spencer 2009). 일부 국가에서는 불법 이민과의 싸움에서 패배를 인정하면서 종종 대규모로 미등록 이민자들을 합법화(사면)하는 기회를 제공하기도 한다. 미국은 1986년에 300만 명 이상의 사람들에게 사면을 부여했고, 스페인은 1984년 이후 적어도 5차례에 걸쳐 '정상화(normalization)'를 단행했다(López 2008). 뉴턴(Newton 2008)이 밝힌 바와 같이, '불법 이민자'는 항상 악마화의 대상으로 구성되는데, 또한 이와는 반대로 보다 긍정적인 형태의 정치적 구성도 역시 호응을 얻곤 한다. 비판가들은 그러한 결정이 불법 이민의 동기를 오히려 증폭시킨다는 점에서 우려를 나타내기도 한다. 가령, 미국에서는 현재 대략 1100만 명의 미등록 이주자들을 사면하고자 하는 발의안이 상정되는 것을 반대하는(아울러 그러한 반대를 폭넓게 지원하는) 움직임이 확산되고 있다. 이러한 반대 입장에는 미등록 이민자들에게 (사면이나 추방 같은) 법적 조치를 취하지 않고 그냥 그 상태 그대로 함께 살아가면 좋겠다는 암묵적 결정이 내새뇌어 있다. 왜냐하면 엄청난 숫자의 미등록 이민자를 추방하는 것은 현실적으로 불가능하고, 많은 고용주들은 그들을 고용하는 것에 만족하고 있기 때문이다. 많은 이민자들의 경우에서 보았을 때도 고향으로 귀환했을 때 겪게 될 어려운 상황을 직시하고 있기 때문에 법적 조치는 두려움의 대상이 되는 것이다(그렇지만 다른 장에서도 지적한 바와 같이, 많은 이민자들은 또한 고향으로의 귀환을 선택하고 있기도 하다).

학자들은 최근 수십 년 동안의 기간을 인권 혁명이라고 서술했으나, 미등록 이민자의 경험에 비추어 보았을 때 이는 아직 요원하다. 이주의 일부 형태가 시민권의 확대와 다양화로 이어지긴 했지만, 이러한 변화는 법적 신분을 지니지 못한 채 불안전한 상황을 경험하고 있는 이주자들에게 그저 미미한 영향을 주고 있을 뿐이다(Verduzco and de Lozano 2011). 모든 이주 노동자와 그 가족 구성원들의 보호에 관한 국제 협약(International Convention on the Protection of All Migrant Workers and Members of Their Families)은 법적 신분에 관계없이 모든 이주자의 핵심적 권리를 보장할 것을 제안하고 있지만, 이를 비준하고 있는 국가는 매우 적은 실정이다. 바로 이러한 현실을 통해 우리는 이주자들을 위한 인권 보호 노력이 제한적인 범위에서만 진행되고 있음을 알 수 있다. 특히 주요 정착국들이 그 협약의 채택을 거부하고 있는데, 이는 본질적으로 이민자의 합법적 신분이 그들의 기본권을 보장받는 전제 조건이라는 점을 정착국 정부가 분명히 하고 있는 것이다(Dauvergne 2008).

일반적으로 부유한 국가들에서는 불법 이민 문제가 그들이 직면한 커다란 도전과제라는 인식이 퍼져 있는데, 이는 잠재적으로 개발도상국 출신 이주자들이 쏟아져 들어올 것이라는 위기감 때문이다. 그러나 그러한 우려감은 (비록 잘못된 것이라고 단언할 수는 없으나) 제대로 그려진 생각이라고 볼 수 없다. 다른 장에서 우리는 개발도상국들 간에도, 선진국들 간에도, 그리고 선진국에서 개발도상국을 향해서도 이주의 흐름이 활발히 진행되고 있고, 이러한 흐름에는 수많은 미등록 이민자들이 큰 몫을 차지하고 있다는 것을 살펴보았다. 선진국에서 개발도상국으로 들어온 개인들도 불법 이민자가 되기도 한다. 하지만 그들에게는 (후진국에서 온) 이주자와 같은 수준의 낙인이 찍히지는 않으며, 위험한 존재로 인식되는 경우도 별로 없다. 유럽연합 국가 출신 유럽인이 다른 유럽연합 국가에 살게 된다면, 그는 새로운 거주 등록을 해야만 한다. 하지만 그가 거주 등록을 하지 않는다고 해서 불법이라고 간주되는 경우는 별로 없다(Triandafyllidou 2010). 오스트레일리아에서 가장 규모가 큰 미등록 이민자 집단 중 하나는 관광 비자로 입국하여 기한을 넘기고 머물러 있는 미국인 집단이라는(Dauvergne 2008) 점은 시사하는 바가 크다.

참고 인신매매와 밀입국; 추방

주요 읽을 거리

Bacon, D. (2008) *Illegal People: How Globalization Creates Migration and Criminalizes Immigrants*. Boston, MA: Beacon Press.

Newton, L. (2008) *Illegal, Alien, or Immigrant: The Politics of Immigration Reform*. New York: New York University Press.

Spener, D. (2009) *Clandestine Crossings: Migrants and Coyotes on the Texas-Mexico Border*. Ithaca, NY: Cornell University Press.

Triandafyllidou, A. and Lundqvist, A. (eds) (2010) *Irregular Migration in Europe: Myths and Realities*. Farnham: Ashgate Publishing Group.

참고문헌 · References

Achvarina, V. and Reich, S.F. (2006) 'No place to hide: refugees, displaced persons, and the recruitment of child soldiers', *International Security,* 31: 127-64.

Adams Jr., R.H. and Page, J. (2005) 'Do international migration and remittances reduce poverty in developing countries?', *World Development,* 33: 1645-69.

Adepoju, A. (1998) 'Linkages between internal and international migration: the African situation', *International Social Science Journal,* 50: 387-96.

Afsar, R. (2011) 'Contextualizing gender and migration in South Asia: critical insights', *Gender, Technology and Development,* 15: 389-410.

Agunias, D.R. (2009) *Committed to the Diaspora: More Developing Countries Setting up Diaspora Institutions.* Washington, DC: Migration Policy Institute.

Agustin, L. (2005) 'Migrants in the mistress's house: other voices in the "trafficking" debate', *Social Politics,* 12: 96-117.

Alba, R. (2005) 'Bright vs. blurred boundaries: second-generation assimilation and exclusion in France, Germany, and the United States', *Ethnic and Racial Studies,* 28: 20-49.

Alba, R.D. and Nee, V. (1997) 'Rethinking assimilation theory for a new era of immigrants', *International Migration Review,* 31: 826-74.

Alba, R.D. and Nee, V. (2003) *Remaking the American Mainstream: Assimilation and Contemporary Immigration.* Cambridge, MA: Harvard University Press.

Amelina, A. and Faist, T. (2012) 'De-naturalizing the national in research methodologies: key concepts of transnational studies in migration', *Ethnic and Racial Studies,* 35: 1707-24.

Amir, S. (2002) 'Overseas foreign workers in Israel: policy aims and labor market outcomes', *International Migration Review,* 36: 41-57.

Ammassari, S. (2004) 'From nation-building to entrepreneurship: the impact of elite return migrants in Côte d'Ivoire and Ghana', *Population, Space and Place,* 10: 133-54.

Andall, J. (1992) 'Women migrant workers in Italy', *Women's Studies International Forum,* 15: 41-8.

Andersen, U. (1990) 'Consultative institutions for migrant workers', in Z. Layton-Henry (ed.), *The Political Rights of Migrant Workers in Europe.* London: SAGE, pp.113-26.

Anderson, B. (1983) *Imagined Communities: Reflections on the Origin and Spread of Nationalism.* London: Verso.

Anderson, B. and Blinder, S. (2011) *Who Counts as a Migrant? Definitions and Their Consequences.* Briefing, The Migration Observatory at the University of Oxford. Oxford: University of Oxford.

Anderson, B., Gibney, M.J. and Paoletti, E. (2011) 'Citizenship, deportation and the boundaries of belonging', *Citizenship Studies,* 15: 547-63.

Andreas, P. (2000) *Border Games: Policing the U.S.-Mexico Divide*. Ithaca, NY: Cornell University Press.

Andrijasevic, R. (2010) *Migration, Agency and Citizenship in Sex Trafficking*. Basingstoke: Palgrave.

Anthias, F. (1998) 'Evaluating "diaspora": beyond ethnicity', *Sociology*, 32: 557-80.

Antón, J.-I. (2010) 'The impact of remittances on nutritional status of children in Ecuador', International Migration Review, 44: 269-99.

Appleyard, R. (1989) 'Migration and development: myths and realities', *International Migration Review*, 23: 486-99.

Back, L., Keith, M., Khan, A., Shukra, K. and Solomos, J. (2002) 'The return of assimilationism: race, multiculturalism and New Labour', *Sociological Research Online*, 7(2).

Bacon, D. (2008) *Illegal People: How Globalization Creates Migration and Criminalizes Immigrants*. Boston, MA: Beacon Press.

Bader, V. (2005) 'The ethics of immigration', *Constellations*, 12: 331-61.

Bakalian, A.P. and Bozorgmehr, M. (2009) *Backlash 9/11: Middle Eastern and Muslim Americans Respond*. Berkeley, CA: University of California Press.

Baker, P., Gabrielatos, C., KhosraviNik, M., Krzyzanowski, M., McEnery, T. and Wodak, R. (2008) 'A useful methodological synergy? Combining critical discourse analysis and corpus linguistics to examine discourses of refugees and asylum seekers in the UK press'. *Discourse and Society*, 19:273-306.

Bakewell, O. (2008) 'Research beyond the categories: the importance of policy irrelevant research into forced migration', *Journal of Refugee Studies*, 21: 432-53.

Baldassar, L. (2007) 'Transnational families and the provision of moral and emotional support: the relationship between truth and distance', *Identities*, 14: 385-409.

Banerjee, B. (1983) 'Social networks in the migration process: empirical evidence on chain migration in India', *Journal of Developing Areas*, 17: 185-96.

Banton, M. (2001) 'National integration in France and Britain', *Journal of Ethnic and Migration Studies, 27*: 151-68.

Barcus, H.R. (2004) 'Urban-rural migration in the USA: an analysis of residential satisfaction'. *Regional Studies*, 38: 643-58.

Barry, B. (2001) *Culture and Equality: An Egalitarian Critique of Multiculturalism*, Cambridge, MA: Harvard University Press.

Barth, F. (1969) (ed.) *Ethnic Groups and Boundaries. The Social Organization of Culture Difference*, Bergen and London: Allen & Unwin.

Bartram, D. (2005) *International Labor Migration: Foreign Workers and Public Policy*. New York: Palgrave Macmillan.

Bartram, D. (2010) 'International migration, open borders debates, and happiness', *International Studies Review*, 12: 339-61.

Bartram, D. (2012) 'Migration, methods and innovation: a reconsideration of variation and conceptualization in research on foreign workers', in C. Vargas-Silva (ed.), *Handbook of Research Methods in Migration*. Cheltenham: Edward Elgar, pp.50-68.

Bartram, D. (2013) 'Happiness and "economic migration": a comparison of Eastern European migrants and stayers', *Migration Studies,* 1: 156-75.

Basch, L., Glick Schiller, N. and Blanc, C.S. (1994) *Nations Unbound: Transnational Projects, Postcolonial Predicaments, and Deterritorialized Nation-states.* New York: Routledge.

Basok, T. (2003) 'Mexican seasonal migration to Canada and development: a community-based comparison', *International Migration,* 41(2): 3-26.

Bassel, L. (2012) *Refugee Women: Beyond Gender Versus Culture.* London: Routledge.

Bauböck, R. (1994a) *The Integration of Immigrants.* Strasbourg: Council of Europe.

Bauböck, R. (1994b) *Transnational Citizenship: Membership and Rights in International Migration.* Cheltenham: Edward Elgar.

Bauböck, R. (2003) 'Towards a political theory of migrant transnationalism', *International Migration Review,* 37: 700-23.

Baumann, G. (1996) *Contesting Culture: Discourses of Identity in Multi-ethnic London.* Cambridge: Cambridge University Press.

Baumann, M. (2000) 'Diaspora: genealogies of semantics and transcultural comparison', *NUMEN,* 47:313-37.

Baycan-Levent, T., Nijkamp, P. and Sahin, M. (2008) *External Orientation of Second Generation Migrant Entrepreneurs: A Sectoral Study on Amsterdam.* Amsterdam: Vrije Universities.

Beale, C.L. (1977) 'The recent shift of United States population to nonmetropolitan areas, 1970-1975', *International Regional Science Review,* 2: 113-22.

Beck, R. (1996) *The Case Against Immigration: The Moral, Economic, Social and Environmental Reasons for Reducing US. Immigration Back to Traditional Levels.* New York: Norton.

Benson, M. and O'Reilly, K. (2009) 'Migration and the search for a better way of life: a critical exploration of lifestyle migration', *Sociological Review,* 57: 608-25.

Bertossi, C. (2011) 'National models of integration in Europe', *American Behavioral Scientist,* 55: 1561-80.

Birks, J.S., Seccombe, I.J. and Sinclair, C.A. (1986) 'Migrant workers in the Arab Gulf: the impact of declining oil revenues', *International Migration Review,* 20: 799-814.

Blake, M. (2002) 'Distributive justice, state coercion, and autonomy', *Philosophy Public Affairs,* 30: 257-96.

Blitz, B.K. (2005) 'Refugee returns, civic differentiation, and minority rights in Croatia 1991-2004', *Journal of Refugee Studies,* 18: 362-86.

Bloch, A. (2002) *The Migration and Settlement of Refugees in Britain.* Basingstoke: Palgrave Macmillan.

Bloch, A. (2005) *The Development Potential of Zimbabweans in the Diaspora: A Survey of Zimbabweans Living in the UK and South Africa.* Migration Research Series, #17. Geneva: International Organization for Migration.

Bloch, A. and Schuster, L. (2005) 'At the extremes of exclusion: deportation, detention, and dispersal'. *Ethnic and Racial Studies,* 28: 491-512.

Bloemraad, I. (2006) *Becoming a Citiizen: Incorporating Immigrants and Refugees in the United States and Canada.* Berkeley, CA: University of California Press.

Bloemraad, I., Korteweg, A. and Yurdakul, G. (2008) 'Citizenship and immigration: multiculturalism, assimilation, and challenges to the nation-state' *Annual Review of Sociology,* 34: 153-79.

Boccagni, P. (2011) 'The framing of return from above and below in Ecuadorian migration: a project, a myth, or a political device?', *Global Networks,* 11: 461-80.

Bonacich, E. (1973) 'A theory of middleman minorities', *American Sociological Review,* 38(5): 583-94.

Bonifazi, C. and Heins, F. (2000) 'Long-term trends of internal migration in Italy', *International Journal of Population Geography,* 6(2): 111-32.

Booth, W.J. (1997) 'Foreigners: insiders, outsiders and the ethics of membership', *Review of Politics,* 59: 259-92.

Borjas, G.J. (1985) 'Assimilation, changes in cohort quality, and the earnings of immigrants', *Journal of Labor,* 3: 463-89.

Borjas, G.J. (1987) 'Self-selection and the earnings of immigrants', American *Economic Review,* 77: 531-53.

Bosniak, L. (2008) *The Citizen and the Alien: Dilemmas of Contemporary Membership.* Princeton, NJ: Princeton University Press.

Bourdieu, P. (1986) 'The forms of capital', in J.G. Richardson (ed.), *Handbook of Theory and Research for the Sociology of Education.* New York: Greenwood Press, pp.241-58.

Boyd, M. (1989) 'Family and personal networks in international migration: recent developments and new agendas', *International Migration Review,* 23(3): 638-70.

Boyd, M. and Pikkov, D. (2005) *Gendering Migration, Livelihood, and Entitlements: Migrant Women in Canada and the United States.* Geneva: United Nations Research Institute for Social Development.

Brah, A. (1996) *Cartographies of Diaspora: Contesting Identities.* London: Routledge.

Breton, R. (1964) 'Institutional completeness of ethnic communities and the personal relations of immigrants', *American Journal of Sociology,* 70: 193-205.

Brimelow, P. (1996) *Alien Nation: Common Sense about America's Immigration Disaster.* New York: HarperPerennial.

Brochmann, G. (1996) *European Integration and Immigration from Third Countries.* Oslo: Scandinavian University Press.

Brotherton, D.C. and Barrios, L. (2011) *Banished to the Homeland: Dominican Deportees arid Their Stories of Exile.* New York: Columbia University Press.

Brubaker, R. (1992a) *Citizenship and Nationhood in France and Germany.* Cambridge, MA: Harvard University Press.

Brubaker, R. (1992b) 'Citizenship struggles in Soviet successor states', *International Migration Review,* 26: 269-91.

Brubaker, R. (2003) 'The return of assimilation? Changing perspectives on immigration and its sequels in France, Germany, and the United States', in C. Joppke and E. Morawska (eds), *Toward Assimilation and Citizenship: Immigrants in Liberal Nation-states.* Basingstoke: Palgrave Macmillan, pp.39-58.

Brubaker, R. (2004) *Ethnicity Without Groups.* Cambridge, MA: Harvard University Press.

Brubaker, R. (2005) The "diaspora" diaspora', *Ethnic and Racial Studies,* 28(1): 1-19.

Buchanan, P.J. (2006) *State of Emergency: The Third World Invasion and Conquest of America.* New York: St. Martin's Press.

Burnett, J. (2004) 'Community, cohesion and the state', *Race & Class,* 45(3): 1-18.

Burt, R.S. (1995) *Structural Holes: The Social Structure of Competition.* Cambridge, MA: Harvard University Press.

Cabrera, L. (2010) *The Practice of Global Citizenship.* Cambridge: Cambridge University Press.

Calavita, K. (2005) *Immigrants at the Margins: Law, Race, and Exclusion in Southern Europe.* Cambridge: Cambridge University Press.

Calavita, K. (2006) 'Gender, migration, and law: crossing borders and bridging disciplines', *International Migration Review,* 40: 104-32.

Caldwell, C. (2009) *Reflections on the Revolution in Europe: Can Europe Be the Same with Different People in It?* London: Allen Lane.

Carens, J.H. (1987) 'Aliens and citizens: the case for open borders', *Review of Politics,* 49: 251-73.

Carens, J.H. (1992) 'Migration and morality: a liberal egalitarian perspective', in B. Barry and R.E. Goodin (eds), *Free Movement: Ethical Issues in the Transnational Migration of People and of Money.* London: Harvester Wheatsheaf, pp.25-47.

Carens, J.H. (1999) 'A reply to Meilander: reconsidering open borders', *International Migration Review,* 33: 1082-97.

Carens, J.H. (2008) 'The rights of irregular migrants', *Ethics and International Affairs, 22:* 163-86.

Carter, A. (2001) *The Political Theory of Global Citizenship.* London: Routledge.

Cassarino, J.-P. (2004) 'Theorising return migration: the conceptual approach to return migrants revisited', *IJMS: International Journal on Multicultural Societies,* 6: 253-79.

Castles, S. (1986) 'The guest-worker in Europe: an obituary', *International Migration Review,* 20: 761-78.

Castles, S. (2003a) 'Towards a sociology of forced migration and social transformation', *Sociology,* 37(1): 13-34.

Castles, S. (2003b) 'A fair migration policy - without open borders', *openDemocracy, 29* December.

Castles, S. (2006) 'Guestworkers in Europe: a resurrection?', *International Migration Review,* 40: 741-66.

Castles, S. (2010) 'Understanding global migration: a social transformation perspective', *Journal of Ethnic and Migration Studies,* 36: 1565-86.

Castles, S., Booth, H. and Wallace, T. (1984) *Here for Good: Western Europe's New Ethnic Minorities.* London: Pluto Press.

Castles, S. and Davidson, A. (2000) *Citizenship and Migration: Globalization and the Politics of Belonging.* Basingstoke: Macmillan.

Castles, S. and Kosack, G. (1985) *Immigrant Workers and Class Structure in Western Europe.* Oxford: Oxford University Press.

Castles, S. and Miller, M.J. (2009) *The Age of Migration: International Population Movements in the Modem World.* London: Macmillan Press.

Cave, D. (2011) 'Better lives for Mexicans cut allure of going north', *New York Times,* 6 July.

Cave, D. (2012) 'Migrants' new paths reshaping Latin America', *New York Times,* 23 January.

Cave, D. (2013) 'For migrants, new land of opportunity is Mexico', *New York Times,* 21 September.

Cerase, F.P. (1974) 'Expectations and reality: a case study of return migration from the United States to Southern Italy', *International Migration Review,* 8: 245-62.

Chang, G. (2000) *Disposable Domestics: Immigrant Women Workers in the Global Economy.* Boston, MA: South End Press.

Chavez, L.R. (1998) *Shadowed Lives: Undocumented Immigrants in American Society,* Fort Worth, TX: Harcourt Brace College Publishers.

Cheong, P.H., Edwards, R., Goulbourne, H. and Solomos, J. (2007) 'Immigration, social cohesion and social capital: a critical review', *Critical Social Policy,* 27: 24-49.

Chin, C.B.N. (1998) *In Service and Servitude: Foreign Female Domestic Workers and the Malaysian 'Modernity' Project.* New York: Columbia University Press.

Chiswick, B.R. (1999) 'Are immigrants favorably self-selected?', *American Economic Review,* 89(2): 181-5.

Clark, N. (2013) *Detecting and Tackling Forced Labour in Europe.* York: Joseph Rowntree Foundation.

Cohen, A. (1974) *Two-dimensional Man*: *An Essay on the Anthropology of Power and Symbolism in Complex Society.* Berkeley, CA: University of California Press.

Cohen, R. (1987) *The New Helots: Migrants in the International Division of Labour.* Brookfield, VT: Gower Pub. Co.

Cohen, R. (1996) 'Diasporas and the nation-state: from victims to challengers', *International Affairs,* 72: 507-20.

Cohen, R. (1997a) 'Shaping the nation, excluding the other: the deportation of migrants from Britain', in J. Lucassen and L. Lucassen (eds), *Migration, Migration History, History: Old Riradigms and New Perspectives.* Bern: Peter Lang, pp.351-73.

Cohen, R. (1997b) *Global Diasporas: An Introduction.* London: UCL Press.

Cohen, R. (2006) *Migration and Its Enemies: Global Capital, Migrant Labour and the Nation-state.* Aldershot: Ashgate.

Cohen, R. and Deng, F.M. (1998) *Masses in Flight: The Global Crisis of Internal Displacement.* Washington, DC: The Brookings Institution.

Cohen, S., Grimsditch, H. and Hayter, T. (2003) 'No one is illegal', www.noii.org.uk; original website now defunct; Canadian version available at www.nooneisillegal.org.

Cohen, Y. (2009) 'Migration patterns to and from Israel', *Contemporary Jewry,* 29: 115-25.

Cole, D. (2003) *Enemy Aliens: Double Standards and Constitutional Freedoms in the War on Terrorism.* New York: New Press, distributed by W.W. Norton & Co.

Constable, N. (2007) *Maid to Order in Hong Kong: Stories of Migrant Workers.* Ithaca, NY: Cornell University Press.

Conway, D. and Potter, R.B. (2007) 'Caribbean transnational return migrants as agents of change', *Geography Compass,* 1: 25-45.

Conway, D. and Potter, R.B. (eds) (2009) *Return Migration of the Next Generations: 21st Century Transna-*

tional Mobility. Farnham: Ashgate Publishing.

Cornelius, W. (1992) 'From sojourners to settlers: the changing profile of Mexican immigration to the United States', in J.A. Bustamante (ed.), *US-Mexico Relations: Labor Market Interdependence*. Stanford, CA: Stanford University Press, pp.155-95.

Cornelius, W.A. and Martin, P.L. (1993) 'The uncertain connection: free trade and rural Mexican migration to the United States', *International Migration Review,* 27: 484-512.

Cornell, S.E. and Hartmann, D. (2007) *Ethnicity and Race: Making Identities in a Changing World*. Thousand Oaks, CA: Pine Forge Press.

Coutin, S.B. (2007) *Nations of Emigrants: Shifting Boundaries of Citizenship in El Salvador and the United States*. Ithaca, NY: Cornell University Press.

Coutin, S.B. (2010) 'Exiled by law: deportation and the inviability of life', in N. De Genova and N. Peutz (eds), *The Deportation Regime: Sovereignty, Space, and the Freedom of Movement*. Durham: Duke University Press, pp.351-70.

Craig, G. and O'Neill, M. (2013) 'It's time to move on from "race"? The official "invisibilisation" of minority ethnic disadvantage', *Social Policy Review,* 25: 90-108.

Craig, R.B. (1971) *The Bracero Program: Interest Groups and Foreign Policy*. Austin, TX: University of Texas Press.

Crul, M., Schneider, J. and Lelie, F. (eds) (2012) *The European Second Generation Compared: Does the Integration Context Matter?* Amsterdam: Amsterdam University Press.

Curran, S.R., Garip, F., Chung, C.Y. and Tangchonlatip, K. (2005) 'Gendered migrant social capital: evidence from Thailand', *Social Forces,* 84: 225-56.

Daly, M. and Silver, H. (2008) 'Social exclusion and social capital: a comparison and critique'. *Theory and Society,* 37(6): 537-66.

Dang, A., Goldstein, S. and McNally, J. (1997) 'Internal migration and development in Vietnam', *International Migration Review,* 31: 312-37.

Dauvergne, C. (2008) *Making People Illegal: What Globalization Means for Migration and Law*. Cambridge: Cambridge University Press.

Davis, B., Stecklov, G. and Winters, P. (2002) 'Domestic and international migration from rural Mexico: disaggregating the effects of network structure and composition', *Population Studies,* 56: 291-310.

De Haan, A., Brock, K. and Coulibaly, N. (2002) 'Migration, livelihoods and institutions: contrasting patterns of migration in Mali', *Journal of Development Studies,* 38: 37-58.

De Haas, H. (2005) 'International migration, remittances and development: myths and facts'. *Third World Quarterly,* 26(8): 1269-84.

De Haas, H. (2007) *Remittances, Migration and Social Development: A Conceptual Review of the Literature*. Geneva: United Nations Research Institute for Social Development (Social Policy and Development Programme Papers, #34).

De Haas, H. (2010) 'Migration and development: a theoretical perspective' *International Migration Review,* 44: 227-64.

De Jong, G.F. (2000) 'Expectations, gender, and norms in migration decision-making', *Population Studies: A Journal of Demography,* 54; 307-19.

Deng, F.M. (2006) 'Divided nations: the paradox of national protection', *Annals of the American Academy of Political and Social Science,* 603: 217-25.

Dinerman, I.R. (1982) *Migrants and Stay-at-Homes: A Comparative Study of Rural Migration from Michoacan, Mexico.* La Jolla, CA: Center for U.S.-Mexican Studies, UCSD.

DiNicola, A. (2007) 'Research into human trafficking: issues and problems', in M. Lee (ed.), *Human Trafficking.* Portland, OR: Willan Publishing, pp.49-72.

Doomernik, J., Koslowski, R., Laurence, J., Maxwell, R., Michalowski, I. and Thranhardt, D. (2009) *No Shortcuts: Selective Migration and Integration.* Washington, DC: Transatlantic Academy.

Dow, M. (2005) *American Gulag: Inside U.S. Immigration Prisons.* Berkeley, CA: University of California Press.

Dowling, S., Moreton, K. and Wright, L. (2007) *Trafficking for the Purposes of Labour Exploitation: A Literature Review.* London: Home Office (UK).

Dreby, J. (2009) 'Gender and transnational gossip', *Qualitative Sociology,* 32: 33-52.

Dreby, J. (2010) *Divided by Borders: Mexican Migrants and Their Children.* Berkeley, CA: University of California Press.

Dufoix, S. (2008) *Diasporas.* Berkeley, CA: University of California Press.

Dumon, W.A. (1989) 'Family and migration', *International Migration,* 27: 251-70.

Durand, J., Massey, D.S. and Parrado, E.A. (1999) 'The new era of Mexican migration to the United States', *Journal of American History,* 86: 518-36.

Durmelat, S. and Swamy, V. (2013) 'Second generation migrants: Maghrebis in France', in I. Ness (ed.), *The Encyclopedia of Global Human Migration.* Hoboken, NJ: Wiley-Blackwell.

Dustmann, C. and Weiss, Y. (2007) 'Return migration: theory and empirical evidence from the UK' *British Journal of Industrial Relations,* 45: 236-56.

Dwyer, P., Lewis, H., Scullion, L. and Waite, L. (2011) *Forced Labour and UK Immigration Policy: Status Matters.* York: Joseph Rowntree Foundation.

Easterlin, R.A. (2001) 'Income and happiness: towards a unified theory', *Economic Journal,* 111: 465-84.

Ebbi, O.N.I. and Das, P.K. (2008) *Global Trafficking in Women and Children.* Boca Raton, FL: CRC Press.

Eckstein, S. (2010) 'Immigration, remittances, and transnational social capital formation: a Cuban case study', *Ethnic and Racial Studies,* 33: 1648-67.

Ehrenreich, B. and Hochschild, A. (2003) *Global Woman: Nannies, Maids and Sex Workers in the New Economy.* London: Granta.

El-Khawas, M.A. (2004) 'Brain drain: putting Africa between a rock and a hard place', *Mediterranean Quarterly,* 15(4): 37-56.

Ellermann, A. (2005) 'Coercive capacity and the politics of implementation', *Comparative Political Studies,* 38: 1219-44.

Ellermann, A. (2008) 'The limits of unilateral migration control: deportation and inter-state cooperation',

Government and Opposition, 43: 168-89.

Ellermann, A. (2009) *States Against Migrants: Deportation in Germany and the US.* Cambridge: Cambridge University Press.

Ellermann, A. (2010) 'Undocumented migrants and resistance in the liberal state', *Politics & Society,* 38: 408-29.

Entzinger, H. (1990) 'The lure of integration', *European Journal of International Affairs,* 4: 54-73.

Entzinger, H. (2007) 'Open borders and the welfare state', in A. Pécoud and P. de Guchteneire (eds), Migration Without Borders: Essays on the Free Movement of People. Paris and New York: UNESCO Publishing/Berghahn Books.

Espenshade, T.J. (1995) 'Unauthorized immigration to the United States', *Annual Review of Sociology,* 21: 195-216.

Espenshade, T.J. (2001) 'High-end immigrants and the shortage of skilled labor', *Population Research and Policy Review,* 20: 135-41.

Everett, M. (1999) 'Human rights and evictions of the urban poor in Colombia', *Land Lines,* 11: 6-8.

Faist, T. (2000) *The Volume and Dynamics of International Migration and Transnational Social Spaces.* Oxford: Clarendon Press.

Faist, T. (2007) 'Dual citizenship: change, prospects and limits', in T. Faist (ed.), *Dual Citizenship in Europe: From Nationhood to Societal Integration.* Abingdon: Ashgate Publishing, pp.171-200.

Faist, T. (2010) 'Diaspora and transnationalism: what kind of dance partners?', in R. Baubock and T. Faist (eds), *Diaspora arid Transnationalism: Concepts, Theories and Methods.* Amsterdam: Amsterdam University Press, pp.9-34.

Favell, A. (1998) *Philosophies of Integration: Immigration and the Idea of Citizenship in France and Britain.* New York: St. Martin's Press.

Favell, A. (2005) 'Integration nations: the nation-state and research on immigrants in western Europe', in E. Morawska and M. Bommes (eds), *International Migration Research: Constructions, Omissions, and the Promises of Interdisciplinarity.* Aldershot: Ashgate, pp.41-67.

Fawcett, J.T. (1989) 'Networks, linkages, and migration systems', *International Migration Review,* 23: 671-80.

Fekete, L. (2005) 'The deportation machine: Europe, asylum and human rights', *Race & Class,* 47: 64-78.

Fernández-Kelly, P. and Massey, Douglas S. (2007) 'Borders for whom? The role of NAFTA in Mexico-U. S. migration', *Annals of the American Academy of Political and Social Science,* 610: 98-118.

Fielding, A.J. (1982) 'Counter-urbanization in western Europe', *Progress in Planning,* 17: 1-52.

Fischer, P.A. and Straubhaar, T. (1996) *Migration and Economic Integration in the Nordic Common Labor Market.* Copenhagen: Nordic Council of Ministers.

Fix, M. (1991) *The Paper Curtain: Employer Sanctions' Implementation, Impact, and Reform.* Lanham, MD: Rowman & Littlefield.

Foner, N. (1997a) 'The immigrant family: cultural legacies and cultural changes', *International Migration Review,* 31: 961-74.

Foner, N. (1997b) 'What's new about transnationalism? New York immigrants today and at the turn of the century', *Diaspora,* 6(3): 355-75.

Foner, N. (2007) 'How exceptional is New York? Migration and multiculturalism in the empire city', *Ethnic and Racial Studies,* 30: 999-1023.

Francis, E. (2002) 'Gender, migration and multiple livelihoods: cases from eastern and southern Africa', *Journal of Development Studies,* 38: 167-90.

Freeman, G.P. (1994) 'Can liberal states control unwanted migration?', *Annals of the* American *Academy of Political and Social Science,* 534: 17-30.

Freeman, G.P. (2004) 'Immigrant incorporation in Western democracies', *International Migration Review,* 38: 945-69.

Frey, W.H. (1996) 'Immigration, domestic migration, and demographic Balkanization in America: New Evidence for the 1990s', *Population and Development Review,* 22: 741-63.

Frisch, M. (1967*) Öffentlichkeit als Partner* (The Public Sphere as Partner). Frankfurt am Main: Suhrkamp.

Fussell, E. (2010) 'The cumulative causation of international migration in Latin America', Annals *of the American Academy of Political and Social Science: Continental Divides - International Migration in the Americas,* 630: 162-77.

Fussell, E. and Massey, D.S. (2004) 'The limits to cumulative causation: international migration from Mexican urban areas', *Demography,* 41: 151-72.

Gans, H.J. (1979) 'Symbolic ethnicity: the future of ethnic groups and cultures in America', *Ethnic and Racial Studies,* 2: 1-20.

Gans, H.J. (1998) 'Toward a reconciliation of "assimilation" and "pluralism": the interplay of acculturation and ethnic retention', in C. Hirschman, P. Kasinitz and J. DeWind (eds), *The Handbook of International Migration: The* American *Experience.* New York: Russell Sage Foundation, pp.161-71.

Gans, H.J. (1999) 'The possibility of a new racial hierarchy in the twenty-first century United States', in M. Lamont (ed.), *The Cultural Territories of Race.* Chicago, IL and New York: University of Chicago Press and Russell Sage Foundation, pp.371-90.

Gavrilis, G. (2008) *The Dynamics of Interstate Boundaries.* Cambridge: Cambridge University Press.

GCIM (Global Commission on International Migration) (2005) *Migration in an Interconnected World: New Directions for Action.* Geneva: Global Commission on International Migration.

Gellner, E. (1983) *Nations and Nationalism.* Ithaca, NY: Cornell University Press.

Ghosh, B. (ed.) (2000) *Return Migration: Journey of Hope or Despair?* Geneva: International Organization for Migration.

Gibney, M.J. (2004) *The Ethics and Politics of Asylum: Liberal Democracy and the Response to Refugees.* Cambridge: Cambridge University Press.

Gibney, M.J. (2008) 'Asylum and the expansion of deportation in the United Kingdom', *Government and Opposition,* 43: 146-67.

Gibney, M.J. and Hansen, R. (2003) 'Deportation and the liberal state: the involuntary return of asylum seekers and unlawful migrants in Canada, the UK, and Germany', *New Issues in Refugee Research,* Working Paper Series No. 77.

Gilbert, D. (2006) *Stumbling on Happiness*. New York: HarperCollins.

Gilroy, P. (1993) *The Black Atlantic: Modernity and Double Consciousness*. London: Verso.

GISTI (2011) *Le Regroupement Familial (Family Reunification)*. Paris: Les Cahiers Juridiques, Éditions du GISTI.

Gitlin, T. (1995) *The Twilight of Common Dreams: Why America Is Wracked by Culture Wars*. New York: Metropolitan Books.

Giuliano, P. and Ruiz-Arranz, M. (2009) 'Remittances, financial development, and growth', *Journal of Development Economics*, 90: 144-52.

Glazer, N. (1994) 'The closing door', in N. Mills (ed.), *Arguing Immigration: Are New Immigrants a Wealth of Diversity ... or a Crushing Burden?* New York: Simon & Schuster, pp.37-47.

Glazer, N. and Moynihan, D.P. (1963) *Beyond the Melting Pot: The Negroes, Puerto Ricans, Jews, Italians, and Irish of New York City*. Cambridge, MA: MIT Press.

Global Commission on International Migration (2005) *Migration in an Interconnected World: New Directions for Action*. Geneva: Global Commission on International Migration.

Gmelch, G. (1980) 'Return migration', *Annual Review of Anthropology*, 9: 135-59.

Goering, J.M. (1989) 'Introduction and overview to special issue, the "explosiveness" of chain migration: research and policy issues', *International Migration Review*, 23(4): 797-812.

Goodhart, D. (2013) *The British Dream: Success and Failure in Immigration since the War*. London: Atlantic.

Gordon, M.M. (1964) *Assimilation in American Life: The Role of Race, Religion and National Origins*. New York: Oxford University Press.

Granovetter, M.S. (1995) *Getting a Job: a Study of Contacts and Careers*. Chicago, IL: University of Chicago Press.

Grasmuck, S. and Pessar, P.R. (1991) *Between Two Islands: Dominican International Migration*. Berkeley, CA: University of California Press.

Greenwood, M.J., Hunt, G.L. and Kohli, U. (1997) 'The factor-market consequences of unskilled immigration to the United States', *Labour Economics*, 4: 1-28.

Gregory, R.G. (1993) *South Asians in East Africa: An Economic and Social History, 1890-1980*. Boulder, CO: Westview Press.

Griffith, D. (2006) *American Guestworkers: Jamaicans and Mexicans in the US. Labor Market*. State College, PA: Pennsylvania State University Press.

Griffiths, D., Sigona, N. and Zetter, R. (2005) *Refugee Community Organisations and Dispersal: Networks, Resources and Social Capital*. Bristol: Policy Press.

Guarnizo, L.E. (2003) 'The economics of transnational living', *International Migration Review*, 37: 666-99.

Guarnizo, L.E., Portes, A. and Haller, W. (2003) 'Assimilation and transnationalism: determinants of transnational political action among contemporary migrants', *American Journal of Sociology*, 108: 1211-48.

Hahamovitch, C. (2003) 'Creating perfect immigrants: guestworkers of the world in historical perspective', *Labor History,* 44: 69-94.

Hall, P.A. (1996) 'Introducing African American studies - systematic and thematic principles'. *Journal of Black Studies,* 26: 713-34.

Hall, S. (1995) *Nationality, Migration Rights and Citizenship of the Union.* Dordrecht: Martinus Nijhoff Publishers.

Halliday, J. and Coombes, M. (1995) 'In search of counterurbanisation: some evidence from Devon on the relationship between patterns of migration and motivation', *Journal of Rural Studies,* 11: 433-46.

Hammar, T. (1990) *Democracy and the Nation State: Aliens, Denizens, and Citizens in a World of International Migration.* Aldershot: Avebury.

Hanafi, S. and Long, T. (2010) 'Governance, governmentalities, and the state of exception in the Palestinian refugee camps of Lebanon', *Journal of Refugee Studies,* 23: 134-59.

Handelman, D. (1977) 'The organization of ethnicity', *Ethnic Groups,* 1: 187-200.

Hansen, R. (2000) *Citizenship and Immigration in Post-war Britain: The Institutional Origins of a Multicultural Nation.* Oxford: Oxford University Press.

Hansen, R. (2003) 'Citizenship and integration in Europe', in C. Joppke and E. Morawska (eds), *Toward Assimilation and Citizenship: Immigrants in Liberal Nation-states.* Basingstoke: Palgrave Macmillan, pp.87-109.

Hartmann, B. (2009) 'From climate refugees to climate conflict: who is taking the heat for global warming?', in M.A.M. Salih (ed.), *Climate Change and Sustainable Development: New Challenges for Poverty Reduction.* Cheltenham: Edward Elgar, pp.142-55.

Hathaway, J.C. (2007) 'Forced migration studies: could we agree just to "date"?', *Journal of Refugee Studies,* 20: 349-69.

Hayter, T. (2000) *Open Borders: The Case Against Immigration Controls.* London: Pluto Press.

Heinburg, J.D., Harris, J.K. and York, R.L. (1989) 'Process of exempt immediate relative immigration to the United States', *International Migration Review,* 23: 839-55.

Heming, L., Waley, P. and Rees, P. (2001) 'Reservoir resettlement in China: past experience and the Three Gorges Dam', *Geographical Journal,* 167: 195-212.

Herbert, U. (1990) *A History of Foreign Labor in Germany, 1880-1980: Seasonal Workers, Forced Laborers, Guest Workers.* Ann Arbor, MI: University of Michigan Press.

Hing, B.O. (2006) *Deporting Our Souls: Values, Morality, and Immigration Policy.* Cambridge: Cambridge University Press.

Hondagneu-Sotelo, P. (1994) *Gendered Transitions: Mexican Experiences of Immigration.* Berkeley, CA: University of California Press.

Hondagneu-Sotelo, P. (2003) *Gender and U.S. Immigration: Contemporary Trends.* Berkeley, CA: University of California Press.

Hondagneu-Sotelo, P. and Cranford, C. (1999) 'Gender and migration', in J. Saltzman Chafetz (ed.), *Handbook of the Sociology of Gender.* New York: Kluwer, pp.105-26.

Huang, S., Yeoh, B.S.A. and Noor Abdul, R. (2005) *Asian Women as Transnational Domestic Workers.* Singapore: Marshall Cavendish Academic.

Ibrahim, V. (2011) 'Ethnicity: in S.M. Caliendo and McIlwain, C.D. (eds), *The Routledge Companion to Race and Ethnicity*. Abingdon: Routledge, pp.12-20.

ICRC (International Committee of the Red Cross) (2009) *Internal Displacement in Armed Conflict: Facing up to the Challenges*. Geneva: ICRC.

IOM (International Organization for Migration) (2005) *World Migration 2005: Costs and Benefits of International Migration*. Geneva: International Organization for Migration.

Ireland, P. (2004) *Becoming Europe: Immigration, Integration, and the Welfare State*. Pittsburgh, PA: University of Pittsburgh Press.

Isaacs, H.R. (1975) *Idols of the Tribe: Group Identity and Political Change*. New York: Harper & Row.

Isbister, J. (1996) 'Are immigration controls ethical?', *Social Justice*, 23: 54-67.

Jacobson, D. (1996) *Rights Across Borders: Immigration and the Decline of Citizenship*. Baltimore, MD: Johns Hopkins University Press.

Jacobson, M.F. (1999) *Whiteness of a Different Color: European Immigrants and the Alchemy of Race*. Cambridge, MA: Harvard University Press.

Jasso, G. and Rosenzweig, M.R. (1986) 'Family reunification and the immigration multiplier: U.S. immigration law, origin-country conditions, and the reproduction of immigrants', *Demography*, 23: 291-311.

Jasso, G. and Rosenzweig, M.R. (1989) 'Sponsors, sponsorship rates and the immigration multiplier', *International Migration Review*, 23: 856-88.

Jasso, G. and Rosenzweig, M.R. (1995) 'Do immigrants screened for skills do better than family reunification immigrants?', *International Migration Review*, 29(1): 85-111.

Jenson, J. (2007) 'The European Union's citizenship regime: creating norms and building practices', *Comparative European Politics*, 5: 53-69.

Jileva, E. (2002) 'Larger than the European Union: the emerging EU migration regime and enlargement', in S. Lavenex and E.M. Uçarer (eds), *Migration and the Externalities of European Integration*, Lanham, MD: Lexington Books, pp.75-89.

Johnson, K.R. (2007) *Opening the Floodgates: Why America Needs to Rethink Its Borders and Immigration Laws*. New York: New York University Press.

Johnston, R., Trlin, A., Henderson, A. and North, N. (2006) 'Sustaining and creating migration chains among skilled immigrant groups: Chinese, Indians and South Africans in New Zealand', *Journal of Ethnic and Migration Studies*, 32: 1227-50.

Joly, D. (1996) *Haven or Hell? Asylum Policies and Refugees in Europe*. Basingstoke: Macmillan.

Joly, D., Nettleton, C. and Poulton, H. (1992) *Refugees: Asylum in Europe?* London: Minority Rights Publications.

Jones, H. and Findlay, A. (1998) 'Regional economic integration and the emergence of the East Asian international migration system', *Geoforum*, 29: 87-104.

Jones, R.C. (1998) 'Remittances and inequality: a question of migration stage and geographic scale', *Economic Geography*, 74: 8-25.

Joppke, C. (1998) *Challenge to the Nation-state: Immigration in Western Europe and the United States.* Oxford: Oxford University Press.

Joppke, C. (1999a) *Immigration and the Nation-state: The United States, Germany, and Great Britain.* Oxford: Oxford University Press.

Joppke, C. (1999b) 'How immigration is changing citizenship: a comparative view', *Ethnic and Racial Studies,* 22: 629-52.

Joppke, C. (2007) 'Beyond national models: civic integration policies for immigrants in western Europe', *West European Politics,* 30: 1-22.

Joppke, C. (2010) *Citizenship and Immigration.* Cambridge: Polity.

Joppke, C. (2012) *The Role of the State in Cultural Integration: Trends, Challenges, and Ways Ahead.* Washington, DC: Migration Policy Institute working paper.

Joppke, C. and Lukes, S. (1999) 'Introduction: multicultural questions', in C. Joppke and S. Lukes (eds), *Multicultural Questions.* Oxford: Oxford University Press, pp.1-24.

Joppke, C. and Morawska, E. (2003) 'Integrating immigrants in liberal nation-states: policies and practices', in C. Joppke and E. Morawska (eds), *Toward Assimilation and Citizenship: Immigrants in Liberal Nation-states.* Basingstoke: Palgrave Macmillan, pp.1-36.

Kalra, V.S. and Kapoor, N. (2009) 'Interrogating segregation, integration and the community cohesion agenda', *Journal of Ethnic and Migration Studies,* 35: 1397-415.

Kalra, V., Kaur, R. and Hutnyk, J. (2005) *Diaspora and Hybridity.* London: SAGE.

Kamphoefner, W.D. (1987) *The Westfalians: From Germany to Missouri.* Princeton, NJ: Princeton University Press.

Kanaiaupuni, S.M. (2000) 'Reframing the migration question: an analysis of men, women, and gender in Mexico', *Social Forces,* 78: 1311-47.

Kandel, W. and Massey, D.S. (2002) 'The culture of Mexican migration: a theoretical and empirical analysis', *Social Forces,* 80: 981-1004.

Kanstroom, D. (2007) *Deportation Nation: Outsiders in American History.* Cambridge, MA: Harvard University Press.

Kasinitz, P., Waters, M.C., Mollenkopf, J.H. and Holdaway, J. (2008) *Inheriting the City: The Children of Immigrants Come of Age.* New York and Cambridge, MA: Russell Sage Foundation and Harvard University Press.

Kay, D. and Miles, R. (1992) *Refugees or Migrant Workers?: European Volunteer Workers in Britain, 1946-1951.* London: Routledge.

Kesler, C. and Bloemraad, I. (2010) 'Does immigration erode social capital? The conditional effects of immigration-generated diversity on trust, membership, and participation across 19 countries, 1981-2000', *Canadian Journal of Political Science,* 43: 319-47.

Khoser, K. (2000) 'Return, readmission and reintegration: changing agendas, policy frameworks and operational programmes', in B. Ghosh (ed.), *Return Migration: Journey of Hope or Despair?* Geneva: International Organization for Migration, pp.57-99.

Khoser, K. (2001) *The Return and Reintegration of Rejected Asylum Seekers and Irregular Migrants.* Geneva: International Organization for Migration.

King, R. (2000) 'Generalizations from the history of return migration', in B. Ghosh (ed), *Return Migration: Journey of Hope or Despair?,* Geneva, International Organization for Migration, pp.7-55.

King, R. and Christou, A. (2010) 'Cultural geographies of counter-diasporic migration: perspectives from the study of second-generation "returnees" to Greece', *Population, Space and Place,* 16: 103-19.

King, R., Christou, A. and Ahrens, J. (2011) '"Diverse mobilities": second-generation Greek- Germans engage with the homeland as children and as adults', *Mobilities,* 6: 483-501.

King, R. and Skeldon, R. (2010) '"Mind the gap!" Integrating approaches to internal and international migration', *Journal of Ethnic and Migration Studies,* 36: 1619-46.

Kivisto, P. (2002) *Multicultumlism in a Global Society.* New York: Wiley-Blackwell.

Kivisto, P. (2003) 'Social spaces, transnational immigrant communities, and the politics of incor- poration', *Ethnicities,* 3: 5-28.

Kivisto, P. (2012) 'We really are all multiculturalists now', *Sociological Quarterly,* 53: 1-24.

Kivisto, P. and Faist, T. (2010) *Beyond a Border: The Causes and Consequences of Contemporary Immigration.* London: Pine Forge Press.

Klugman, J. and Medalho Pereira, I. (2009) 'Assessment of national migration policies: an emerging picture on admissions, treatment and enforcement in developing and developed countries', SSRN eLibrary, ssrn.com/abstract=1595435.

Knudsen, A. (2009) 'Widening the protection gap: the "politics of citizenship" for Palestinian refugees in Lebanon, 1948-2008', *Journal of Refugee Studies,* 22: 51-73.

Kofman, E. (2004) 'Family-related migration: a critical review of European studies', *Journal of Ethnic and Migration Studies,* 30(2): 243-62.

Kofman, E., Phyzacklea, A., Raguram, P. and Sales, R. (2000) *Gender and International Migration in Europe. Employment, Welfare and Politics.* London: Routledge.

Korinek, K., Entwisle, B. and Jampaklay, A. (2005) 'Through thick and thin: layers of social ties and urban settlement among Thai migrants', *American Sociological Review,* 70: 779-800.

Koslowski, R. (2000) *Migrants and Citizens: Demographic Change in the European State System.* Ithaca, NY: Cornell University Press.

Kundnani, A. (2007) 'Integrationism: the politics of anti-Muslim racism', *Race & Class,* 48: 24-44.

Kunz, R. (2008) '"Remittances are beautiful"? Gender implications of the new global remittances trend', *Third World Quarterly,* 29: 1389-409.

Kwong, P. (1997) *Forbidden Workers: Illegal Chinese Immigrants and American Labor.* New York: New Press.

Kyle, D. (2000) *Transnational Peasants: Migrations, Networks, and Ethnicity in Andean Ecuador.* Baltimore, MD: Johns Hopkins University Press.

Kyle, D. and Siracusa, C. (2005) 'Seeing the state like a migrant: why so many non-criminals break immigration laws', in W. van Schendel and I. Abraham (eds), *Illicit Flows and Criminal Things: States, Borders, and the Other Side of Globalization.* Indianapolis, IN: Indiana University Press, pp.153-77.

Kymlicka, W. (2001a) *Politics in the Vernacular: Nationalism, Multiculturalism and Citizenship.* Oxford: Oxford University Press.

Kymlicka, W. (2001b) Territorial boundaries: a liberal egalitarian perspective', in D. Miller and S.H. Hashmi (eds), *Boundaries and Justice: Diverse Ethical Perspectives.* Princeton, NJ: Princeton University Press, pp.249-75.

Kymlicka, W. (2012) *Multiculturalism: Success, Failure, and the Future.* Washington, DC: Migration Policy Institute.

Kymlicka, W. and Norman, W. (2000) 'Citizenship in culturally diverse societies: issues, contexts, concepts', in W. Kymlicka and W. Norman (eds), *Citizenship in Diverse Societies.* Oxford: Oxford University Press, pp.1-41.

Lahav, G. (1997) 'International versus national constraints in family-reunification migration policy', *Global Governance,* 3: 349-72.

Lahav, G. (1998) 'Immigration and the state: the devolution and privatisation of immigration control in the EU', *Journal of Ethnic and Migration Studies,* 24: 675-94.

Lahav, G. (2004) *Immigration and Politics in the New Europe: Reinventing Borders.* Cambridge: Cambridge University Press.

Laitin, D.D. (1998) *Identity in Formation: The Russian-speaking Populations in the Near Abroad.* Ithaca, NY: Cornell University Press.

Landolt, P., Autler, L. and Baires, S. (1999) 'From Hermano Lejano to Hermano Mayor: the dialectics of Salvadoran transnationalism', *Ethnic and Racial Studies,* 22: 290-315.

Layton-Henry, Z. (1990) *The Political Rights of Migrant Workers in Europe.* London: SAGE.

Lee, H. (2009) 'The ambivalence of return: second-generation Tongan returnees', in D. Conway and R.B. Potter (eds), *Return Migration of the Next Generations: 21st Century Transnational Mobility.* Farnham: Ashgate Publishing, pp.41-58.

Lee, M. (2007) *Human Trafficking.* Portland, OR: Willan Publishing.

Legoux, L. (2012) 'Le morcellement de la catégorie statistique "réfugié"' (The fragmentation of the statistical category 'refugee'), *e-Migrinter,* 9: 64-78.

Legrain, P. (2007) *Immigrants: Your Country Needs Them.* New York: Little Brown.

Levitt, P. (1998) 'Social remittances: migration-driven local-level forms of cultural diffusion', *International Migration Review,* 32(4): 926-48.

Levitt, P. (2001) *The Transnational Villagers.* Berkeley, CA: University of California Press.

Levitt, P. (2009) 'Roots and routes: understanding the lives of the second generation transnationally', *Journal of Ethnic and Migration Studies,* 35: 1225-42.

Liang, Z., Chunyu, M.D., Zhuang, G. and Ye, W. (2008) 'Cumulative causation, market transition, and emigration from China', *American Journal of Sociology,* 114: 706-37.

Light, I.H. and Gold, S.J. (2000) *Ethnic Economies.* San Diego, CA: Academic Press.

Lin, N. (1999) 'Building a network theory of social capital', *Connections,* 22(1): 28-51.

Lipton, M. (1980) 'Migration from rural areas of poor countries: the impact on rural productivity and income distribution', *World Development,* 8: 1-24.

Lister, R. (2003) *Citizenship: Feminist Perspectives.* New York: New York University Press.

Liu, J.M., Ong, P.M. and Rosenstein, C. (1991) 'Dual chain migration: post-1965 Filipino immigration to the United States', *International Migration Review,* 25: 487-513.

Liu-Farrer, G. (2011) *Labour Migration from China to Japan: International Students, Transnational Migrants.* London: Taylor & Francis.

Loescher, G. (2001) 'Protection and humanitarian action in the post-cold war era', in A.R. Zolberg and P. Benda (eds), *Global Migrants, Global Refugees.* New York: Berghahn Books, pp.171-205.

Loescher, G. (2005) *Protracted Refugee Situations: Domestic and International Security Implications.* London: International Institute for Strategic Studies.

López, M.P. (2008) 'Immigration law Spanish-style: a study of Spain's normalización of undocumented workers', *Georgetown Immigration Law Review,* 21(4): 2007.

Lozano-Ascencio, F., Roberts, B. and Bean, F. (1999) 'The interconnections of internal and international migration: the case of the United States and Mexico', in L. Pries (ed.), *Migration and Transnational Social Spaces.* Aldershot: Ashgate, pp.138-61.

Lucas, R.E.B. and Stark, O. (1985) 'Motivations to remit: evidence from Botswana', *Journal of Political Economy,* 93: 901-18.

Lugo, A. (2008) *Fragmented Lives, Assembled Parts: Culture, Capitalism, and Conquest at the U.S.- Mexico Border.* Austin, TX: University of Texas Press.

MacDonald, J.S. and MacDonald, L.D. (1964) 'Chain migration: Ethnic neighborhood formation and social networks', *Milbank Memorial Fund Quarterly,* 42: 82-97.

Mahler, S.J. (1995) *American Dreaming: Immigrant Life on the Margins.* Princeton, NJ: Princeton University Press.

Mahler, S.J. and Pessar, P.R. (2006) 'Gender matters: ethnographers bring gender from the periphery toward the core of migration studies', *International Migration Review,* 40: 27-63.

Mahroum, S. (2005) 'The international policies of brain gain: a review', *Technology Analysis & Strategic Management,* 17: 219-30.

Mai, N. (2012) 'The fractal queerness of non-heteronormative migrants working in the UK sex industry', *Sexualities,* 15: 570-85.

Malkki, L. (1992) 'National geographic: the rooting of peoples and the territorialization of national identity among scholars and refugees', *Cultural Anthropology,* 7: 24-44.

Malpani, R. (2009) 'Criminalizing human trafficking and protecting the victims', in B. Andrees and P. Belser (eds), *Forced Labor: Coercion and Exploitation in the Private Economy.* Boulder, CO: Lynne Rienner Publishers, pp.129-49.

Marfleet, P. (2006) *Refugees in a Global Era.* Basingstoke: Palgrave Macmillan.

Marfleet, P. and Blustein, D.L. (2011) '"Needed not wanted": an interdisciplinary examination of the work-related challenges faced by irregular migrants', *Journal of Vocational Behavior,* 78: 381-9.

Marrus, M.R. (2002) *The Unwanted: European Refugees from the First World War Through the Cold War.*

Philadelphia, PA: Temple University Press.

Marshall, T.H. (1950) *Citizenship and Social Class and Other Essays*. Cambridge: Cambridge University Press.

Martin, P.L. (1998) 'Economic integration and migration: the case of NAFTA', *UCLA Journal of International Law and Foreign Affairs,* 3: 419-32.

Martin, P.L. (2003) *Bordering on Control: Combating Irregular Migration in North America and Europe*. Geneva: International Organization for Migration.

Martin, P.L. (2004) 'Germany: managing migration in the twenty-first century', in W.A. Cornelius, P.L. Martin and J.F. Hollifield (eds), *Controlling Immigration: A Global Perspective,* 2nd edn. Stanford, CA: Stanford University Press, pp.221-53.

Martin, P.L. (2009) *Importing Poverty? Immigration and the Changing Face of Rural America*. New Haven, CT: Yale University Press.

Martin, P.L., Abella, M.I. and Kuptsch, C. (2006) *Managing Labor Migration in the Twenty-first Century*. New Haven, CT: Yale University Press.

Martin, P.L. and Miller, M.J. (1980) 'Guestworkers: lessons from western Europe', *Industrial and Labor Relations Review,* 33: 315-30.

Martin, P.L. and Miller, M.J. (2000) *Employer Sanctions: French, German and US Experiences*. International Migration Papers, #36. Geneva: International Labour Office.

Martiniello, M. (1994) 'Citizenship of the European Union: a critical view', in R. Bauböck (ed.), *From Aliens to Citizens: Redefining the Status of Immigrants in Europe*. Aldershot: Avebury, pp.29-47.

Martiniello, M. and Lafleur, J.-M. (2008) 'Towards a transatlantic dialogue in the study of immigrant political transnationalism', *Ethnic and Racial Studies,* 31: 645-63.

Marx, K. (1978 [1885]) *Capital: A Critique of Political Economy* (Volume *2). London: Penguin.

Massey, D.S. (1990) 'The social and economic origins of immigration', *Annals of the* American *Academy of Political and Social Science,* 510: 60-72.

Massey, D.S. (1998) *Worlds in Motion: Understanding International Migration at the End of the Millennium*. Oxford: Clarendon Press.

Massey, D.S. (1999) 'International migration at the dawn of the twenty-first century: the role of the state', *Population and Development Review,* 25: 303-22.

Massey, D.S. (2010a) 'Social-structure, household strategies, and the cumulative causation of migration', *Population Index,* 56: 3-26.

Massey, D.S. (2010b) 'Immigration statistics for the twenty-first century', *Annals of the American Academy of Political and Social Science,* 631: 124-40.

Massey, D.S., Alarcón, R., Durand, J. and González, H. (1987) *Return to Aztlan: The Social Process of International Migration from Western Mexico*. Berkeley, CA: University of California Press.

Massey, D.S., Arango, J., Hugo, G., Kouaouci, A., Pellegrino, A. and Taylor, J.E. (1998) *Worlds in Motion: Understanding International Migration at the End of the Millennium*. Oxford: Clarendon Press.

Massey, D.S., Durand, J. and Malone, N.J. (2003) *Beyond Smoke and Mirrors: Mexican Immigration in* an

Era of Economic Integration. New York: Russell Sage Foundation.

Massey, D.S. and Espinosa, K.E. (1997) 'What's driving Mexico-U.S. migration? A theoretical, empirical, and policy analysis', *American Journal of Sociology,* 102: 939-99.

McDowell, L. (2003) 'Workers, migrants, aliens, or citizens? State constructions and discourses among post-war European labour migrants in Britain', *Political Geography,* 22: 863-86.

McGhee, D. (2005) 'Patriots of the future? A critical examination of community cohesion strate-gies in contemporary Britain', *Sociological Research Online,* 10(3).

Mckay, J. (1982) 'An exploratory synthesis of primordial and mobilizationist approaches to ethnic phe-nomena' *Ethnic and Racial Studies,* 5: 395-420.

Meilaender, P.C. (1999) 'Liberalism and open borders: the argument of Joseph Carens', *International Migration Review,* 33: 1062-81.

Menjívar, C. (2000) *Fragmented Ties: Salvadoran Immigrant Networks in America.* Berkeley, CA: University of California Press.

Menz, G. and Caviedes, A. (2010) *Labour Migration in Europe.* Basingstoke: Palgrave Macmillan.

Migdal, J. (ed.) (2004) *Boundaries and Belonging: States and Societies in the Struggle to Shape Identities and Local Practices.* Cambridge: Cambridge University Press.

Migration Policy Institute (2011) *The Global Remittances Guide.* MPI Data Hub, http://www.migrationin-formation.org/datahub/remittances.cfm.

Miller, D. (2000) *Citizenship and National Identity.* Cambridge: Polity Press.

Miller, D. (2007) *National Responsibility and Global Justice.* Oxford: Oxford University Press.

Miller, M.J. (1981) *Foreign Workers in Western Europe: An Emerging Political Force.* New York: Praeger.

Miller, M.J. and Martin, P. (1982) *Administering Foreign Worker Programs.* Lexington: Lexington Books.

Min, P.G. (2008) *Ethnic Solidarity for Economic Survival: Korean Greengrocers in New York City.* New York: Russell Sage Foundation.

Moch, L.P. (2003) *Moving Europeans: Migration in Western Europe since 1650,* 2nd edn. Bloomington, IN: Indiana University Press.

Modood, T. (2005) 'Remaking multiculturalism after 7/7', *openDemocracy,* 29 September.

Modood, T. and Salt, J. (eds) (2011) *Global Migration, Ethnicity arid Britishness.* Basingstoke: Palgrave Macmillan.

Monforte, P. and Dufour, P. (2011) 'Mobilizing in borderline citizenship regimes: a comparative analysis of undocumented migrants' collective actions', *Politics & Society,* 39: 203-32.

Mooney, E. (2005) 'The concept of internal displacement and the case for internally displaced persons as a category of concern', *Refugee Survey Quarterly*, 24(3): 9-26.

Morokvasic, M. (1984) 'Birds of passage are also women', *International Migration Review,* 18: 886-907.

Morawska, E. (1991) 'Return migrations: theoretical and research agenda', in R. Vecoli and S.M. Sinke (eds), *A Century of European Migrations, 1830-1930.* Urbana, IL: University of Illinois Press, pp.277-92.

Morawska, E. (1994) 'In defense of the assimilation model', *Journal of American Ethnic History,* 13: 76-87.

Morawska, E. (2003) 'Immigrant transnationalism and assimilation: a variety of combinations and the analytic strategy it suggests', in C. Joppke and E. Morawska (eds), *Toward Assimilation and Citizenship: Immigrants in Liberal Nation-states*. Basingstoke: Palgrave Macmillan, pp.133-76.

Myrdal, G. (1957) *Economic Theory and Underdeveloped Regions*. New York: Harper Torchback.

Nagel, J. (1994) 'Constructing ethnicity: creating and recreating ethnic identity and culture', *Social Problems*, 41(1): 152.

Nagel, T. (2005) 'The problem of global justice', *Philosophy & Public Affairs*, 33: 113-47.

Nathans, E. (2004) *The Politics of Citizenship in Germany: Ethnicity, Utility and Nationalism*. Oxford: Berg.

Newland, K. (2009) *Circular Migration and Human Development*. Human Development Research Paper 2009/42 New York: United Nations Development Programme.

Newland, K. and Tanaka, H. (2010) *Mobilizing Diaspora Entrepreneurship for Development*. Washington, DC: Migration Policy Institute.

Newton, L. (2008) *Illegal, Alien, or Immigrant: The Politics of Immigration Reform*. New York: New York University Press.

Ngai, M.M. (2004) *Impossible Subjects: Illegal Aliens and the Making of Modern America*. Princeton, NJ: Princeton University Press.

Nobles, M. (2000) *Shades of Citizenship: Race and the Census in Modern Politics*. Stanford, CA: Stanford University Press.

Noiriel, G. (1998) 'Surveiller les déplacements ou identifier les personnes? Contribution á l'histoire du passeport en france de la ie à la iiie république' (The supervision of movements or the identification of people? A contribution to a history of the passport in France from the First to the Third Republic), *Genèses*, 30: 77-100.

Nyers, P. (2003) 'Abject cosmopolitanism: the politics of protection in the anti-deportation movement', *Third World Quarterly, 24:* 1069-93.

O'Connell-Davidson, J. (2005) *Children in the Global Sex Trade*. Cambridge: Polity.

O'Connell-Davidson, J. (2006) 'Will the real sex slave please stand *up?*', *Feminist Review*, 83: 4-22.

O'Dowd, L. and Wilson, T.M. (1996) 'Frontiers of sovereignty in the new Europe', in L. O'Dowd and T.M. Wilson (eds), *Borders, Nations and States: Frontiers of Sovereignty in the New Europe*. Aldershot: Ashgate, pp.1-17.

O'Neil, K. (2003) *Brain Drain and Gain: The Case of Taiwan*. Washington, DC: Migration Policy Institute.

O'Neill, M. (2010) *Asylum, Migration and Community*. Bristol: Policy Press.

Oboler, S. (1995) *Ethnic Labels, Latino Lives: Identity and the Politics of (Re)presentation in the United States*. Minneapolis, MN: University of Minnesota Press.

Ohmae, K. (1990) *The Borderless World: Power and Strategy in the Global Marketplace*. New York: HarperCollins.

Okin, S.M. (1999) *Is Multiculturalism Bad for Women?* Princeton, NJ: Princeton University Press.

Ong, A. (1987) *Spirits of Resistance and Capitalist Discipline: Factory Women in Malaysia*. Albany, NY: State University of New York Press.

Ong, A. (1999) *Flexible Citizenship: The Cultural Logics of Transnationality*. Durham, NC: Duke University Press.

Østergaard-Nielsen, E. (2003) 'The politics of migrants' transnational political practices', *International Migration Review,* 37: 760-86.

Ouchu, J.O. and Crush, J. (2001) 'Contra free movement: South Africa and the SADC migration protocols', *Africa Today,* 48: 139-58.

Outshoorn, J. (2005) 'The political debates on prostitution and trafficking of women', *Social Politics,* 12: 141-55.

Padilla, F.M. (1985) *Latino Ethnic Consciousness: The Case of Mexican Americans and Puerto Ricans in Chicago*. Notre Dame, IN: University of Notre Dame Press.

Papademetriou, D. and Martin, P.L. (1991) *The Unsettled Relationship: Labor Migration and Economic Development*. New York: Greenwood Press.

Parreñas, R.S. (2001) *Servants of Globalization: Women, Migration, and Domestic Work*. Stanford, CA: Stanford University Press.

Parreñas, R.S. (2011) *Illicit Flirtations: Labor, Migration, and Sex Trafficking in Tokyo*. Palo Alto, CA: Stanford University Press.

Passel, J.S. (2007) *Growing Share of Immigrants Choosing Naturalization*. Washington, DC: Pew Hispanic Center Report.

Patterson, O. (1977) *Ethnic Chauvinism: The Reactionary Impulse*. New York: Stein & Day.

Pécoud, A. and de Guchteneire, P. (2006) 'International migration, border controls, and human rights: Assessing the relevance of a right to mobility', *Journal of Borderland Studies,* 21: 69-86.

Pedersen, P. J., Pytlikova, M. and Smith, N. (2008) 'Selection and network effects-migration flows into OECD countries 1990-2000', *European Economic Review,* 52(7): 1160-86.

Pedraza, S. (1991) 'Women and migration: the social consequences of gender', *Annual Review of Sociology,* 17: 303-25.

Perruchoud, R. (1989) 'Family reunification', *International Migration,* 27: 509-24.

Pessar, P.R. (1999) 'Engendering migration studies: the case of new immigrants in the United States', *American Behavioral Scientist,* 42: 577-600.

Petersen, W. (1981) 'Concepts of ethnicity, in S. Therstrom (ed.), *The Harvard Encyclopedia of* American *Ethnic Groups*. Cambridge, MA: Harvard University Press, pp.234-42.

Pevnick, R. (2011) *Immigration arid the Constraints of Justice: Between Open Borders and Absolute Sovereignty*. Cambridge and New York: Cambridge University Press.

Pew Research Center (2013) *Second-generation* Americans: *A Portrait of the Adult Children of Immigrants*. Washington, DC: Pew Research Center.

Pilkington, A. (2007) 'In defence of both multiculturalism and progressive nationalism: a response to Mike O'Donnell', *Ethnicities,* 7: 269-77.

Piore, M.J. (1979) *Birds of Passage: Migrant Labor and Industrial Societies*. Cambridge: Cambridge University Press.

Piper, N. (2006) 'Gendering the politics of migration'. *International Migration Review*, 40: 133-64.

Plant, R. (2012) 'Trafficking for labour exploitation: getting the responses right', in A. Quayson and A. Arhin (eds), *Labour Migration,* Human *Trafficking and Multinational Corporations.* London: Routledge, pp.20-37.

Poros, M.V. (2001) 'Linking local labour markets: the social networks of Gujarati Indians in New York and London', *Global Networks,* 1(3): 243-60.

Poros, M.V. (2011) *Modern Migrations: Gujarati Indian Networks in New York and London.* Stanford, CA: Stanford University Press.

Poros, M.V. (2013) 'India, migrants to British Africa', in I. Ness (ed.), *The Encyclopedia of Global Human Migration.* Hoboken, NJ: Wiley-Blackwell.

Portes, A. (ed.) (1995) *The Economic Sociology of Immigration: Essays on Networks, Ethnicity, and Entrepreneurship.* New York: Russell Sage Foundation.

Portes, A. (1998) 'Social capital: its origins and applications in modem sociology', *Annual Review of Sociology,* 24: 1-24.

Portes, A. (2000) 'The two meanings of social capital', *Sociological Forum,* 15: 1-12.

Portes, A. (2003) 'Conclusion: theoretical convergencies and empirical evidence in the study of immigrant transnationalism', *International Migration Review,* 37: 874-92.

Portes, A., Fernández-Kelly, P. and Haller, W. (2009) 'The adaptation of the immigrant second generation in America: a theoretical overview and recent evidence', *Journal of Ethnic and Migration Studies,* 35(7): 1077-104.

Portes, A., Guarnizo, L.E. and Landolt, P. (1999) 'The study of transnationalism: pitfalls and promise of an emergent research field', *Ethnic and Racial Studies*, 22(2): 217-37.

Portes, A. and Rumbaut, R. (1996) *Immigrant America: A Portrait.* Berkeley, CA: University of California Press.

Portes, A. and Rumbaut, R.G. (2001) *Legacies: The Story of the Immigrant Second Generation.* Berkeley, CA and New York: University of California Press and Russell Sage Foundation.

Portes, A. and Sensenbrenner, J. (1993) 'Embeddedness and immigration: notes on the social determinants of economic action', *American Journal of Sociology,* 98: 1320-50.

Portes, A. and Zhou, M. (1993) 'The new second generation: segmented assimilation and its variants', *Annals of the American Academy of Political and Social Science,* 530: 74-96.

Price, M. and Benton-Short, L. (2008) *Migrants to the Metropolis: The Rise of Immigrant Gateways.* Syracuse, NJ: Syracuse University Press.

Putnam, R. (2000) *Bowling Alone: The Collapse and Revival of American Community.* New York: Simon & Schuster.

Putnam, R.D. (2007) '*E pluribus unum:* diversity and community in the twenty-first century (The 2006 Johan Skytte Prize Lecture),' *Scandinavian Political Studies,* 30: 137-74.

Putnam, R.D., Leonardi, R. and Nanetti, R.Y. (1993) *Making Democracy Work: Civic Traditions in Modem Italy.* Princeton, NJ: Princeton University Press.

Ratha, D., Mohapatra, S. and Silwal, A. (2010) *Outlook for Remittance Flows 2010-11*. Washington, DC: World Bank (Migration and Development Brief, 23 April).

Ratha, D. and Shaw, W. (2007) *South-South Migration and Remittances*. Washington, DC: World Bank Development Prospects Group, Working Paper No. 102.

Rawls, J. (1971) *A Theory of Justice*. Cambridge, MA: Belknap Press.

Rawls, J. (1999) *The Law of Peoples*. Cambridge, MA: Harvard University Press.

Redfield, R., Linton, R. and Herskovits, M.J. (1936) 'Memorandum for the study of acculturation *American Anthropologist*, 38: 149-52.

Reichert, J. (1981) 'The migrant syndrome: seasonal US wage labor and rural development in central Mexico', *Human Organization*, 40: 56-66.

Reichert, J. (1982) 'A town divided - economic stratification and social-relations in a Mexican migrant community', *Social Problems*, 29: 411-23.

Reitz, J.G. (2009) 'Behavioural precepts of multiculturalism: empirical validity and policy implications', in J.G. Reitz, R. Breton, K.K. Dion and K.L. Dion (eds), *Multiculturalism and Social Cohesion: Potentials and Challenges of Diversity*. London: Springer, pp.157-71.

Repak, T.A. (1994) 'Labor recruitment and the lure of the capital: central American migrants in Washington, DC', *Gender and Society*, 8(4): 507.

Richmond, A.H. (1994) *Global Apartheid: Refugees, Racism, and the New World Order*. Oxford: Oxford University Press.

Repak, T.A. (1995) *Waiting on Washington: Central American Workers in the Nation's Capital*. Philadelphia, PA: Temple University Press.

Riley, J.L. (2008) *Let Them In: The Case for Open Borders*. New York: Gotham Books.

Robinson, D. (2008) 'Community cohesion and the politics of communitarianism', in J. Flint and D. Robinson (eds), *Community Cohesion in Crisis? New Dimensions of Diversity cmd Difference*. Bristol: Policy Press, pp.15-33.

Robinson, V. and Carey, M. (2000) 'Peopling skilled international migration: Indian doctors in the UK', *International Migration*, 38: 89-107.

Rogers, R. (1985) *Guests Come to Stay: The Effects of European Labor Migration on Sending and Receiving Countries*. Boulder, CO: Westview Press.

Rogers, R. (1997) 'Migration return policies and countries of origin', in K. Hailbronner, D.A. Martin and H. Motomura (eds), *Immigration Admissions: The Search for Workable Policies in Germany and the United States*. New York: Berghahn Books, pp.147-204.

Romero, F. (2008) *Hyperborder: The Contemporary U.S.-Mexico Border and Its Future*. New York: Princeton Architectural Press.

Romero, S. (2010) 'In Venezuela, a new wave of foreigners', *New York Times*, 7 November.

Roosens, E. (1989) *Creating Ethnicity: the Process of Ethnogenesis*. Newbury Park, CA: SAGE Publications.

Rosenhek, Z. (2000) 'Migration regimes, intra-state conflicts and the politics of exclusion and inclusion: migrant workers in the Israeli welfare state', *Social Problems*, 47: 49-67.

Ruhs, M. and Chang, H.-J. (2004) 'The ethics of labor immigration policy'. *International Organization*, 58: 69-102.

Ruiz, I. and Vargas-Silva, C. (2011) 'Another consequence of the economic crisis: a decrease in migrants' remittances', *Applied Financial Economics*, 20: 171-82.

Rumbaut, R. (1999) 'Assimilation and its discontents: ironies and paradoxes', in C. Hirschman, P. Kasinitz and J. DeWind (eds), *The Handbook of International Migration: The American Experience.* New York: Russell Sage Foundation, pp.172-95.

Rumbaut, R.G. (1997) 'Assimilation and its discontents: between rhetoric and reality', *International Migration Review,* 31: 923-60.

Ryan, L. (2010) 'Becoming Polish in London: negotiating ethnicity through migration', *Social Identities,* 16: 359-76.

Sachs, J. (2007) 'Climate change refugees', *Scientific American,* 296: 43.

Sadiq, K. (2009) *Paper Citizens: How Illegal Immigrants Acquire Citizenship in Developing Countries.* Oxford: Oxford University Press.

Safran, W. (1991) 'Diasporas in modern societies: myths of homeland and return', *Diaspora,* 1(1): 83-99.

Sahlins, P. (2004) *Unnaturally French: Foreign Citizens in the Old Regime and After.* Ithaca, NY: Cornell University Press.

Sales, R. (2007) *Understanding Immigration and Refugee Policy: Contradictions and Continuities.* Bristol: Policy Press.

Salt, J., Clarke, J. and Wanner, P. (2005) *International Labour Migration.* Strasbourg: Council of Europe.

Sassen, S. (1988) *The Mobility of Labor and Capital: A Study in International Investment and Labor Flow.* Cambridge: Cambridge University Press.

Sassen, S. (1999) *Guests and Aliens.* New York: New Press.

Sassen, S. (2008) *Territory, Authority, Rights: From Medieval to Global Assemblages.* Princeton, NJ: Princeton University Press.

Sassen-Koob, S. (1984) 'Notes on the incorporation of third-world women into wage-labor through immigration and off-shore production', *International Migration Review,* 18: 1144-67.

Saunders, R. (2003) *The Concept of the Foreign: An Interdisciplinary Dialogue.* Lanham, MD: Lexington Books.

Saxenian, A. (1999) *Silicon Valley's New Immigrant Entrepreneurs.* San Francisco, CA: Public Policy Institute of California.

Saxenian, A. (2005) 'From brain drain to brain circulation: transnational communities and regional upgrading in India and China', *Studies in Comparative International Development,* 40(2): 35-61.

Scarpa, S. (2008) *Trafficking in Human Beings: Modern Slavery.* Oxford: Oxford University Press.

Schachter, J.P., Franklin, R.S. and Perry, M.J. (2003) *Migration and Geographic Mobility in Metropolitan and Nonmetropolitan America: 1995 to 2000.* Washington, DC: U.S. Census Bureau.

Schlesinger, A.M. (1992) *The Disuniting of America: Reflections on a Multicultural Society.* New York: W. W. Norton & Co Inc.

Schuck, P.H. (1998) *Citizens, Grangers, and In-betweens: Essays on Immigration and Citizenship.* Boulder, CO: Westview Press.

Schuster, L. and Solomos, J. (2004) 'Race, immigration and asylum: New Labour's agenda and its consequences', *Ethnicities,* 4: 267.

Schwenken, H. (2013) 'Circular migration and gender', in I. Ness (ed.), *The Encyclopedia of Global Human Migration.* Oxford: Blackwell Publishing Ltd, pp.1-5.

Seglow, J. (2005) 'The ethics of immigration', *Political Studies Review,* 3: 317-34.

Semyonov, M. and Gorodzeisky, A. (2008) 'Labor migration, remittances and economic well-being of households in the Philippines', *Population Research and Policy Review,* 27: 619-37.

Semyonov, M. and Lewin-Epstein, N. (1987) *Hewers of Wood and Drawers of Water: Noncitizen Arabs in the Israeli Labor Market.* Ithaca, NY: ILR Press.

Shachar, A. (2009) *The Birthright Lottery: Citizenship and Global Inequality.* Cambridge, MA: Harvard University Press.

Shelley, L. (2007) 'Human trafficking as a form of transnational crime', in M. Lee (ed.), *Human Trafficking.* Portland, OR: Willan Publishing, pp.116-37.

Shils, E. (1957) 'Primordial, personal, sacred, and civil ties: some particular observations on the relationship of sociological research and theory', *British Journal of Sociology,* 8(1): 130-45.

Shukra, K., Back, L., Keith, M., Khan, A. and Solomos, J. (2004) 'Race, social cohesion and the changing politics of citizenship', *London Review of Education,* 2: 187-95.

Shuval, J. and Leshem, E. (1998) 'The sociology of migration in Israel: a critical view', in E. Leshem and J. Shuval (eds), *Immigration to Israel: Sociological Perspectives.* London: Transaction Publishers, pp.3-50.

Silberman, R. (1992) 'French immigration statistics', in D.L. Horowitz and G. Noiriel (eds.), *Immigrants in Two Democracies: French and American Experiences.* New York: New York University Press, pp.112-23.

Simmel, G. (1964 [1908]) *The Sociology of Georg Simmel,* compiled and translated by Kurt Wolff. Glencoe, IL: Free Press of Glencoe.

Simon, P. (2012) *French National Identity and Integration: Who Belongs to the National Community?* Washington, DC: Migration Policy Institute.

Skeldon, R. (1997) *Migration and Development: A Global Perspective.* Harlow: Longman.

Skeldon, R. (2006) 'Interlinkages between internal and international migration and development in the Asian region', *Population Space and Place,* 12(1): 15-30.

Smith, R.C. (2003) 'Diasporic memberships in historical perspective: comparative insights from the Mexican, Italian and Polish cases', *International Migration Review,* 37: 724-59.

Smith, R.C. (2006) *Mexican New York: Transnational Lives of New Immigrants.* Berkeley, CA: University of California Press.

Smith, R.C. (2008) 'Contradictions of diasporic institutionalization in Mexican politics: the 2006 migrant vote and other forms of inclusion and control'. *Ethnic and Racial Studies,* 31: 708-41.

Solimano, A. (2010) *International Migration in the Age of Crisis and Globalization: Historical and Recent Experiences.* Cambridge: Cambridge University Press.

Solinger, D.J. (1999) 'Citizenship issues in China's internal migration: comparisons with Germany and Japan', *Political Science Quarterly,* 114(3): 455-78.

Sonnino, E. (1995) 'La Popolazione Italiana Dall' Espansione Al Contenimento' (The Italian population: from expansion to containment), in *Storia dell' Italia Repubblicana.* Torino: Einaudi, pp.529-85.

Soysal, Y.N. (1994) *Limits of Citizenship: Migrants and Postnational Membership in Europe.* Chicago, IL: University of Chicago Press.

Spener, D. (2009) *Clandestine Crossings: Migrants and Coyotes on the Texas-Mexico Border.* Ithaca, NY: Cornell University Press.

Sriskandarajah, D. (2005) *Reassessing the Impacts of Brain Drain on Developing Countries.* Washington, DC: Migration Policy Institute.

Sriskandarajah, D. and Cooley, L. (2009) 'Stemming the flow? The causes and consequences of the UK's "closed door" policy towards Romanians and Bulgarians', in J. Eade and Y. Valkanova (eds), *Accession and Migration: Changing Policy, Society, and Culture in an Enlarged Europe.* Farnham: Ashgate Publishing, pp.31-55.

Staring, R. (2004) 'Facilitating the arrival of illegal immigrants in the Netherlands: irregular chain migration versus smuggling chains', *Journal of International Migration and Integration,* 5: 273-94.

Stark, O. (1991) *The Migration of Labor.* Oxford: Basil Blackwell.

Stark, O. and Bloom, D. (1985) 'The new economics of labor migration', *American Economic Review,* 72: 173-78.

Stark, O. and Taylor, J. E. (1989) 'Relative deprivation and international migration', *Demography, 26:* 1-14.

Stark, O., Taylor, J.E. and Yitzhaki, S. (1988) 'Migration, remittances and inequality: a sensitivity analysis using the extended Gini index'. *Journal of Development Economics,* 28: 309-22.

Stea, D., Zech, J. and Gray, M. (2010) 'Change and non-change in the US-Mexico borderlands after NAFTA', in I.W. Zartman (ed.), *Understanding Life in the Borderlands: Boundaries in Depth and in Motion.* Athens, GA: University of Georgia Press, pp.105-30.

Sutcliffe, B. (1998) 'Freedom to move in the age of globalization', in D. Baker, G. Epstein and R. Pollin (eds), *Globalization and Progressive Economic Policy.* Cambridge: Cambridge University Press, pp.325-36.

Talavera, V., Núñez-Mchiri, G.G. and Heyman, J. (2010) 'Deportation in the US-Mexico borderlands: anticipation, experience and memory', in N. De Genova and N. Peutz (eds), *The Deportation Regime: Sovereignty, Space, and the Freedom of Movement.* Durham, NC: Duke University Press, pp.166-95.

Tan, K.-C. (2004) *Justice Without Borders: Cosmopolitanism, Nationalism, and Patriotism.* Cambridge: Cambridge University Press.

Tannenbaum, M. (2007) 'Back and forth: immigrants' stories of migration and return', *International Migration,* 45: 147-75.

Tapinos, G.P. (2000) 'Globalisation, regional integration, international migration', *International Social Science Journal,* 52: 297-306.

Taran, P., Ivakhnyuk, I., Pereira Ramos, M. da C. and Tanner, A. (2009) *Economic Migration, Social Cohesion and Development: Towards* an *Integrated Approach.* Strasbourg: Council of Europe.

Taylor, C. (1992) *Multiculturalism and the Politics of Recognition: An Essay.* Princeton, NJ: Princeton University Press.

Taylor, J.E. (1999) 'The new economics of labour migration and the role of remittances in the migration process', *International Migration,* 37(1): 63-88.

Thernstrom, S. (1992) 'American ethnic statistics', in D. Horowitz (ed.), *Immigrants in Two Democracies: French and American Experiences.* New York: New York University Press, pp.80-111.

Thomas, B. (1954) *Migration and Economic Growth: A Study of Great Britain and the Atlantic Economy.* Cambridge: Cambridge University Press.

Thompson, L.M. (1985) *The Political Mythology of Apartheid.* New Haven, CT: Yale University Press.

Torpey, J. (2000) *The Invention of the Passport: Surveillance, Citizenship, and the State.* Cambridge: Cambridge University Press.

Triandafyllidou, A. (2010) 'Irregular migration in Europe in the early 21st century', in A. Triandafyllidou and A. Lundqvist (eds), *Irregular Migration in Europe: Myths and Realities.* Famham: Ashgate Publishing Group, pp.1-22.

Truong, T.-D. (2003) 'Gender, exploitative migration, and the sex industry: a European perspective', *Gender, Technology and Development,* 7: 31-52.

Tsuda, T. (2003) *Strangers in the Ethnic Homeland: Japanese Brazilian Return Migration in Transnational Perspective.* New York: Columbia University Press.

Turton, D. (2003) *Refugees, Forced Resettlers and 'Other Forced Migrants': Towards a Unitary Study of Forced Migration.* Geneva: UNHCR.

UNESCO (1950) *Statement on the Race Question.* Paris: UNESCO.

UNHCR (2010) *2009 Global Trends: Refugees, Asylum-seekers, Returnees, Internally Displaced and Stateless Persons.* Geneva: UNHCR.

UNHCR (2011) *Asylum Levels and Trends in Industrialized Countries, 2010.* Geneva: UNHCR.

United Nations (1998) *Recommendations on Statistics* of International Migrant Stock: The 2008 Revision, New York: United Nations.

United Nations Population Division (2009) *Trends in International Migrant Stock: The 2008 Revision.* New York: United Nations.

van Liempt, I. (2011) '"And then one day they all moved to Leicester": the relocation of Somalis from the Netherlands to the UK explained', *Population, Space and Place,* 17: 254-66.

van Schendel, W. and Itty, A. (eds) (2001) *Illicit Flows and Criminal Things: States, Borders, and the Other Side of Globalization.* Bloomington, IN: Indiana University Press.

Verduzco, G. and De Lozano, M.I. (2011) 'Migration from Mexico and Central America to the United States: human insecurities and paths for change', in T.-D. Truong and D. Gasper (eds), *Transnational Migration arid Human Security.* London: Springer, pp.41-56.

Verduzco, G. and Unger, K. (1998) The impact of migration on economic development in Mexico', in OECD (ed.), *Migration, Free Trade and Regional Integration in North America.* Paris: OECD Publishing, pp.103-17.

Vermeulen, G., Van Damme, Y. and De Bondt, W. (2010) *Organised Crime Involvement in Trafficking in Persons and Smuggling of Migrants.* Antwerp: Maklu Uitgevers N.V.

Vertovec, S. (1999) 'Conceiving and researching transnationalism', *Ethnic and Racial Studies,* 22: 1-11.

Vertovec, S. (2007a) *Circular Migration: The Way Forward in Global Policy?* Oxford: University of Oxford, International Migration Institute.

Vertovec, S. (2007b) 'Superdiversity and its implications'. *Ethnic and Racial Studies,* 30: 1024-54.

Vertovec, S. (2009) *Transnationalism.* Abingdon: Routledge.

Vertovec, S. and Wessendorf, S. (2010) 'Introduction: assessing the backlash against multicultural- ism in Europe', in S. Vertovec and S. Wessendorf (eds), *The Multiculturalism Backlash: European Discourses, Policies and Practices.* London: Routledge, pp.1-31.

Waldinger, R. (1999) *Still the Promised City?: African-Americans and New Immigrants in Postindustrial New York.* Cambridge, MA: Harvard University Press.

Waldinger, R. (2003) 'The sociology of immigration: second thoughts and reconsiderations', in J.G. Reitz (ed.), *Host Societies and the Reception of Immigrants.* La Jolla, CA: Center for Comparative Immigration Studies, UCSD, pp.21-43.

Waldinger, R. and Lichter, M.I. (2003) *How the Other Half Works: Immigration and the Social Organization of Labor.* Berkeley, CA: University of California Press.

Waldinger, R. and Reichl, R. (2007) 'Today's second generation: getting ahead or falling behind?', in M. Fix (ed.), *Securing the Future: US Immigrant Integration Policy, a Reader.* Washington, DC: Migration Policy Institute, pp.17-41.

Walters, W. (2002) 'Deportation, expulsion, and the international police of aliens', *Citizenship Studies,* 6: 265-92.

Walzer, M. (1983) *Spheres of Justice: A Defense of Pluralism and Equality.* New York: Basic Books.

Ware, V. (2009) 'The ins and out of Anglo-Saxonism: the future of white decline', in M. Perryman (ed.), *Breaking up Britain: Four Nations after a Union.* London: Lawrence & Wishart, pp.133-49.

Warner, W.L. and Srole, L. (1945) *The Social Systems of American Ethnic Groups.* New Haven, CT: Yale University Press.

Waters, M.C. (1999) *Black Identities: West Indian Immigrant Dreams and American Realities.* New York and Cambridge, MA: Russell Sage Foundation and Harvard University Press.

Waters, M.C., Tran, V.C., Kasinitz, P. and Mollenkopf, J.H. (2010) 'Segmented assimilation revisited: types of acculturation and socioeconomic mobility in young adulthood', *Ethnic and Racial Studies,* 33: 1168-93.

Weber, M. (1968 [1922]) *Economy and Society: An Outline of Interpretive Sociology.* New York: Bedminster Press.

Weber, M. (2003 [1927]) *General Economic History.* Mineola, NY: Dover Publications.

Weiss, T.G. (2003) 'Internal exiles: what next for internally displaced persons?', *Third World Quarterly,* 24: 429-47.

Wihtol de Wenden, C. (2007) 'The frontiers of mobility', in A. Pécoud and P. de Guchteneire (eds), *Migra-*

tion, Without Borders: Essays on the Free Movement of People. Paris and New York: UNESCO Publishing and Berghahn Books, pp.51-64.

Wilkinson, R.C. (1983) 'Migration in Lesotho: some comparative aspects, with particular reference to the role of women', *Geography,* 68: 208-24.

Wong, D. (2005) 'The rumor of trafficking: border controls, illegal migration, and the sovereignty of the nation-state', in W. van Schendel and I. Abraham (eds), *Illicit Flows and Criminal Things: States, Borders, and the Other Side of Globalization.* Bloomington, IN: Indiana University Press, pp.69-100.

Woolcock, M. (1998) 'Social capital and economic development: toward a theoretical synthesis and policy framework', *Theory and Society,* 27: 151-208.

World Bank (2011) *Migration and Remittances Factbook.* Washington, DC: World Bank.

Worley, C. (2005) '"It's not about race. It's about the community": New Labour and "community cohesion"', *Critical Social Policy,* 25: 483-96.

Wright, M. and Bloemraad, I. (2012) 'Is there a trade-off between multiculturalism and sociopolitical integration? Policy regimes and immigrant incorporation in comparative perspective'. *Perspectives on Politics,* 10: 77-95.

Xiang, B. (2006) *Global 'Body Shopping': An Indian Labor System in the Information Technology Industry.* Princeton, NJ: Princeton University Press.

Yu, B. (2008) *Chain Migration Explained: The Power of the Immigration Multiplier.* New York: LFB Scholarly Publishers.

Yuval-Davis, N., Anthias, F. and Kofman, E. (2005) 'Secure borders and safe haven and the gendered politics of belonging: beyond social cohesion', *Ethnic and Racial Studies,* 28: 513-35.

Zachariah, K.C. (2002) *Gulf Migration Study: Employment, Wages and Working Conditions of Kerala Emigrants in the United Arab Emirates,* Thiruvananthapuram, Kerala: Centre for Development Studies.

Zelinsky, W. (1971) 'The hypothesis of the mobility transition', *Geographical Review,* 61(2): 219-49.

Zelinsky, W. (1983) 'The impasse in migration theory', in P. Morrison (ed.), *Population Movements: Their Forms and Functions in Urbanization and Development.* Liège: Ordina Editions, pp.19-46.

Zetter, R. (1988) 'Refugees, repatriation, and root causes', *Journal of Refugee Studies,* 1: 99-106.

Zolberg, A.R., Suhrke, A. and Aguayo, S. (1989) *Escape from Violence: Conflict and the Refugee Crisis in the Developing World.* New York: Oxford University Press.

Zolberg, A.R. and Woon, L.L. (1999) 'Why Islam is like Spanish: cultural incorporation in Europe and the United States', *Politics & Society,* 27: 5-38.